Paul Kennedy

The Rise and Fall of British Naval Mastery

イギリス海上覇権の盛衰 上

シーパワーの形成と発展

ポール・ケネディ

山本文史 訳

中央公論新社

訳者序——訳語などについての説明

原著で「ザ・ロイヤルネービー（The Royal Navy）」となっている単語は、時代にあわせて、「王室海軍」、「イングランド海軍」、「イギリス海軍」と訳し分ける。本書においても説明される通り、王室艦隊、後の「ザ・ロイヤルネービー」は、チューダー朝（一四八五—一六〇三年）最初の国王ヘンリー七世（在位一四八五—一五〇九年）が統治する時代に、その原型が生まれ、その息子ヘンリー八世（在位一五〇九—四七年）の時代に、より本格的な艦隊となった。だが、未だ、国王個人の私兵的な存在であり、当然、その経費は、イングランドの国家予算ではなく、国王や女王のポケットマネーによって賄われていた。なので、この時代の海軍については、「王室海軍」という訳語をあてる。なお、この時代、「海軍（navy）」は国王の艦隊を意味する語であり、「艦隊（fleet）」という語と「海軍（navy）」という語に、明確な区別はなかった。ヘンリー八世の娘のエリザベス一世（在位一五五八—一六〇三年）の統治の下で、「イングランド艦隊」が、一五八八年、「アルマダの海戦」によってスペイン艦隊を破ることは、日本でも非常に有名な話であるが、当時の艦隊は、イングランドという国家の海軍というよりも、エリザベス一世の私兵的な存在であった。また、その内訳は、王室船三四隻に対して、武装商船などは一六三隻であったので、臨時に加わった「王室艦隊」に、ヴォランティアで武装商船などが加わった「臨時王室艦隊」とでもいうべきものであった。

その後、イングランド大内乱（一六四二—四九年）（日本では「ピューリタン革命」や「清教徒革命」と表記されることが多い）の時代に、艦隊の大部分が、国王ではなく、議会側につくことによって、国王個人の私兵的な存在から、イングランドという国家の海軍へと脱皮する。なので、このイングランド大内乱期以降の海軍は、「イングランド海軍」と表記する。さらに、その後の一七〇七年、イングランド王国とスコットランド王国が合併したので、一七〇七年以降の海軍は、「イギリス海軍」と表記する。

なお、原著において、それ以前の艦隊、もしくは海軍も「ザ・ロイヤルネービー」と表記されているが、海軍を「ザ・ロイヤルネービー」という正式名称で呼ぶようになったのは一六六〇年以降のことである。共和制期（一六四九―六〇年）を挟んで王政復古がなされた際、海軍は、国王個人の所有物ではなく、国家の機関であることが確認されたのであったが、実体に反して、名称だけは「ザ・ロイヤルネービー（王立海軍）」と呼ぶようになり、それが、正式名称として、その後、定着したのである。つまり、海軍は、国王個人の下を離れ、国家の機関であることが確認され、それを運用する権限を持つのは国民の代表である議会であるとされ、国王の海軍に対する権限は、名目上のものだけとなったのであるが、名称上は、まるで国王が大きな権限を有するものであるかのようになったのである。

なお、本書を読み進まれる上で気がつかれるであろうが、「イギリス海軍」は、海上軍事力にとどまらず、現在の日本では海上保安庁が担っている、海上警備や海上治安の役割をも担う組織となっており、その役割は、海上の軍隊というだけにとどまらないものとなっている。つまり、イギリス海軍は、「海上の軍隊、プラス、海上の警察」なのであり、その役割は、アメリカ海軍や日本の海上自衛隊よりも広範なものとなっている。

原著の「フリート（fleet）」は、「艦隊」、「スクアドロン（squadron）」は、「小艦隊」と訳す。日本語文献においては、「スクアドロン」は「戦隊」という訳語があてられていることも多いが、「艦隊」と「小艦隊」の違いは、規模の大小ではあるものの、厳密な区別があるわけでは必ずしもなく、時代や状況によっても変遷しており、また、戦闘ではなく、海上警備を主任務とした「スクアドロン」も多くあったので、本書では、「小艦隊」という訳語をあてる。

艦船の艦種では、「戦列艦」やそれが後に進化した「戦艦」の定義はほぼ一定であるが、それよりも小型の艦船である「フリゲート」や「巡洋艦（cruiser）」などは、時代によって定義が変遷するものである。帆船の時代の「フリゲート」は、二〇世紀の「巡洋艦」に性格が近く、現代（第二次世界大戦期以降）の「フリゲート」は、「駆逐艦」よりも小型の軍艦であるので、ややこしい。「巡洋艦」あるいは「クルーザー」は、元々は、艦種を指す語ではなく、哨戒などの役割で、艦隊ではなく、単独で行動する軍艦を指す語であったが、一八七〇年代以降になると、それが、「戦艦」よりも小型、「駆逐艦」よりも大型の軍艦の艦種を指す語として用いられるようになる。本書では、これらの艦種の表記に関して、原則として、原著の表記にしたがうこととする。

なお、「大英帝国」「イギリス帝国」「帝国」「ヨーロッパ」などの語の用い方、意味も、日本とイギリスで若干違いがあるので、これらについても簡単に言及しておきたい。日本においては「大英帝国」という語は、イギリスの「美称」「尊称」あるいは「敬称」のような意味で広く用いられているが、イギリス英語で「エンパイア（Empire）」という語は、植民地、自治領など、本国以外を表す語として用いられるのがもっとも一般的な用いられ方である。つまり「エンパイア」と表記される場合、普通、本国は含まれないのである。本書では、この「エンパイア」を「帝国」と訳す。一方、「ヨーロッパ」という語は、ブリテン諸島——あるいは、イギリス——を含まない大陸ヨーロッパを意味する語として用いられることが多く、本書でも、その意味で使われている。また、形容詞が付随しない「大陸（continent）」という単語は、ヨーロッパ大陸を指す語として用いられ、「海外（overseas）」という単語は、ブリテン諸島とヨーロッパ以外の全世界を意味する語として用いられている。

最後に、原著者、訳者による挿入についても付言しておきたい。原著者による挿入は［　］でくくり、訳者による挿入は〔　〕でくくり、区別することとする。

目次

への影響――ヨーロッパへの影響。この、発達の限界。イングランドで海軍が拡大した初期の理由――地理的な理由、政治的な理由、商業上の理由、社会的な理由。イングランド政治において、大陸的要素を強調する必要性――エリザベスの下での戦略上の議論。女王の外交政策と防衛政策。イングランド艦隊の力の限界――商業上の限界、植民地拡張における限界――戦術面での発達における限界、戦略面での発達における限界。イングランドの、海上強国としての潜在性。ヨーロッパの重要性。

イングランドのシーパワーが、一六〇三年以降低下した理由――低下による利点を、どうして詳しく見てゆく必要があるのか。だが、植民地と貿易は増えた。清教徒革命期における海軍。イングランド革命の影響――「国家」海軍、よくなった財政、新しい社会勢力からの支持、重商主義の興隆。英蘭戦争の政治上、商業上の起源、複数回の英蘭戦争に共通の特徴。「シーパワー」という概念の興隆。第一次英蘭戦争と英西戦争における商業上の利益の役割。クロムウェルの下でのイングランドの世界的な政策。海軍の再建と、第二次、第三次、英蘭戦争。イングランドの海洋強国としての興隆におけるこれらの戦争の役割。一七世紀後半のイングランドの海外貿易の拡大。一六〇三年以降の海軍とシーパワーに関する主な発達。イングランド拡大のパターン。

一八一五年、最後に勝利した理由――ナポレオンに反旗を翻したヨーロッパ人たちの役割。将来への教訓。

「パクス・ブリタニカ」という用語の意味。イギリスの経済におけるリード――自由貿易の採用。非公式帝国の拡大――加えて、海軍拠点と正式な植民地の拡大。一八一五年以降の、並ぶもののないイギリス海軍の立場。国内政治と経済問題に集中するヨーロッパ〔大陸の〕諸強国――それまでの戦争によって妨げられた、植民地と産業の拡大。ヨーロッパにおけるバランス・オブ・パワー。イギリス海軍の様々な役割――海図の作成――海賊の撲滅――奴隷貿易の取り締まり。その結果拡大した、イギリスの世界における役割。砲艦外交、その意味と限界。変化した海軍の構成と展開。一八四〇年代と一八五〇年代のフランスの脅威。クリミア戦争における海軍。一八五六年に確認され、イギリスの自信のシンボルとなった「公海航行の自由」。

（編集部注）章のあとのワードは小見出しではなく、原書の目次にあるキーワードです。

下巻　目次

イギリス海上覇権の盛衰　上

シーパワーの形成と発展

おお、アルビオンよ、詩人たちがおまえの名声を範として、
おまえの名によりふさわしく、立ち上がることがあれば、
学問のアテネ、権勢のローマ
全盛期のテュロス、この三者に
一度になることがおまえにはできたのだ、
陸の最強の支配者、大洋の美しい女王に。
しかしローマは凋落し、アテネは野に散乱し、
テュロスの堂々たる桟橋は崩れて海中にある。
かくのごとく、おまえの力も滅び去り
世界の砦であるブリテンも没落する。

バイロン（Byron）『イングランドの詩人たちとスコットランドの批評家たち（English Bards and Scotch Reviewers）』九九七行―一〇〇六行〔東中稜代訳〕[*1]

二〇一七年版原著者まえがき

本書『イギリス海上覇権の盛衰（*The Rise and Fall of British Naval Mastery*）（一九七六年）』は、ロンドンの出版社アレン・レーン・ペンギン（Allen Lane-Penguin）からハードバック版として最初に出版された。[*1] それから昨年の夏でちょうど四〇年である。初版以降、ハードバック、ペーパーバックと、様々な版で、版を多く重ねてきた。外国語での翻訳版も出版されてきた。これまで絶版になったことはない。本書は、手短に述べれば、シーパワーについて論じた長いエッセイである。シーパワーは、絶えることなく、われわれのグローバルな物語の一側面でありつづけてきた。

この新版のまえがきでは、〔初版以来〕ここ四〇年の、西洋における海軍の変化について述べてみたい。ここで大きくページを割くことは、イギリス海軍、ならびにヨーロッパ各国の海軍の、相対的な大きさ、役割が縮小してきたということである。この傾向は、海軍史研究の衰えという面にも映し出されている。だが、海洋に関する、ありとあらゆる面での縮小の流れは、皮肉なことに、ここにきて、突然、停止したかもしれない、と思われるのである。これを書いている二一世紀二番目の一〇年期に入ってからは、おそらくは、反転しているだろう。主要な海軍国同士の活発な競争は、今現在、そして将来、エドワード期〔一九〇一〜一九一〇年〕の時のような激しいものになろうとしている、という予測が成り立つほどなのだ。どうやら、われわれは、新しい海軍主義時代の入り口に立っているようなのである。

たしかに、海上の状況は、かつてのように、活発なものとなっている。国家間の通商は、量で見ても、金額で見ても、急増中である。国家間で取引される商品の九〇パーセント以上は、現在、海上を通って輸送されている。カリフォルニアのロングビーチ、アムステルダム、シンガポールといった巨大な湾港は、グローバル貿易の集積地となっている。商船の建造が盛んだ。これは、日本、韓国、中国本土[*2]では特にそうである。たくさんの戦闘用の軍艦が――アメリカで、アジア中で、（そしてなんと）ヨーロッパの一部において――建造中である。それらの軍艦は、それ自体も、かつてないほどに、大きく、強力な艦となっている。多くの海で、海軍が活発に活動中である。ソマリア沖では、海賊に対する警備活動に従事しており、中東では、ＩＳＩＬ〔イスラーム国〕に対してミサイルを発射しており、南シナ海では、環礁をめぐって、互いに鎬（しのぎ）を削っている。こうした活動の結果、「海上覇権」を可能にするものは何なのか、ということに対する知的関心、政治的関心も復活したのだ。政府部内のある方面において復活し、イギリスや他のヨーロッパ諸国の多くの大学において復活し、アメリカの軍の学校においても復活してきているのだ。国家の盛衰はどうして起きるのか、技術の進歩や経済力は海軍力にどのように影響を及ぼすのか、などという問題は、本書において核となるテーマであるが、一七世紀において重要であったのと同じくらい二一世紀においても重要なものとなっている。

海軍や海軍力が今日大きな知的関心を集めている最大の理由は、もちろん、今日のわれわれが、グローバルな力関係がふたたび大きく変わりつつあるという特異な時代状況を、目撃しているからであろう。われわれが目撃している状況は、国際関係の長い歴史のなかでも極めて稀な状況なのである。この現在の大きな変化は、四〇〇年ほど前に、戦略上の均衡が地中海から大西洋に移った時の変化に匹敵するものであるが、ある鋭い人物〔ギデオン・ラックマン（Gideon Rachman）〕は、この変化を「イースタニゼーション〔東洋化〕」と表現している。この言い回しは、かなり大雑把（おおざっぱ）なスローガンのようにも思えるが、現在の政治的変化の地理的な本質を捉えており、現在起こっていることが、西洋化という、今まで必然と見なされてきた現象が反転しているということを示す表現となっている。[*3]

もちろん、こうした傾向は、アジアが国際舞台の中心的な存在として興隆してきていることと密接な関係がある。もしかしたら、興隆ではなく、復帰と表現した方がより適切かもしれない。もっとも人口の多い地域である（今までも常にそうであった）というだけにとどまらず、今や、もっとも生産性が高く、もっとも商業活動が活発な地域、となっているのだ。あるいは、この地球の、産業と経済の中心地になっている、といってもいいかもしれない。少なくとも、現在の多くの経済指標を見るかぎり、そのように述べられるのである。こうした見通しの中では、インドネシアやインドのような国々は、さらには韓国やヴェトナムのような国々は、非常に大きな経済上の存在となってゆくであろうことが、予測されているのである。しかしながら、なんといっても大きな存在として浮かび上がってきたのは、中国だ。すでに世界第二位の経済である。（ひとり当りＧＤＰで見た場合は、そうではないが）ＧＤＰの総額で見た場合は、そう遠くない将来に、世界第一位になることが予測されている。この巨大な国では、多くの側面——都市、インフラ網、湾港、船舶、航空機、工業生産、海外投資——において非常に速度の速い変化が起きている。あまりにも変化の速度が速いので、ある年の統計データが、その翌年の始めには、時代遅れになるほどなのだ。

このことは、中国の海洋への拡大と海外への拡大について見ても、また、「海上覇権」という、より大きな歴史的物語の一部をなすものに対する中国の関心について見ても、同様に真実となっている。「海上覇権」という考え方が、中国の指導者たちの関心を集めている。「海上覇権」は、中国にとって、多くの面において、理に適った概念でもある。中国の置かれた経済的状況にも、地政学的状況にも、両方に関連するものであり、微妙な均衡を保っている国内の政治的状況とも関連するものでもある。それゆえ、中国の指導者層と、気を大きくした中国の国内世論は、大国としての地位を得るために大規模な海軍を持つということを、当然のことのように感じているのである——海軍力を行使することは、かつて、様々な西洋諸国にとって当然のことであったが、同様に、今の中国にとって、当然となっているのである。中国の海軍当局は、中華人民共和国の、急拡大する富から潤沢に資金を投入することによって、比較的短期間のうちに、水上艦艇、原子力潜水艦、通常動力型潜水艦、大規模な支援航空隊から構成される、巨大な艦隊を築き上げることに成功しつつある。中国の拡大は、それだけにとどまらないのだ。三〇年も経ないうちに、グローバルな海軍力のバランスは、大きく変わったのであるから、この先もさらなる変化が起きる、と断言しても、許されるような状況なのである。海軍関連の様々な事項、航路の支配、艦隊拠点の防衛といった問題が、かつてそうであったように、ふたたび時代の潮流となろうとしているのだ。

そうであるならば、他の何をさしおいても重要なのは、アメリカの立ち位置と姿勢である。アメリカは、一九四三―四四年以降、ずっと、世界最強の海軍強国であった。アメリカは、巨大航空母艦という資産を持つことにより、今も、もっとも強力な「ブルーウォーター〔外洋〕」海軍[4]という地位にとどまっているが、四〇年前の状況と比較するならば、アメリカが制海権を持っているのかどうかという点は、たしかさが減少している。東洋の海に関していうならば、特にそうなのである。ネプチューン〔海神〕のトライデント〔三つ叉のほこ〕は、現在、係争中にあるのだ〔「ネプチューンのトライデント」は、「制海権」を象徴するものとされている〕。それゆえ、どうしてイギリス――史上最強かつもっとも長寿のマリタイムパワー〔海洋強国〕――があんなにも長くマリタイムパワーとしての地位を維持できたのか、さらには、衰退期にあってもそれなりの海軍戦略を維持できたのはどうしてなのか、ということが、まさに北京の政治アドバイザーたちの大きな関心であるのと同様に、ワシントンの政策立案者たちの大きな関心でありつづけている、ということは、驚くべきことではないのである。現在のアメリカ海軍のトップ、リチャードソン提督〔海軍作戦部長〕が、海軍の全士官たちに次のような二つの注意を呼びかけたことも、驚くべきことではないのである。第一に、海軍に関する限り、世界はふたたび多極世界となった。第二に、トゥキディデス、クラウゼヴィッツ、マハン、〔ジュリアン・〕コーベットの書物や考え方に精通することが非常に重要である。[5]この二つである。海軍史が、ふたたび、ものをいうようになっている、というわけなのだ。

イギリスのシーパワーについて、幅の広い観点からの歴史研究を生み出したい、これが、本書を書いた主要な動機であった。チューダー期〔一四八五―一六〇三年〕前半から、本書のための研究と執筆を行った一九七〇年代前半までの間に、イギリスのシーパワーがどのように形成されて、どのように形になってきたのかを描きだそうとしたのである。わたしの周りの様々な証拠は、イギリスが、海洋国家として、帝国として世界に影響を与えた四〇〇年にも及ぶ栄光の日々は、すでに終了している、ということを示している。一九五六年にスエズで大失敗し、労働党ばかりではなく、トーリー〔保守党〕の歴代政権が、アフリカ、湾岸〔中東〕、極東に跨る(またが)イギリスの所有物をなるべく速やかに処分しようと急いでから、すでに六〇年近くが経過している。防衛費は全体として切り詰められ、海軍施設は閉鎖され、軍用艦の数は減らされて、海軍の人員は大幅に削減された。こうして削減された経費は、自力での核抑止力を構築するための、上昇しつづける費用に充てられたばかりではない。政府の予算をめぐっては、〔社会保障などの〕国内支出が、より強力なライバルとなったのである。この間、わたし自身の目で、イギリスの造船業が、急速にしぼんでゆくことを目撃した。ほとんど造船業の崩壊、といってよいほどであった。わたしの生まれ故郷、タインサイド(Tyneside)の造船所も、ここに含まれる。一〇〇年以上に渡って、ジャーロウ(Jarrow)やウォールゼンド(Wallsend)のような町では、その町で生まれた若者の大半が造船所で働いていた。だが、今となっては、そのような話は、過ぎ去った過去の話である。あの頃の輝きが、ふたたび訪れることはないであろう。ポップスター、スティングの二〇一四年のミュージカル『ザ・ラスト・シップ〔最後の船が旅立つ〕』というタイトルは、おおむね、現実の姿なのであった。かなり小さくなったイギリス海軍は今も存在する、それはその通りだ。だが、イギリスの海上覇権は、今となっては、過去のお話なのである。

本書は、海戦や提督たちを描くための本ではない。海戦や提督については、その必要がある場合には言及してゆくが、海戦や提督たちは、本書の主人公ではない。違った角度からの物語が、必要とされているのだ。一九六〇年代以降、イギリスにおける歴史研究と歴史書執筆は、一つの流派ではなく、多くの流派に刺激を受けて、知的ルネサンスを経験した。フランスの「アナール学派」という形でのイギリス海峡〔英仏海峡〕をまたいだ影響によって、下からの歴史を描いた数多くの作品が生まれた。人々の日常生活の歴史、文化史、〔事件ではなく〕態度、心持の歴史、地域の包括的な歴史などを描いた作品である（たとえば、一六世紀の地中海世界を描いたフェルナン・ブローデルの金字塔〔『地中海』〕）[*6]。一方、マルクス主義の影響を受けた流派は、政治的決断や政治運動を動かすものとして、階級、社会構造、経済勢力といった面に目を向けた。アメリカの大学における「新左翼」の流派は、アメリカの世界大国としての登場に、新たな解釈を与えようとした。ハンブルクの歴史家フリッツ・フィッシャー（Fritz Fischer）は、第一次世界大戦前後のドイツ帝国の目的について新たな解釈を試み、議論を巻き起こした。ケンブリッジのふたりの歴史家、ロナルド・ロビンソン（Ronald Robinson）とジョン・ギャラハー（John Andrew Gallagher）は、政策決定における「当局者の思惑（Official Mind）」と、いわゆる「自由貿易帝国主義（imperialism of free trade）」を描いた一連の著作を通じて、イギリスの植民地史と外交史の再解釈を試みた。もしも海軍史家が、オーストリア継承戦争やドッガー・バンクの海戦などを物語風に描くことに閉じ籠ったままでいたとしたら、これらに比べて成果に乏しい、ということになってしまう。

だからといって、この本を、「イギリスの海軍政策」についての新たな一冊にするつもりもない。スティーヴン・ロスキル（Stephen Roskill）やアーサー・J・マーダー（Arthur J. Marder）の「イギリスの海軍政策」についての比較的近年の著作は、優れた作品であるが、これらと肩を並べようとするものではない、ということである。これらの著作は、一八八〇年から一九四〇年にかけての重要な時期における海軍本部の政策立案についての、原史料に基づいた詳細な分析である。[*7] より長い時期を扱う本書では、彼らのアプローチは、明らかに、詳細すぎる。また、彼らの作品は、イギリス海軍や政治指導者上層部の政策立案、海軍予算、海軍力の展開、新開発の兵器などに的を絞ったものであるが、本書では、もっと幅広く、物事を扱ってゆきたい。タイトルのなかに「海上覇権」という文言を入れた理由は、もっと大きな事象を扱おうという意図を含んだものである。つまり、一つの国が、類例のないほどの支配力を海上に及ぼし、それが非常に長い期間に渡ることを可能にしたのだが、それを可能にしたありとあらゆる事象について述べてみようという意図を含んだのである。「海上覇権」という文言は、海軍や海軍の活動にとどまらず、地政学、経済、兵站、国政術、ある国家の全体的な方向性をも包括するものである。付け加えれば、「盛衰」という文言を入れた理由は、非常に長い期間に渡る分析をしようという意図を表したものである。

もう一つ、考慮に入れておかなければならない非常に重要な事柄があるのだ。わたしの考えでは、世界最大の海洋国家、海軍国家としての、イギリスの相対的な盛衰をきちんと理解するには、こちらでも世界第一位となった、商業国家、財政国家、産業国家としてのイギリスの盛衰と、つねに関連づけて言及することが欠かせないのである。当然ながら、経済力と海軍力には、密接な関係があり、経済の衰退と海軍力の弱体化も、そうである。史学史（historiography）の示すところによれば、一七世紀と一八世紀の海軍史家たちは、この関連性を、後の時代の海軍史家たちよりも、よりはっきりと受け入れていた。もっとも、後の時代の海軍史家たちの間にも、若干の例外的な者たちはいる。[*8] わたしの見るところ、少なくともイギリスにおいては、一九七〇年代、近代経済史が、他のより一般的な歴史（政治史）から、枝分かれしたように見える。経済史家たちは、経済史、あるいは経済学部という自分たちの分離独立した縄張りに、閉じこもっているように見えるのである。本書を執筆するための調査は、その多くをイースト・アングリア大学の図書館で行ったのであるが、この図書館では、経済史の本は四階にあり、政治史、国際関係史、海軍と海軍政策の本は三階にあった。この物理的な距離は、学問上の距離をも示唆するものとなっている。つまりは、本書の意図は、経済的な側面をイギリスの海洋国家としての相対的な「盛衰」の物語の不可欠な一部として練りこむことである。そうはいうものの、マルクス主義者の書くような歴史のようにする、ということではまったくない。今述べたような考え方の帰結として、産業革命は、それ自体を過度に際立たせることはしないが、この本の背景となる物語のなかでは、中心的なものとして描こうと思う。イギリスの工業化を、パクス・ブリタニカに、ぴったりと寄り添った相手役として描くのだ。イギリスの海上覇権を、支柱として支えた存在として、描こうと思う。一九世紀の末ごろ、イギリスの工業生産が、人口、鉄鋼生産、発電量、その他近代国家になるための諸条件に勝る他国（アメリカとドイツ）に追い越されるようになると、必然的に、イギリス海軍のグローバルな地位は挑戦を受けることとなった。イギリスは、軍備にさらなる予算を注ぎこむことになったのだが、そこから軍事力を生み出す力は、相対的に、弱体化した。

ここで重要なのは、「相対的」（「相対的な興隆」「相対的な衰退」といったように用いる）という形容詞である。この語は、本書の説明において、しばしば非常に重要な位置を占めることになる。本書執筆当時、わたしはまだ駆け出しの学者にしか過ぎなかったが、わたしは、歴史研究の重要な一分野として、国家間の力関係の長い時間軸での変化に、すでに興味を持っていたのである。歴史家A・J・P・テイラー（A. J. P. Taylor）の多作な作品の中の一冊『ヨーロッパの支配権をめぐる争い一八四八―一九一八（*The Struggle for Mastery in Europe 1848–1918*）（未邦訳）』は、わたしの心を深く捉える一冊であった。この本では、まず初めに、大国としての条件について統計的な分析がなされており、対象となる七〇年の間に、相対的な軍事・経済力がどのように変化したのかについて、テイラーの見解が述べられていた。[*9] 歴史における力関係の変化についてのわたし自身の関心は、いうまでもなく、その後、『大国の興亡』の中でより詳細に分析することになる。だが、これについては、一九七〇年代に別の本を書いた際にも、議論の中心となるものであった（海軍について書いた本書とほぼ同時に書いたものである）。一八六〇年から一九一四年までの英独の対立の高まりについて書いたものである。[*10]

だが、経済や経済力、生産力が常に相対的なものであるにしても、地理はそうではない。少なくとも、（地政学ではなく）地理的な位置について述べた場合は、不変的なものである。他国との地理的な位置関係、国の大きさ、気候、天然資源を産するか、あるいは天然資源がないかなどは、不変なのである。地理は、イギリスの海洋史のなかでは、明らかに、不可欠の存在であった。先史時代から始まり、ローマ時代、ヴァイキング時代、サクソン時代、ノルマン時代、ずっとそうであった。本書の第一章で述べるとおり、チューダー期の物語は、島国が、内陸と遠くの海の両方に向けて力と影響力を高めていった、というストーリーなのである。一六世紀と一七世紀を通して、〔ヨーロッパ〕大陸では、王朝間の争いと宗教戦争が猛威をふるっており、ヨーロッパの一部でありながら、ヨーロッパの内側にはないということは、明らかな利点なのであった。大西洋をまたぐ通商が発達すると、イギリスの位置は、その恩恵を最大限に受けるのに――そして、他国の通商を妨害するために――最適であった。海流のパターン、卓越風（たくえつふう）〔ある地方で吹く回数のもっとも多い風向きの風〕、そして不凍港（さらに、その数が多いこと）は、〔イギリスに〕計り知れないほどの利益をもたらしていた。帆走軍艦の時代には、特にそうであった。だが、カイザー〔ドイツ皇帝〕やヒトラーの、石炭や石油を燃料とする海軍が、オランダやスペイン、フランスに代わって新たな脅威となった後も、地理上の優位は、未だ健在であった。イギリスの地政学に関する著述家ハルフォード・J・マッキンダー（Halford J. Mackinder）と、アメリカの著述家アルフレッド・T・マハン（Alfred T. Mahan）は、一九一四年の戦いのかなり前に、それぞれ別々に書いたのだが、同じような主張を行っていた。二人は、ブリテン諸島は、封じこめられる位置にあり、不利な位置にあるので、ドイツ艦隊が、その能力を最大限に発揮するようになったら、「海軍力での優勢」を得るようになるだろう、と主張していたのである。現実には、いうまでもなく、彼らの予言通りにはならなかった。[*11]

中でも、第二次世界大戦は、イギリスの地理的な位置が、イギリスとイギリス海軍に、大きな優位を与えているということを示すものであった。控え目に見ても、もしも、現実とは異なり、イギリスが大陸と地続きであったのなら、一九四〇年の時点で、当然〔ドイツに〕制圧されていたことであろう。だが〔現実には〕、ドイツ第三帝国の国境がノルウェー北部からピレネー山脈へと延びることになった〔一九四〇年六月の〕時点でも、ドイツ国防軍は、イギリス侵攻を成功させるチャンスを持たないのであった。フランス陥落後の夏の時点における海軍力と空軍力の差も考慮に入れると、そんなことは、不可能であった。[*12] その後も、島国〔イギリス本土〕の位置と、その周縁の海軍拠点ならびに空軍基地（〔アイルランドの〕アルスター、シェットランド、アイスランド）の位置は、イギリスにとって優位に働くものであった。それに加えて、イギリスは、ジブラルタルという非常に重要な場所を押さえ、マルタを、危うくなりながらも見事に押さえ、スエズ運河、フリータウン（シエラレオネ）、西インド諸島、喜望峰を所有していたのである。このことが意味することとは、イギリスは、イギリスの生命線を絞め殺そうとするドイツの多大な努力に対して、非常に大きな防衛上の奥行を持っていたということなのである。デーニッツ〔ドイツの海軍士官カール・デーニッツ（Karl Dönitz）〕率いる〔ドイツ〕海軍は、大西洋の戦いにおける支配権を獲得しようと、六年間に渡る作戦――この戦争で行われた作戦の中で、他を引き離して、最長の作戦――を行い、この戦いに、ものすごい数のUボートと航空機（そして、水上艦艇）を投入した。これに対して、連合軍は、試行錯誤の後、膨大な数の予備兵力を投入し、さらに、より優れた組織力を持ったことによって、ドイツの潜水艦攻撃を、ようやく巻き返すことができるようになった。そういうものの、防衛側は、地理上の大きな優位を作戦に利用することができたのである。もっとも、この地理上の優位は、多くの場合、当たりまえのものとみなされていたかもしれない。例を挙げれば、非常に航続距離の長い航空機が登場したことにより、大西洋中央部に存在していた手痛い「航空支援空白地帯（air gap）〔航空機の航続距離の不足により船舶の上空からの掩護が不可能な海域〕」は、一九四二年以降ようやく埋められるようになったのであったが、これらの航空機が飛び立った場所は、〔カナダの〕ノヴァ・スコーシア、グリーンランド、アイスランドの基地なのであった。また（少し後には）アゾレス諸島、スコットランド、アルスターの基地からも、飛び立つようになった。そして、Uボートがビスケー湾〔イベリア半島の北岸からフランスの西岸に面する湾〕を横切って水上航走で大西洋へと出撃するようになると、これらのUボートは、ジブラルタルを飛び立った連合軍の航空機と、〔イギリス〕西部地方の港に、挟み撃ちされる格好になったのである。*13

ここから見てゆくように、現代においても、ロシアの水上艦艇と長距離航空機が、遠慮がちに、大西洋に姿を現そうとする際、ＮＡＴＯは、地理から、とてつもない潜在的な優位を得るのである。要するに、マハンが「偉大なる民たち（great commons）」と呼んだ北大西洋の両岸に住む人々〔つまり、英米人〕にとって、地理は、このように、常に大きな利益として機能し、この人々にとって、明らかな競争上の優位となっているのである。彼らが行わねばならなかったこととは——もちろん、このことは、非常に重要な条件であった——艦隊を保有することによって、この地理上の利点を生かすことであり、このことを、決して怠らないことであった。

とはいうものの、地理が、イギリスにとって、ナチス・ドイツと戦うに際しては、有利に働いたのではあるが（地理的な制約が一層強いムッソリーニのイタリアに対しては、さらにそうであった）、一八九〇年代以降、日本とアメリカという、ヨーロッパ域外の近代海洋国家が確実に姿を現してきた際には、地理上の利点はなかったのである。地政学的な状況は、変動するものであり、それに伴って、世界秩序も変動するものである。だいたい一五五〇年くらい以降の、国際政治状況の大きな事実とは、ヨーロッパ諸国が、世界に手を伸ばし、世界の大部分を手中にしてきたということである。少なくとも、西洋の海洋大国の手が届き、武器が届いた範囲内においては、このことがいえる。海洋帝国主義の最終段階が訪れたのは、一九世紀の最後の数十年である。中国に貿易港が設置され、アジアやアフリカの河川を砲艦が遡ってゆくこととなった。だが、そのころまでには、日本とアメリカが舞台に登場し、それによって、中国海域におけるヨーロッパ海軍の独占は、終わりとなった。一九一九年以降は、極東において、それなりのプレゼンスを持つヨーロッパ海軍はイギリス海軍だけとなった。一九四二年までには、香港とシンガポールが陥落した。これによって、イギリス海軍の力が海外において本当に及ぶ範囲は、〔エジプトの〕アレクサンドリア、ケープタウン、西インド諸島、〔スコットランドの〕スカーパ・フローを結ぶ四辺形のような範囲内だけとなった。戦争の最後の年、気を揉んだチャーチルは、シンガポールを取り戻し、[*14] 艦隊を太平洋に入れることをしきりに促したが、艦隊が太平洋に長くとどまることはできなかった。

　この時、イギリス経済が相対的な絶頂を迎えてから、おおよそ、まる一世紀が経過していた。そして、この間、二つの世界大戦によって、イギリスに大きな犠牲が出ていた。イギリスは、外に向かって広がり過ぎており、国内は、戦禍で荒廃していた。この国は、縮小しなければならない状況にあった。もっとも、海軍本部（The Admiralty）[*15]は、核兵器の時代の到来に、おそらく、過剰な影響を受けていたので、その後〔実際に〕行ったような規模で艦艇総数の削減を行うことになるかどうか、この時点ではまだ分からなかった。かつてナポレオン戦争の時代にイギリスが経験したような状況で、アメリカ海軍は、一九四一年から四五年の戦争で強大なものになっていた。そのため、戦後は、イギリス海軍をはるかに勝るアメリカ海軍だけが、アジアの海に残る、唯一の西洋の海軍力であった。世界史でいうところのいわゆる「ヴァスコ・ダ・ガマの時代」は、長距離航行できる大砲を備えた帆船を生み出し、それが長きにわたって威力を発揮したので、比較的簡単に実現できたのだが、それが、今や終焉となったのである。イギリスの海上覇権は、グローバル史上長きに渡ったこれまでで最高の過去の成功事例として、見なされることとなったのである。

一九五〇年代から一九六〇年代にかけて、これまで述べてきたような理由により、国際問題に対する海軍力の有効性は、失われたかに思われた。もっとも、支配的なアメリカ海軍により、帝国主義的なものの発露と見なされるような軍艦の展開が、時折、見られた。それから、もちろん、キューバ危機である。一九六二年のミサイル危機に際しては、キューバ海域の封鎖が、非常に効率的に、誇示するように行われた。フルシチョフは、ロシアの貨物船に、アメリカの海上封鎖を試さない〔突破しない〕よう指示を与えた。ここから、二つのことが読み取れるのだ。まずは、二つの超大国間の海軍力の差を認識していた、ということである。それから、もちろん、ロシアの地理上の明らかな不利が露になった、ということだ。二〇年ほど前の太平洋において、ニミッツの海軍は、空母機動部隊と物資輸送艦隊を持っていたが、ロシアは、そのようなものを持たなかったのである。このような状況で、ロシアの港から、はるか遠くのカリブ海に、どうやったら海軍力を照射できたであろうか？　もちろん、そんなことはできなかった。屈辱と同様、そこから得られる教訓も明らかであった。まもなく、ニキータ・フルシチョフは、仕事を失うこととなった。

その後、ソ連共産党政治局は、ソヴィエトの空軍力、海軍力、ミサイル力を大幅に増強することについて、許可を下した。これは、ある程度のところ、キューバでの躓(つまず)きによって刺激された決定であり、そして、おそらくは、ソヴィエト経済を、実体以上のものと見誤る一方で、アメリカ経済が衰退途上にあると、思い違いをしていたからなのであった。これによって、まったく新しいクラスの攻撃型潜水艦と弾道ミサイル搭載艦、多くの小型艦艇と駆逐艦、水陸両用部隊、赤軍航空隊〔ソ連空軍とソ連海軍航空隊〕所属の遠大な航続距離を持つ「ベア〔戦略爆撃機Tu―95〕」と「バックファイア〔中距離爆撃機Tu―22M〕」からなる航空機群が出現した。これらは、当時、北大西洋を管轄するＮＡＴＯに重大な脅威を与えるものと見なされ、アメリカの海上覇権それ自体に挑戦するものと見なされていた。ワシントンは、この脅威を非常に重大なものと見なし、一九八〇年代、自らの海軍力を増強することで、これに対抗することとなった。レーガン政権下では、特にそうであった。学者の間では、この時期、これを、第一次世界大戦前の英独の海軍競争と類似のものとする見方が当然とされていた。そして、一九八二年のフォークランド諸島をめぐるイギリスとアルゼンチンの紛争は、比較的規模が小さい地域限定の戦争であり、アルゼンチンの屈辱的な敗北で終結した。だが、この戦争によって同時に示されたこととは、海上に及ぼす力を持っていることの国家にとっての重要性であった。そして、少なくとも束の間は、長期にわたるイギリス海軍の規模の縮小を反転させたのであった。

そんな中、一九九〇年を過ぎた頃、突然、ソ連海軍が崩壊したのである。ソヴィエト連邦自体の経済力の低下の犠牲となったのだ。同時に起こったことは、ワルシャワ条約の終了、ソ連共産党の解散、ロシアが他の社会主義共和国を支配する構造の終焉であった。赤色海軍〔ソ連海軍〕潜水艦部隊は呼び戻され、潜水艦は、ムルマンスク（Murmansk）とペトロパブロフスク（Petropavlovsk）に並べられて係留され、その乗組員は除隊となり、家に帰された。リガ湾周辺の帝政ロシア時代の宮殿を訪れる西側からの訪問者は、スヴェルドロフ級巡洋艦の一群を珍しげに眺めることができる。クロンシュタット軍港に係留されたまま錆びているのである。黒海艦隊の一部は、今では独立国となったウクライナに、引き渡された。近代に入って以降、ある帝国の平時の経済力の衰退と国力の衰えが、その国の軍事力の終焉に、これほどまで劇的に、そして突然につながった例は他にない。

これらすべてから一つの明白なる結果が生じた。それは、西側の人々が、シーパワーの重要性にこれまでのような注意を払う必要がなくなったと思うようになった、ということである。レーガン大統領の三つの大洋〔大西洋、太平洋、インド洋〕にまたがる海軍は、往時には合計で六〇〇隻ほどの艦艇数を数えていたのであったが、今や、急速にその規模を縮小することとなった。新しい船が、艦隊に加わることは加わったのではあるが、新造艦の数は、常に、退役艦の数を下回るようになったのである。そして、新造艦は、新造機の場合と同様に、常にかなり高価なものとなった。他のＮＡＴＯ加盟国の艦隊は、アメリカを上回る速度で縮小し、代替艦はわずかな数であった。いずれにせよ、一九九〇年代なかばまで、国際安全保障の課題として上がる案件は、コソボにせよ、ルワンダ・ブルンジにせよ、シーパワーを必要とするものではなかった。おそらく、その結果として、目につきにくい影響が生じたのである。それは、大学における海洋問題研究や海軍史研究も衰退した、ということである。このことは、アメリカにおいては、特に顕著であった。[*16]他の場所においても、元々は「帝国ならびに海軍」史担当として設置された教授のポストは、本来の意味が失われてしまった。二〇世紀末においても、地球を取り巻く海上での活動は、それまで同様に活発であった。海を通して、大規模な通商が行われ、それは益々盛んになりつつあったのだ。だが、国際問題における海洋の側面は、何事もないように見え、人々の視界から消えてしまったのであった。

海軍主義の復活、そしてシーパワーの重要性の復活

だが、その後、それほど時間を経ることなく、ふたたび状況が変わったのである。先に簡単に記したように、様々な理由からそうなったのであった。第一に、一九九〇―九一年の湾岸戦争、それから自国が受けた「九・一一」攻撃〔アメリカ同時多発テロ事件〕への応酬としてアメリカがシーパワーを見せつけたこと、さらに、それにつづく二〇〇三年の二度目の湾岸戦争である。アメリカは、六〇〇〇マイルほども離れた攻撃目標に対して、繰りかえし、軍事力を行使したのである。まずは、サッダーム・フセインによる侵略から、クウェートを取り戻し、フセインの軍勢を壊滅させるため、それから、アフガニスタンにあったターリバーンの首領のアジトを壊滅させ、ウサーマ・ビン・ラーディン自身を始末するため、そして最後に、二度目の、そしてより決定的なイラク戦争の遂行にあたるため、であった。アメリカは、大規模な軍事力を、は

るかかなたに向けて行使し、イラクを占領し、サッダームに屈辱的な終末を与えたのだが、このようなことができる現代の国は、アメリカ以外には存在しない。たしかにシュワルツコフ将軍の機甲師団は、バグダードに決定的な打撃を与えたと主張することができるであろうし、アメリカ空軍は、核となり、中心的な役割を果たしたと主張することができるであろう。だが、アメリカがイラクとアフガンで行った作戦において、海軍がふたたびその存在を見せつけたことは、否定することができないのである。F―14戦闘機とF―18戦闘機が、巨大なニミッツ級航空母艦の甲板から飛び立ってゆく時の爆音、水上艦艇や潜水艦から打ち出されたミサイルの滝、ネイビーシールズ〔アメリカ海軍の特殊部隊〕の秘密上陸、戦車とトラックを満載した巨大なワトソン級車両貨物輸送艦が決然と現れたこと……七〇年あまり前シシリー島や硫黄島の上陸に参加した古参兵がこれらの光景を目撃したならば、既視感を抱かずにいることはできないのではないだろうか？

　第二に、これらとは関係なく、近年、アジアの国々からも、大規模な海軍が断固として登場してきたことである。たとえヨーロッパ諸国が、自国の艦隊に資金を投じていなくとも、東アジアや東南アジアの国々は、今世紀の初めまでには、自国の艦隊に確実に資金を投じるようになったのである。中国の海洋国家としての急成長は、この新しい「海軍主義」のもっとも顕著な現われにしか過ぎないのだ。このような変化のなかで、〔アジア太平洋という〕地球の大きな部分を占める場所において、多くの国々の艦隊が、二倍にも三倍にもなったのである。日本や韓国を始めとして、ヴェトナム、オーストラリア、インドにいたるまで、である。一六世紀と一七世紀には、ヨーロッパの国々において多くの海軍が誕生したが、今の〔アジア太平洋の〕状況は、ヨーロッパの先例に似ていなくもないように見える。これらの事例において、新興の艦隊は、隣国の艦隊に対抗するために建設されたように、また／あるいは、領海をめぐる様々な争いのなかから建設されたように思われる。さらにいえば、東アジアと西太平洋において海上の争いが起きる可能性が高まっていることは、他方で、いわゆる「東〔アジア〕への旋回（pivot to the east）」という形で、アメリカの戦略上の反応を引き起こすものであった。この海域に配備されるアメリカ艦船の割合が増え、海軍基地や空軍基地が、（フィリピンの事例のように）元の持ち主に返還されるか、（北オーストラリアの事例のように）新たに建設されたのである。

第三に、一九七〇年代以降のアジア経済の著しい成長によって、海上貿易、そして世界の海上航路の数と規模が、大幅に拡大したことである。海上貿易は、国際貿易全体の九〇パーセントを占めており、世界の石油とLPG（液化石油ガス）の大部分、石炭と他の鉱石、穀物、セメント、木材、電気製品、建設機材、自動車、コンテナに詰め込まれた膨大な量の他の日用消費財は、海上貿易によって運ばれているのである。だが、こうした新しいタイプの海上貿易は、ペルシャ湾に紛争が起こったり、インド洋で海賊の活動がさらに活発になるような場合には、簡単に途切れてしまうのである。他の海上の争いは、南シナ海の島嶼に関するものであろうが、NATO諸国の海軍とロシア軍のもめごとであろうが、国際情勢における、海の重要性、シーパワーの重要性を浮かび上がらせるのである。

こうした事柄すべてを考慮に入れると、そこから見えてくることとは、ヨーロッパの海軍力の低下の方が、歴史の流れから逸脱する現象なのではないのか、ということなのだ。ヨーロッパ諸国の現在の海軍支出や艦隊規模、ヨーロッパ諸国の軍用艦の展開が、実際、限られていること、これらの国々の国民の海軍への関心が低いこと、これらが指し示していることとは、現在、海軍主義がグローバルに高まっている中にあって、ヨーロッパ諸国は、先頭で集団を引っ張るどころか、かなり遅れた位置にいる、ということなのである。

このような全般的な傾向は、イギリスについても当てはまるものの、だからといって、海軍本部が、今世紀、それなりの規模の、全方面的な能力を持つ海軍の保有を完全にあきらめた、というわけではない。

だが、今日の移り変わりの激しい世界においては、立派な目標を立てたところで、その目標を達成することは、そう簡単なことではないのだ。イギリス海軍のありとあらゆる目標は、NATOの、バルト海、地中海、その他の場所に対する戦略の枠組みの中で設定する必要があり、NATOの戦略は、それ自体が、進化中なのである。アメリカとの「特別」な関係も考慮に入れなければならないし、国連安全保障委員会などの、他の国際的な責務や枠組みも、考慮しなければならないのである。それに加えて、今日の海軍に対する評価は、〔平時の〕比較的目立ちにくい活動に対して下される。緊張が相対的に低い状況での――実際の戦闘能力を計測するのには最適ではない時期の――活動に対して、である。さらにいえば、イギリス海軍は、重要な転換期にあるのである。数年後には、新たな航空母艦が艦隊に組み入れられることになっている。〔現在運用中の〕ヴァンガード級潜水艦の将来についての決定は、〔つまり、代替は、〕延期された。いうまでもなく、イギリス海軍は、近い将来〔この序文執筆時点〕、空母クイーン・エリザベス〔二〇一七年一二月七日に就役済み〕と空母プリンス・オブ・ウェールズ〔二〇一九年一二月一〇日に就役済み〕（これらは、七万トンクラス〔つまり「大和」級の大きさ〕であり、イギリス海軍の艦船としては、これまでで最大）、これらに艦載する特別仕様のF―35戦闘爆撃機を保有する予定である。これらの空母部隊は、新式の45型駆逐艦が護衛することになっている。イギリス国内では、〔イギリスが運用している唯一の核戦力である〕トライデント・ミサイル〔潜水艦発射の核弾頭搭載弾道ミサイル〕潜水艦（四隻のヴァンガード級潜水艦）の将来〔代替〕をめぐる政治的、技術的議論が喧（かまびす）しかったが、新型の核搭載艦を導入することで決着となった。最後に、イギリス海軍は、七隻の最新式の〔アスチュート級〕原子力攻撃型潜水艦〔上記のヴァンガード級弾道ミサイル潜水艦とは別〕を導入することになっており、これらが導入されれば、その時、おそらく、アメリカと中国に次いで世界第三位の海軍となることであろう。[*17] だが、経済的な制限が、二隻の航空母艦の計画を阻む状況となる場合には、同様の経済情勢は、新しい弾道ミサイル潜水艦を許さないであろうし、アスチュート級潜水艦の数も削減されることになるであろう。そうなった場合には、イギリス海軍は、外洋海軍（transoceanic force）としての能力を失うことになるであろう。

それゆえ、「複雑な世界におけるイギリスの戦略」を描き出そうとする最近の学術的な努力が、グローバルな情勢がかなり複雑であることを強調し、政府文書の断定的な語調に対して警戒的であることは、驚くべきことではないのである――ある著者は、これらの文書を、「善意による舗装」という表現を使って表している。[*18] すべての論文が、イギリスの海軍力は、現在もなかなかのものであるという評価をしている一方で、イギリス海軍の多くの欠点について注目を向けている論文も多くある。

イギリス海軍史の近年の部分は、死にかけた海軍の話ではないのだ。この点について注目することは、なかなか興味深いことなのであるが、第二次世界大戦の終戦から現在までの時間（一九四五年から二〇一五年まで）は七〇年であり、パクス・ブリタニカと呼ばれる一八一五年から一八八五年までの時間も、ぴったり同じく七〇年なのである。パクス・ブリタニカの時代に、イギリスは、ナンバーワンの帝国主義国家として、ほとんど当然のごとく、多くの砲艦外交を行っていたが、海軍力を持続的に展開させた例は一つしかなく、それは、クリミア戦争〔一八五三～五六年〕でのロシアに対するバルト海と黒海での作戦であった。一方で、戦後史の前半、イギリス海軍は、少なくとも三度、かなり大規模な作戦を実際に展開している。朝鮮戦争（一九五〇～五三年）、スエズ危機（一九五六年）、それから、マーガレット・サッチャー首相の断固とした姿勢の下でのフォークランド紛争（一九八二年）である。だが、フォークランド紛争は、イギリスが海外で単独で行った、最後の大規模な作戦となるであろう。戦後史の後半は、ちょうど三〇年であるが、この間、イギリス海軍は、海外で大規模な作戦を行っていない。この間、これと歩調を合わせるように、艦隊の規模は、確実に縮小してきた。イギリス海軍の今日の姿は、それなりの時間軸のなかで、形成されてきたものなのである。

そうなった理由の大部分は、ここで、単純な事実を提示することによって説明できるであろう。つまりは、イギリスは、他のヨーロッパ諸国とならんで、実質的に、アメリカの戦略的な傘の下で生存しているという事実である。これは、単に、冷戦後もアメリカの核による保護がつづいているというだけではない。〔アメリカという〕超大国が、地球のほとんどの場所で、海上航路を開いた状態に保ち、西側諸国の他の明白な利益を擁護しているということである。ワシントンは、世界中で、自らの政治的要求、経済的要求を満たそうとしながら、他の多くの国々に、グローバルな公共財を提供しているのである。もちろん、イギリスは、その恩恵を受けている。だからこそ、イギリスは、海軍予算を、比較的安く抑えることができるのである。実際、イギリスの海軍予算は、アメリカの海軍予算の総額の、およそ、八分の一、あるいは十分の一なのだ。これ以上の予算を求めたならば、有権者の間で、激しい議論が起きることであろう。だが、このように抑制された防衛費は、他方で、伝統的なNATO―ヨーロッパ海域の外でのロンドン〔イギリス〕の防衛活動をも制限するものなのである。かつてイギリスの軍艦は、香港、シンガポール、〔スリランカの〕コロンボの港から、何にも制限されることなく自由に出港していた。だが、今、東アジアや東南アジアの海域で、重要な役割は担っていない。さらにいうならば、ほとんどのイギリス人は、こういう現状に、安心しか感じていないのである。

イギリス以外のヨーロッパ諸国の海軍のなかでは、フランス海軍だけが、遠方の海へ、限られた一定範囲において、戦力を展開させる能力を持っている。海上展開能力によって、フランスは、ヨーロッパの大国、国連安全保障理事会常任理事国の一つとして国際的な義務を果たすことができ、面目を保っているのである。フランスは、海上において、未だに「ハードパワー」を保っているのだ。フランスは、国際的なテロ組織に対して、反撃を行う能力を備えており、フランス語圏アフリカに関与しつづけるという自国の伝統的政策を維持できているのである。だが、いかなる防衛経済学者も、フランスの防衛予算は、フランスのGNPの二パーセントにかろうじて届く額であることを、ただちに指摘できるであろう。イギリス同様、フランスも、かつてと比べ、ＧＮＰのかなり低い割合しか、軍に投入していないのである。軍人の人数は、かつてよりもかなり少なく、戦車も、航空機も、軍艦も、かなり少ないのである。両国は、他のヨーロッパのＮＡＴＯ諸国と比べるならば、より強い「ハードパワー」を維持しており、自国の海域を離れて活動する能力を備えている。だが、両国の水上艦艇の活動範囲が、ソマリア沖やその周辺海域での海賊対策の哨戒活動を超えることはめったになく、〔フランスの場合には〕ペルシャ湾で空母の短期間活動を超えることはめったにない。イギリス、フランス以外のより規模が小さいヨーロッパの海軍について述べるならば、かなり規模が小さく、用いることができる武器も限られたものであるため、常に、ＮＡＴＯ、そして／またはＥＵの枠組みのなかで、小さな役割を、共同で担うことができるだけである。個別に見れば、これらヨーロッパ諸国の新型兵器は、なかなかではあるものの、いかんせん、絶対的な数が少なすぎるのだ。たとえば、ドイツが導入する最新式で、〔フリゲートという名称にしては〕相当な大きさの四隻の１２５型フリゲート〔バーデン・ヴュルテンベルグ級フリゲート〕は、かなりすごいものに見える。だが、この四隻は、より数が多い現役艦の代替として導入されるのである。その理由は、ドイツの防衛費が（ＧＮＰのおよそ一・二パーセントに）厳格に制限されているからであろう。その結果、水上艦隊の実際の規模は、縮小となるのだ。

ヨーロッパ連合の現在の総ＧＤＰは、アメリカのＧＤＰに匹敵する額である。もしもヨーロッパ連合が、アメリカなみの防衛費を統合的に用い、調達、募兵を共同で行い、共同の指揮命令系統を構築したならば、その結果できる世界の勢力分布は、現状とはかなり異なったものになるであろう。西側民主国家の巨大な塊が、二つになるのである（ＥＵについて述べるならば、共同の防衛組織を持つことになれば、一つの国家により近いものになるであろう）。ロシアは、八倍の経済力を持つ一つのヨーロッパ権力・政治体と隣りあうことになり、アメリカは、唯一の超大国ではなくなるのである。同様に、海軍について述べるならば、このような巨大な経済体は、相当大きな海軍を賄えるのである。つまり、複数の航空母艦、複数のイージス艦、その他、を賄えるのである。現状では、このようなことは、夢想にしか過ぎない。（「ブレグジット」を選んだ二〇一六年六月の）イギリスのEU残留をめぐる国民投票の後には、これは、さらに、かなわない夢となった。簡潔にいえば、ヨーロッパ連合は、限定された防衛費を選択しており、比較的小規模の国軍を選択しており、また、自分たちの戦略を遂行できる範囲を、「近くの外国」に限定することを選択しており、それより遠くでは、戦略的な役割を、ほとんど、あるいは、まったく果たさないことを選択しているのである。

ヨーロッパの平和を志向する気質へのもっとも近年の挑戦は、頻繁に海軍力と空軍力を誇示してくる、ロシア政府の押し出しの強い政策である。ロシアの潜水艦が、バルト海の対岸の沿岸防衛について探りを入れているのが発見されている。ロシアの戦闘機は、時折、NATOの航空機に接近し、ロシアの長距離爆撃機が大西洋上空を飛び、ブリテン諸島周辺をうろちょろしている。より深刻なことには、ロシアの貨物船や駆逐艦が、シリアにあるロシア海軍の拠点に大量の軍需物資を荷揚げしている。シリアでは、ロシアの航空隊が、シリアにおけるロシアの押し出しの強い外交を支援するように、シリア内戦に繰りかえし干渉している。ロシアは、クリミアを、セヴァストポリの海軍基地ごと乗っ取り、元に戻すことのできない既成事実として宣言した。ロシア軍は、惨憺たる経済状況にあっても、ロシアの国家予算のなかで、優遇されている。二〇年前のゴルバチョフ大統領の、自由主義的で、妥協的な時代は、今や、夢であったように感じられる。

ロシアの強硬な姿勢がいつまでつづくのか、それは分からない。世界におけるロシア海軍の歴史は、長い時間軸で見ると、変動的であり、繰りかえされる拡大のし過ぎに悩まされてきた歴史である。今現在、水上艦艇を新造し、大規模な潜水艦隊（潜水艦の数は六〇隻以上であり、これは核抑止力〔原子力弾道ミサイル潜水艦〕を含むものである）をさらに拡大させ、新鋭の即応可能な航空隊にさらなる投資を行っていることについて、たしかな証拠がある。だが、これらと同時に、ロシアの経済的な衰退を示す多くの痕跡も存在するのである。ロシアの、ゆがんだ、政治色の強い経済は、非常に先端的なサイバー戦争の遂行能力を誇りにしている。とはいうものの、ロシアの実際の輸出品は、天然ガス、石油、武器なのである。同時に、たくさん保有している巡洋艦、駆逐艦、フリゲート（この三艦種の合計数は、およそ三五艦）、多くの潜水艦を見てみると、その多くは旧式艦であったり、戦力を失った艦なのである。洋上での軍艦の故障や事故の記録が示していることは、艦隊の整備状態の悪さなのである。さらに、何といっても重要な点は、ロシアが、他の大国に比べて、GDP比で相当に高い割合（五・四パーセント）を軍備に費やしているということである。ロシアのGDPは、列強中最小であるにもかかわらず、である。実際、イタリアよりも小さいのだ。[*19] 以上まとめると、モスクワは、現代世界において、海軍力の重要性を誇示している。だが、その内実は、目に見える部分を何とかギリギリ取り繕っている程度なのである。長い目で見れば、ロシアは、海上の戦力均衡を変える力を持った国家ではないのだ。

ロシアは、二つの理由により、アメリカの戦略家たちにとって、今も重要な存在である。まず第一に、ランドパワーとしてのその巨大な大きさによって、アメリカの同盟国や友好国（ウクライナ、バルト三国、トルコ）にプレッシャーをかけられるという点である。ワシントンに、アメリカ海軍の艦隊が防衛できない地理上の境界があるということを、認識させる存在なのである。第二の、さらに重要な点は、ロシアが、今も、最大の核大国の一つである、ということである。これには、海洋での核兵器の発射能力が含まれている。その能力が、どの程度のものなのかは、はっきりしていないが、その能力を持っているということは、たしかなのだ。だが、復活したロシアの海軍主義は、この先、ロシアが海軍大国となることを阻んできた根本的な弱点に直面しなければならないのだ。ロシアの地理的な場所は、非常に不利な位置にあり、これが、ロシアが、真の「ブルーウォーター（外洋）」艦隊を持つことを阻んでいる。それから、繁栄し、近代的な生産性の高い国民経済を築く能力を永遠に欠いているのである。たしかに、いつの日か、ロシア政治に、真の革命が起こり、ロシア経済がより競争力の高いものに変わる日は訪れるかもしれない。だが、地理的な拘束は、永遠のものなのだ。ロシアが将来、より現実的な大戦略〔グランドストラテジー〕を構築するためには、モスクワが、この二つの弱点をきちんと認識することがその第一のステップとなるであろう。

アジアにおける海軍と海軍主義の勃興

ロシアの海軍力が相対的に弱いという状況は、南アジアや東アジアのシーパワーを観察し、これらと比較することによって、一層際立ってくる。第一に、もっとも重要な事実として、一群の国々が集まるこの広大で人口密度が高い地域では、経済活動が活発に行われている、という点がある。日本は、一九五〇年代末以降、とてつもない生産性を発揮し、どんどんと豊かになる姿を示してきた。一〇年遅れて、日本につづいたのが、「四頭の虎」である。韓国、台湾、香港、シンガポールのことだ。経済的な離陸というこのパターンは、その後も、どんどんとつづいた。インドネシアがつづき、ヴェトナムがつづき、さらに西では、インドも離陸したのである。これらの国々は、大きいものもあり、小さなものもあり、海に面している国もあれば、島国もあるが、この地域の、繁栄する海洋ネットワークを構成しており、さらに遠く、地域外ともつながっている。これらすべての国々は、アジアの工業生産力の恩恵を受けており、ますます高まるハイテク能力の恩恵を受けており、莫大な資本力の恩恵を受けているのである。

表面だけを見れば、これらすべての国々が海軍を必要としているわけではない。沿岸警備隊で十分だという国もある。だが、これらの国々の大半は、隣国との不安定な関係をその理由とし、また、国威という観点から、沿岸警備隊では満足せず、海軍を持つことを決断した。海軍力拡張の結果どうなるのか、これは、今のところ、はっきりしていない。インドが大きな艦隊を持ちたがっていることは、かなり納得のゆくところである。インドが、世界的な経済大国、軍事大国になるのに歩調を合わせよう、ということだ。インド洋を支配する、というところまでゆかなくても、インド洋での安全を確保する、ということである。だが、現在の海軍の状況についていえば、目標に対して、まだまだ艦艇の数が足りていない。さらに、艦隊の一部は、時代遅れになっている。インドと対照的なのは、韓国である。韓国は、インドよりだいぶ小さいが、とてつもない生産性を誇り、最新鋭の艦艇からなる艦隊を築いている（その艦艇には、たとえば、イージスシステム搭載の駆逐艦が含まれ、この駆逐艦のサイズは、第二次世界大戦期のイギリスの重巡洋艦同等である）。こういう艦隊を築いたことは、ただ一つの作戦意図を目的にするものではないかもしれないが、韓国の意図は、かなりはっきりしたものである。東アジアの国々の力関係を計る上で、今、海軍力も考察の対象となっているようなので、ソウルとしては、引き下がっているわけにはいかないのだ。[20] ソウルが行わねばならないこととは、振り返って日本を見ることなのである。日本は、現在、世界のなかで、第四位か第五位の海軍国である。東京は、シーパワーの重要性に信念を持っており、多額の投資を行って、三隻のヘリ空母、四〇隻を超える駆逐艦とフリゲートを含む、かなり最新式の非常に力強い水上海軍を保有している。日本の艦隊は、外洋での作戦を遂行できる能力を持っている。たとえば、インド洋で作戦を展開することができる。同時に、自国付近での挑戦に対抗して展開する能力も備えているのだ。たとえば係争中の無人島嶼群、釣魚群島（尖閣諸島）付近での中国の活動に対して、である。驚くべきことに、日本は、そのとてつもないGDPの内のわずか一パーセントほどを軍事全体〔防衛費全体〕に費やすだけで、これだけのことをやってのけているのである。こうすることによって、未だに相当強い平和愛好的な国内世論に配慮しているのである。[21] だが、もし日本が二パーセント費やすことを選択したなら、相当な規模の従来型〔核兵器を持たない、という意味〕の艦隊を保有することになるのである。

絶対的な額において、アジアの防衛への出費額は、めまいがするほどの大きさである。アジア大陸（中国とインドは、ここに含まれている）は、大型兵器システムのグローバル市場において、現在、およそ半分の割合を占めている――中東の二倍ほどであり、ヨーロッパの四倍以上である。面白いことに、アジアの国々は、今、他の何よりもまして、原子力ではない、従来型燃料型潜水艦を、しきりに欲しがっており、現在、このタイプの潜水艦の半分以上は、アジアの国々が保有している状況となっている。『エコノミスト』誌（二〇一六年二月二七日号）は、最近、このような記事を記載している。

「……［ヴェトナムは、］八機の戦闘機、四隻の高速攻撃艇、四隻の潜水艦を購入し、さらに六隻のフリゲート、二隻の潜水艦を発注している……インドは六隻［の潜水艦］をフランスに発注し、パキスタンは八隻を中国から購入した。また、中国は、二隻をバングラデシュに供給している。ドイツは、四隻をシンガポール、五隻を韓国に引き渡す予定である。韓国は、自国製のものを三隻、インドネシアに売却している。オーストラリアは、八隻から一二隻を購入する予定である。[*22]」

ここで興味深いことは、軍艦を購入しているアジアの国の数ばかりではない。驚くほど多くの国々が、軍艦を供給できる能力を持っているのである。グローバルな海軍兵器産業は、現在、巨大であるとともに、広く拡散している状況であり、それ以降のいかなる時代よりも、一九一四年直前に似た状況となっているのだ。そして、毎年毎年、『海上権力史論』のアジア各国語への翻訳版が、売れつづけている。マハンの影響力は、今も健在であり、アジア大陸全体で、そういう状況なのである。

アジアにおける海軍の再興が、世界史の長い時間軸の中で、どれだけ驚くべきことか、また、どんなに特異なことか、どれだけ強調しても、強調のし過ぎにはならないであろう。地球のある部分において、アジアやオーストラレーシア〔太平洋地域〕の多くの国々が、これまで投資をしてきたよりもさらに大きな金額を現代的な海軍に投入すべきであるという確信を抱いているのである。これらの国々は、海軍、そしてシーパワーを、嵐の起こり得る予想困難な世界において自らの利益を擁護するための欠かせない存在として、見なしているのだ。一方、地球の別の場所では、一群の国家群が、すべてヨーロッパの国だが、そんなことを意に介しておらず、そんな信念をまったく持たずにいる。たとえパリやロンドンで、ものを考えるわずかな人々が、六〇年かそれ以上前にそうであったように、自分たちの国もかなり強力な海軍力を備えるのが賢明であると考えたとしても、そうするよう自分たちの国の政治家たちを説得し得る可能性は、現実には存在しない。この様子を遠く離れて見たならば、地政学的な地殻変動は、明らかであろう――ヨーロッパは眠ったままである一方、アジアは、起き上がっているのだ。もしかしたら、これは、不可逆なことなのかもしれない。海洋のグローバルな力関係が、新しいブローデルの移動のようなものを目撃しているのだ〔「ブローデルの移動」とは、地中海から大西洋への力の中心の移動のこと〕。ほとんど突然の移動ともいってよいものが、西洋から東洋へ、ドーバー海峡〔イギリス海峡〕からフィリピン海へと、起こっているのである。ごくわずかな数の海軍省が、そして、それよりも少ない外務省だけが、この大きな変動に、自分たちの思考を順応させてきている。

中国海軍の拡大――将来の覇権を目指して

これら軍艦の建艦と戦略設定の背後では、非常に大きなことが起こっている。中国が勃興し、ふたたび、世界の最強国へと昇りつつあるのだ。今や（少なくとも、現在のところは）、アメリカに次ぐ世界第二位の大国である。近代の国際秩序を動かすこの重大な変動は、尋常ではないスピードで起こっている。本書の最初の版を執筆していた頃、二〇世紀末までに中国が主要な海軍国となるなどということは、ほとんど考えられないことであった。毛主席は、その長い独裁を通して破壊的な社会政策、経済政策を行っていたが、中国がそこから抜け出せるのか、そして、いつごろ抜け出せるのか、それを予測できた人は、当時、まずいなかった。そして、一九七九年以降、まともな経済政策を導入し、何十年にもわたって驚異的な（年率換算で一〇パーセントだ）成長を遂げるようになった頃も、大規模な海軍の建設が、将来、中国にとっての優先事項になるなどということは、ほとんど考えられないことであった。この頃、新しい都市が建設されようとしていた。道路、鉄道、空港といったすべてのインフラストラクチャーに、投資が行われようとしていた。輸出志向型の産業が育まれようとしていた。五億人の人々が、田舎での貧困から抜け出ようとしていた。そして、資本や貯蓄が蓄積されようとしていた。これらすべてが行われようとしていた頃、指導者たちは、開かれた民主的な社会にどの程度まで移行させるべきか（あるいは、そもそも、移行させる必要があるのか）を熟慮していた。一九八九年の天安門広場での厳しい弾圧は、共産党の支配がこの先もつづくということを、見せつける出来事であった。そして、指導者の最優先事項は、持続的で平和的な経済成長という実感できる繁栄を約束することによって国民の懐柔を図るということとなった。

この雄大な成長物語は、また、中国共産党指導者に、大海軍建設という選択肢を与えることになったのだ。単純に、今や、それが賄えるようになったのである。しかも、相対的に割安な負担で、賄えるようになったのだ。防衛予算が、GNPの一定の割合で固定されているとしても（一パーセントから二パーセントとする大雑把な見積もり）、一九七〇年代以降、GDP成長率は、年率一〇パーセントで確実に推移しているので、防衛費が一五〇億ドルであったとするならば、七年後には三〇〇億ドルになり、その七年後には、六〇〇億ドルになり、それがどんどんつづいてゆくことになる。後になって成長率が下がったとしても、それでもおそらく五から六パーセントで推移しているので、防衛費は、かなりの割合で上昇しつづけることになる。その結果生まれた陸軍力、海軍力は、今や、イギリス、フランス、ロシアといった第二グループの海軍国のいずれをも、かなり上回ることになったのである。中国の防衛費の総額がいくらなのか、その正確な数字を得ることは非常に困難である。だが、SIPRIがはじき出している最新の数字（二〇一六年）である二一五〇億ドルが、だいたい正しいとするならば、過去半世紀の軍事費の増加率は、いかなるものをも上回る速さであったということになる。[*23]

現在、海軍の拡張が行われているが、まさに六〇〇年前、中国は、有名な鄭和提督率いる、大規模な遠洋海軍を保有していた。このことは、中国のコメンテーターたちが好んで指摘することである。海洋国家はやがて衰退する、という国内からの反対に対して、彼らの見解はまったくの間違いであると、今や、唱えられているのである。皮肉なことに、明の中国が、大航海を取りやめた頃は、ポルトガルが海洋国家として成功し、しばらく後に、チューダー朝のイングランドが、海洋国家として成功した時代であった。イングランドが、スペイン帝国をも、ねじ伏せた時代である。[*24]だが、現在、中国の公式の声明は、中国は、大国としての必要性を満たすに十分な海軍を持つことになる、と述べている。中国の管轄権内の海域を防衛し、中国の貿易航路を支援し、国際的な海洋秩序の維持に、中国が役割を果たすようにする、ということである。もっとも、中国は、海洋秩序の形成そのものに、加わりたいようである。ここで中国政府に残された課題とは、中国国家の基本的ニーズとは何なのかを、定めることなのである。現在のニーズ、そして、この先の将来のニーズである。

中国艦隊の拡張が進行中である。新しい種類の軍艦、航空機、ミサイル、その他兵器が、次から次へと導入され、装備の一覧表が、すぐに時代遅れになってしまうほどの速度で、更新が行われている。これらの艦船の多くは、これまで中国が保有していた沿岸防衛用の艦船を、より大きく、より強力にしただけのものである。だが、今や、これに、非常に高いミサイル発射能力を備えた一九隻の新鋭駆逐艦と五四隻の新鋭フリゲートの一群が加わった。中国の二隻目の航空母艦は、最初のものより、かなり進んだものになるようである。試作の〔建造中の〕排水量一万一〇〇〇トン級重巡洋艦は、アメリカ海軍のイージス艦と比べ得るものになるかもしれない。中国の揚陸艦は、これまでの艦よりも、より大きく、より早く、より装備が優れたものになっている。これらの艦艇や武器システムは、最先端、とは呼べないものも含んでいる。また、急拡大のひずみから来る問題も生じている。それから、いうまでもないが、この海軍は、今でも、地理上、ある程度限られた範囲内で活動することを選択している。そうはいうものの、それでも、驚愕すべき存在なのである。

これらすべてがいったい何を意味するのか、このことは、今、西洋の政策専門家たちの間で盛んに議論されていることである。艦隊の建設に付随して、大規模なミサイル、航空防衛システムが構築されている。これらは、すべて、中国の沿岸部に構築されている。（アメリカ海軍を含め）他国の海軍が、沿岸部に接近してくるのを防ぐためである（特に意識しているのがアメリカ海軍である）。多くの観察者たちが感じていることとは、中国は、自国の拡張中の海上能力を保護しようとするあまり、自国近海の海上支配力を構築するのみならず、おそらくは、沖合の重要な島嶼や環礁を含めて、かなり遠くの海まで支配力を構築しようとしていることである。以下に見てゆく通り、状況がアイゼンハワーの時代〔一九五三〜六一年〕のようになった場合に、自分が指揮する航空母艦を、緊張下、喜んで台湾海峡やその付近に近づけようとするアメリカ人艦長はいないであろう。この変化は、明白な作戦上の現実であり、イギリス海軍が、一九一四年にいたる数年、〔その結果生じるであろう〕潜在的な危険があまりにも大きいものであるとして、ドイツ沿岸の厳しい海上封鎖を取りやめた時の状況に似たものである。たしかに、規模の大きな外国の海軍にとって、戦術的な状況が変化した時、距離をおいた警備行動へと切り替えることは、賢明なことであろう。だが、これは、同時に、海上空間を譲る、ということでもあるのだ。そして、この場合、間違いなく、アメリカ側が作戦上の譲歩をする、ということでもあるのだ。

中国の支配が及ぶ海が地理的に確実に拡大している中にあって、もっとも議論を呼んでいることとは、中国が、南シナ海から北方へ向かって伸び、日本の南の海域にいたるまでつづいている、沖に浮かぶ多くの小島やサンゴ礁からなる重要な帯に対して、主権が及ぶことを主張していることであろう（いわゆる「九段線」）。だが、この周辺の国々――フィリピン、ヴェトナム、インドネシア――も、それぞれの歴史的な主張に沿って、これらの島々のいくつかに対して、それぞれ領有権を主張しているのである。一方で、アメリカは、この海域で、国際的な「公海航行の自由〔どこの国の船も自由に航行してよい、ということ〕」を主張しており、それぞれの領有権は、占領や軍事力によらず、仲裁によって解決すべきであると主張している。はるか北方に目を転じると、決然とした心持の日本が、非常に能力が高い自らの海軍とともに、尖閣諸島に対する領有権を、断固と主張している。そんなわけで、中国にとっても、軍事的に外海へと押し出てゆくことは、容易ではないのだ。中国の海上貿易が急拡大し、中国は世界最大の輸入元と輸出元となったにもかかわらず、である。だが、まさに、この点なのだ――グローバルな生産と、グローバルな貿易における、中国の現在の巨大な存在だ。ここが鍵なのである。中国の成長には、浮き沈みがあろう。（一八六五年から一九一七年にかけてのアメリカのように）時に、不景気や後退に見舞われることもあろう。だが、全般的な基調は、常に、上向きなのだ。

もちろん、これらすべてを、中国の、外に向いた、自然で平和的な拡大の表れ、と見なすことは可能である。結局のところ、歴史的に、中国は、ミドルキングダム〔世界の真ん中の国〕だった。少なくとも、アジア世界においてはそうだった。四囲から朝貢を受け、四囲と交易をし、関係を結んでいたのである。それゆえ、ふたたびかつてのようになると示唆することは、北京にとっては、当たりまえのことなのだ。北京は、こうすることによって、植民地をもつ西洋列強が（たとえば、アフリカで）行ったようなことは行わない、というようなことも、同時に訴えているのである。だが、現在、中国南部の港から、ペルシャ湾、東アフリカへと延びる、いわゆる「海のシルクロード」に沿って、海軍拠点を獲得するための交渉が行われ、海軍拠点が建設中である。このことが示唆していることとは、中国が、将来、海外において軍事的にかなり強力になるという選択肢をも育んでいる、ということである。それゆえ、西洋で現在のような議論がなされているのである。中国の海外進出は、単に経済大国としてのものなのだろうか、つまり、やや荒々しいふるまいはあるものの、平和的手段で、自国の経済的な拡張を図ろうとしているのだろうか？　それとも、かつての多くの大国がそうであったように、ハードな、地政学上の鋭い刃を獲得しようとしているのだろうか？

ここで明確なことは、中国の海軍力の増強――どのような種類の武器を海軍に与えるかという選択を伴うものである――が、アメリカも含めたこの地域の他のすべての海洋国家との力関係において、アジアと西太平洋の戦略バランスをすでに変化させ、また、現在も変化させつつある、ということである。〔アメリカのものに比べ〕より劣る、〔アメリカと〕非対称な武器（沿岸に設置されたシースキマー〔海面すれすれを飛ぶ対艦ミサイル〕、静粛性の高いディーゼルエンジン潜水艦）であっても、それらの武器の性格により、アメリカの、西太平洋における活動能力を制限しているのである。アメリカは、かつてのようなことができなくなり、新しい状況への適応を強いられたのだ。この先、さらに大きな航空母艦や、インド洋での作戦が可能な航続距離の長い潜水艦が導入されたら、いったいどういうことになるのだろうか？　二〇二五年までの状況は、どのようになるのだろうか？

アメリカの政治学の「現実主義」学派のある一派は、将来の大国間の激突は避けることができない、と述べている。[*25] 彼らの見解では、中国は、単に、この地域において、相対的な影響力と力を拡大させようと図っているのである。一方で、この地域において自らの地位が相対的に低下することは、アメリカにとって受け入れられないことなのである。つまり、将来「トゥキディデスの衝突（Thucydidean clash）」が起きる兆候はすべて出現している、というわけだ。二〇〇〇年以上前に、新興のアテナイ〔アテネ〕と憤慨したスパルタが衝突したことになぞらえているのである。これに刺激を受けたのが、（特に）東アジアの学者たちである。議論に急いで加わり、二つの超大国の衝突がどうして起きないのか、その理由を多く挙げている。[*26]

他の学者たちにとって、中国の台頭は、ヴィルヘルム的〔ヴィルヘルム二世期のドイツ的、つまり第一次世界大戦前のドイツ的〕な性格を備えたものである。先の〔第一次世界大戦前の〕ケースにおいて、拡大するドイツ帝国の指導者は、産業と貿易での大きな成功を足がかりに、世界大国としての新しい地位にふさわしい大規模な戦闘艦隊を築こうと決意した。だが、このような艦隊の建設は、ライバル不在の環境下で行われたわけではない。必然的に、ドイツの「自然な」海軍増強は、当時のナンバーワン国、イギリスを、次第にナーバスにしたのであった。今日の中国の海軍拡張も同じだ、というわけである。少なくとも、アメリカ人の多くは、そう見なしている。この先の年月に何が起こるのか、それは、現状維持国と、新興国が、それぞれ、どのようにふるまうのかにかかっている、というわけである。ヘンリー・キッシンジャーが観察している通り、平和的に台頭する中国は、我の強い、東アジアの既存の秩序を打ち壊そうとする国とは、かなり異なるものである。そして、アメリカは、現在のナンバーワンパワーとして、相応にふるまう権利を有しているであろう。イギリスが一九〇〇年以降そうふるまったように、である。[*27]

だが、現在と、一九一四年以前の危険な国際情勢の間には、二つの大きな違いが存在するのである。第一に、今日の二つの主役は、双方ともに、核を保有している。アメリカの核兵器の能力の方が、中国をかなり上回っているとはいえ、中国の、中距離ミサイルや超長距離ミサイルへの投資は、今や、なかなかのものであるので、結果として、地域における均衡のようなものができあがっている。もちろん、米中の海軍衝突が「核を用いた」（双方とも、戦術核を保有している）ものになった場合、どんな事態になるのか、誰にも分かることではない。相互抑止の条件が整うことを願っている人がいる理由は、これである。二番目の違いは、明らかなことだが、地理である。太平洋は、北海とは違う。繰りかえすようだが、一九〇〇年以降ヴィルヘルムスハーフェン〔ドイツの軍港があった場所〕に艦隊があっという間に現れたことは、イギリス東部の海岸線までわずか一日で航海できる位置に新たな海軍力が登場した、ということであった。太平洋両岸の海岸線や都市の間の距離は、長大であり、およそ七〇〇〇マイル〔およそ一万一〇〇〇キロ〕ある。いわゆる、腕がぶつからない距離、としては十分な距離である。このことは、英独海軍競争との類似性を下げるものである。さらにいえば、中国の海洋国としての台頭によって、アメリカの指導者たちは、シーパワーの重要性を、四分の一世紀前よりも、より強く認識するようになったのである。このことは、極めて鮮明である。どうやら、海上覇権を求める闘争の、古くからの物語の舞台は、ここにきて、トラファルガー岬から遠い、遠い場所へと、移ったのである。今までのところ、危ういが、平和な移り変わりである。

今日、新たな挑戦を受けるアメリカの海上覇権

中国の海洋での拡大にもかかわらず、アメリカ海軍が、現在のところ、未だに唯一無二の存在であることは、疑いようのないことである。七〇機から八〇機の最新の航空機やヘリコプターを載せた巨大な原子力空母は、他のいかなる海軍も持たない、匹敵するもののない存在だ。おのおのの空母打撃群は、海上から、何百マイルも内陸にある複数の目標を攻撃できるという、史上類例のない能力を備えている。そして、これらの打撃群は、こうした作戦を行っている最中、攻撃してくる水上艦艇を、やすやすと撃破できるのだ。航空母艦そのものは、常時、巡洋艦、駆逐艦、フリゲートの一群の支援、護衛を受けている。巡洋艦、駆逐艦、フリゲートなどの艦艇は、また、航空母艦の支援、護衛以外の、他の多くの作戦も、遂行可能で

ある。アメリカの海軍力の第二の要素は、潜水艦群である。潜水艦群は、巨大な戦略ミサイル潜水艦〔原子力弾道ミサイル潜水艦〕と、たくさんの攻撃型潜水艦から構成されている。戦略ミサイル潜水艦は、西側の核抑止力の一翼を担い、一方、攻撃型潜水艦は、敵艦に対して、単独で攻撃作戦を遂行する能力を備えている。アメリカ海軍力の第三の支えは、揚陸艦群である。揚陸艦は、アメリカの戦力を、海外の水域や海岸線に照射するという、独特の役割を担っている。全部あわせると、アメリカ海軍の予算規模は、二〇一六年度で、およそ一六一〇億ドル〔日本円にして一八兆円程度〕（ペンタゴンの予算合計、五五四〇億ドルのおよそ三〇パーセント）、他の多くの海軍の八倍以上であり、おそらくは、中国の海軍予算と比べても、三倍ほどはあろう。

実際のハードウェアそれ自体と同様に強い印象を与えるものは、アメリカ海軍の世界への展開の仕方である。〔世界最大の海軍基地であるヴァジニア州〕ノーフォーク、〔カリフォルニア州〕サンディエゴ、〔ワシントン州〕ピュージェット・サウンドといった東海岸や西海岸の艦隊基地から、また真珠湾や〔横須賀などの〕他の外国の基地から、数千マイルの距離の大海原を超え、行動するのである。パクス・ブリタニカ時代のイギリス海軍の、大規模な海外への展開を思い起こさせるものである。もっとも、海外の海域にあるアメリカ艦隊は、実際の港をそれほど必要としておらず、その代わりに、自らの補給艦隊に依存している。アメリカの空母打撃群は、たいていの場合、ホスト国の意向に関係なく、東地中海やペルシャ湾の沖合、フィリピンの西側の海域を、航行できるのである。さらに、グローバル・ポジショニング・システム〔GPS〕と、全方位的な諜報能力と暗号解読能力によって、アメリカの戦闘部隊は、指揮統制において、最上の無線電子環境を備えているのである。これらすべてによって、アメリカ海軍は、今現在と近い将来においては、唯一無二の、基礎のしっかりとした難攻不落性を備えているのである。

そうであるとして、では、アメリカの現在の海上覇権に、どこか弱点はあるのだろうか？　もし、過去の事例が何らかの手がかりを与えてくれるものであるとするならば、三つのエリアにおいて、脆弱性が存在している、といえるであろう。第一に、性質的に非対称な、新しい軍事技術が生まれてくることである。攻撃兵器と防御兵器の間に古くから存在する有利と不利の関係を、ねじれさせるような武器の登場である。第二に、アメリカ軍の地理的な「過剰拡大」である。つまり、それぞれ離れた場所にある戦域における複数の戦闘を、同時に行わなければならない、という状況であり、また味方同士がバラバラになり、勝つために必要な戦力の集合ができなくなる、という状況である。第三に、アメリカの、長期にわたる経済的な過剰拡張である。どんどんと大きくなる国家に対して、生産性が追いつかなくなる、という状況であり、その結果、アメリカの多くの利益を擁護しなければならない軍に対して、供給が追いつかなくなる、という事態である。

第一の脆弱性は、とてもよく理解できるものである。新しい、非対称な技術によって既存の軍事上の秩序がひっくり返されるという脅威は、常に存在する近代の特徴の一つでありつづけている。わずか一世紀前、世界の海軍は、新鋭の弩級戦艦を競い合うように建造していた。イギリス海軍が、一九〇六年の初めに、新しいタイプの、単一口径巨砲の、蒸気タービン推進の軍艦〔ドレッドノート〕を登場させると、世界中の海軍がこれをまねたのである。だが、この、見た目には圧倒的な「超」装甲艦が、海軍国それぞれの力関係を見る基準となり、海軍力の核となるのは集中した戦闘艦隊であるというマハンの主張が正しいかに見えたまさにその頃、こうした基準を打ち砕く、より新しい（そして、より安価な）兵器システムも、開発されていた。機雷は、すでに、いかなる軍艦にとっても脅威となっていたが、新しく登場した魚雷は、さらに大きな脅威となった。魚雷は、かなり多様な武器プラットフォームから発射できる武器であったからである。動力のついた多数の水雷艇から発射することができ、急速に開発が進んでいた潜水艦からも発射することができ、一〇年ちょっと後（のち）には、空を飛ぶ電撃機からも発射できるようになるのであった。やがては、主力艦〔戦艦や巡洋戦艦など主力となる軍艦〕そのものが、恐ろしい脆弱性を抱えたものとなるのだ。

この歴史上の前例は、アメリカの政策立案者たちが今日も注意を払わねばならないことなのだ。たしかに、太平洋戦争の経験は、適切な護衛を受けた空母部隊は、日本の爆撃機とカミカゼ特攻機の大量来襲を撃退できた、ということを示している。だが、このような経験（激しい攻撃を受けたイギリス海軍のマルタ島への補給護衛任務と同様な経験）が同時に示していることは、防御側もかなりの艦艇の喪失を覚悟しなければならない、ということなのである。大量の航空爆撃とミサイルに対して防御幕を完璧にすることは、無理な相談なのだ。このことが、現在においても、未だ真であると仮定すれば、アメリカの空母打撃群が、南シナ海、あるいは東地中海、ペルシャ湾近海に姿を見せるという「前方展開戦略」を行った場合どういうことになるのか、考察できるだろう。少なくとも、筆者と、海軍専門家の幾人かにとって、もし、実際に、中国、ロシア、イランのミサイル、航空機、魚雷搭載艦、潜水艦が進化し、数も増えた場合、大型のアメリカ艦船がこの先もこれらの海域で安全に行動できるという想定は、あり得ないものとなる。この考察が正しいものであると仮定すれば、そこから導き出されることとは、シーパワーは、陸上の出来事を左右できる能力をこの先長くは維持できないだろう、そして、軍艦は、ふたたび、海岸線に近づけなくなるだろう、という結論である。大きな犠牲を覚悟せずに近づくことは、できなくなるのだ。あるアメリカの研究者の指摘によれば、[*28]「これらの点をすべてつなぎ合わせる」と、大型の艦船（特に空母）は、攻撃ミサイル・システムが濃密に配備されている敵地の海岸線から、かなり離れた位置にとどまらざるを得なくなるので、アメリカ海軍は、大幅な作戦上の見直しを必要とするようになる。そうなったら、地球の反対側の戦域に戦力を照射させるアメリカの能力は、将来、相当程度、削減されることになる。

そういうわけで、アメリカの力の分散というリスクがあるのだ。おそらく、今のところは、アメリカ海軍が、地理的に離れた三つの戦域で、同時に、複数の異なる敵を相手に、戦闘を遂行しなければならないという状況は、可能性として、かなり低いように見える。ワシントンにとって、ペルシャ湾／インド湾戦域から戦力を引き抜くことのできないなか、本国から、たとえば、バルト海にも、朝鮮半島にも、同時に応援部隊を送りこまなければならないという状況は、よほど運が悪いことがつづくか、非常に稚拙な外交がつづくかでもしなければ、起こり得ないことであろう。しかも、事実として、アメリカの政策立案者たちは、以下のように、地球上の多くの場所で、様々な紛争が起きるというシナリオを、常に想定しているのである。バルト諸国、ウクライナ、ポーランド：このシナリオは、ロシアの侵攻と判断の誤りが、NATOの反撃を誘発するというものである。シリア国家の崩壊：その影響が、イラクに波及し、南のイスラエルにも波及するというシナリオ。(表立って議論されることはほとんどない) サウジアラビアの崩壊というシナリオ。イラン国家のより敵対的な行動、さらには挑発というシナリオ：このシナリオは、核の危機、もしくはイスラエルへのロケット攻撃を伴う。ペルシャ湾からの石油の供給が止まるというシナリオ。係争中の島をめぐり、中国とその隣国の島国 (フィリピン、あるいは日本) が戦争するというシナリオ。台湾海峡危機というシナリオ。北朝鮮が韓国に攻撃を仕かけるというシナリオ。

ここでのポイントは、アメリカの備えが不十分であるということではない。アメリカの兵力の前方展開、同盟の誓約、部隊の訓練、武器システムが示していることとは、アメリカは、十分な備えを行い、十分な武装をしている、ということである。また、アメリカ軍上層部の公式声明は、彼らが、アメリカがふたたび多極世界の中で生きていかなければならない状況をしっかりと認識している、ということを示している。中国とロシアが、それぞれに、大国として行動をするという状況である。これらすべてに対して、大きな問題が残るのだ。アメリカ海軍が分割されて、複数の戦争を戦うにあたって、アメリカには十分な量の兵力があるのだろうか？　という問題である。現在、アメリカ海軍は、二八〇隻ほどの艦艇を保有している (潜水艦や小型艦艇を含めた数字)。この数字は、冷戦時代末期のレーガン政権の時代の五七〇隻あまりと比べるならば、相当少ない数であるし、二〇〇〇年時点の数字である三一八隻と比べても、四〇隻少ない。

ズムウォルト級駆逐艦は、前級と比較してかなり高性能になっているという見解があるが、こうした見解は、たしかに、正しいであろう。だが、現実として、ドイツやイギリスのケースと同様に、三倍高性能になった新鋭艦といえども、三隻の異なる船の役割を同時に果たすことは、できないのである。

最後に、アメリカ経済は、これらすべてを継続的に賄い得るのか、という長期的な問題が存在するのである。この問題もまた、まったくの抽象的問題、ではないのだ。アメリカの世界生産に占める割合が今日よりもだいぶ低いものになった場合、当然ながら、アメリカの国際的な目的をアメリカ経済が支えることは、現在よりもだいぶ難しくなる。弱くなって、いくつかのエゴを持った大国の一つにしか過ぎなくなるアメリカは、もはや、世界の中で、自分のやり方でふるまえるだけの力を持たなくなるであろう。今後一〇年くらいの内に、このことが、アメリカの指導者たちにとって、現実の戦略的課題となるかどうか、現在のところ、まだ不明である。ここでは、明らかになりつつある事実について記しておけば、ひとまず、十分であろう。その事実とは、長期で見た場合のアメリカの実際の生産性の拡大は、景気づいていた時代(一九三〇年代〜一九六〇年代)に比べて、現在、かなり小さなものとなっており、この先もこの傾向はつづく、ということである。[*29] つまり、アメリカの海上覇権の経済的基盤は、将来、これまでに比べて、強固なものではなくなるであろう、ということなのだ。

過去半世紀の間、アメリカのグローバルな地位は、奇妙な矛盾に乗っかるものであった。世界人口に占めるアメリカの割合は、約四・五パーセントというわずかなものであった。だが、世界GDPに占める割合は、およそ一八パーセントという、堂々たるものであった。アメリカ人は、世界の防衛費のなかで、不均衡に大きな割合を、喜んで払ってきた。実際、長きにわたって、アメリカの防衛費は、世界の四五パーセントほどであった。そして、現在(二〇一六年)もなお、世界の全防衛支出のなかで、アメリカは、三六か三七パーセントを占めている。観察者は、いつまで――人口の割合にもっと近接した数字に近づくのではなく――このような支出をつづけられるのだろうか？　と思わずにはいられないであろう。アメリカの防衛支出が、それでもかなり大きな、世界全体の防衛費の二五パーセントに収縮したら、現在の海軍力における優位を保つことは、かなり困難になるのである。このことは、現在の時点では、まったくの仮定である。そして、アメリカ海軍は、シースキマーを気にするほど、このことを気にしていない。だが、ダイナミックな世界秩序のなかでは、長い時間軸でのグローバルな力関係の変化は、時折、起こるものであるし、経済的変化が起こる頻度は、ますます多くなっているように思われるので、アメリカの海上支配も、暫定的なものと見なさねばならないのだ。

最終的な考え

イギリス海上覇権の盛衰という物語は、七〇年ほど前、一九四五年までに、すでに完結したものである。その例外となるのは、イギリス政府が行った、帝国後の、二、三の帝国的冒険である（スエズ危機とフォークランド紛争）。後者のケースは、成功した、ともいわれるが、現実のところは、イギリスの相対的な衰退という大きな流れを、確認するものであった。歴史的に見れば、イギリス海上覇権の盛衰という物語は、驚くほどの一貫性と完全性を備えている。エリザベス一世の統治の下で始まったものが、エリザベス二世の統治の下で終わるのである。この四〇〇年間のなかでは、なかほどの二〇〇年が特に際立っている（だいたい、一七一五年から一九一四年）。この間に、比較的小さな島国が、自らを効率的なものに作り変え、世界一の海軍大国となったのである。そして、実際、アメリカ大陸とユーラシア大陸の中央部を除いた海外のほとんどすべての地域で、主役となったのである。その卓越ぶりは、世界史において前例のないものであり、イギリスと張り合い得るような存在は、一つしかない。現在のアメリカである。アメリカは、より大きな経済的影響力を持っているが、イギリスのように領土を持つことは、おおむね、避けている。

ある国の相対的な経済力と、相対的な戦略上の影響力は、共生関係にあるということまでの話は、また、首尾一貫したものでもある。イギリスの商業力と財政力が、接近して競い合っていたライバル国家のそれらを追い越し、産業のイノヴェーションによって、イギリスが他国を大きく引き離すようになると、他国を凌駕する強力な海軍を財政的に維持することは、容易となった。そして、後に最終的に、イギリスの相対的な生産性が低下すると、それが、今度は、イギリスの帝国的な衰退と、海洋国家としての衰退として現れた。この段階まで来ると、イギリスの地理的な優位——帆船の時代には、イギリスの興隆を大きく後押しするものであった——も、イギリスの衰退を支えることは、できなくなった。この時代になると、グローバルな生産の中心は、イギリスやヨーロッパを離れ、まずはアメリカへ、そして後にはアジアへと、大きく移動した。

われわれが生きている現代は、イギリスやヨーロッパが優勢を誇った時代とは別の時代である。ここでは、別の国の海上覇権が、かなりの程度、はっきりしている。アメリカの海上覇権である。このこと自体は、いうまでもなく、一〇〇年前に、マハンが著作のなかにおいて望み、そして予期した通りである。マハンは、この先イギリス海軍が海洋を支配できない時代がやってくるならば、アメリカ艦隊がそれを引き継ぐべきである、と主張したのであった。さらにマハンは、その著作の一番初めから、「シーパワー」の基本的「要素」は、ものごとの、変化しない秩序の一部でありつづけ、「時代が変わっても、その関係性は、同じ」でありつづける、そして、このことは個別の国家に左右されないものである、と、抜かりなく、首尾一貫、強調しつづけている。[*30]

このことから、当然、以下のようなことが述べられるだろう。莫大な経済的資源に恵まれた別の国の指導者が、世界を舞台にした商業活動や経済活動によって自信を深め、強力な海軍力を構築することを選択したならば、そのことが、次には、グローバルな海洋国の力関係を変化させることにつながるだろう。あるいは、一世代の内には変わらないかもしれないが、長い目で見れば、確実に変わるだろう。現実に、現在のアメリカの戦略上の優勢と、勃興する中国の関係性に、この先、どのような変化が起こってゆくのか、そして、それがどのような結果をもたらすのか、現状において占うことは、不可能である。しかしながら、今でも述べられることとは、国家や政府の目的の目に見える現われとしての海軍や海軍力は、過去においてて再三にわたり重要であったように、この先の未来においても、世界にとって重要なものであろう、ということである。これが、イギリスの海上覇権の物語が、海洋史研究者にとどまらず、この先何十年も、多くの人々の関心を集めつづけるであろう、理由である。

ポール・ケネディ

二〇一七年、ニューヘイヴンにて

序文

本書は、イギリスのシーパワーの歴史の詳細な再検討を、マハン以降、最初に行うことを試みたものである。イギリスのシーパワーの歴史は、アルフレッド・セイヤー・マハン（Alfred Thayer Mahan）が、かなり昔、一八九〇年に出版した『海上権力史論（*The Influence of Sea Power upon History*）』の中で描き出した。『海上権力史論』は、これ以降、海軍史を学ぶにあたっての、最重要文献でありつづけている。この新しい本では、特に、卓越した海洋国家としてのイギリスの盛衰の歴史を、チューダー朝時代から現在にいたるまで、描き出すことを試みる。そして、さらに踏みこんで、盛衰の理由についても分析したいと思う。本書は、このような分析を行うためのものであるので、たくさんの人気のあるイギリス海軍本において多くのページが割かれている有名な提督たちや、有名な海戦については、かなり限定的な記述を行うのみである。さらには、戦術、艦船のデザイン、砲術、航海術、海軍のなかでの社会生活といった細かい点については、その必要がない場合、言及しない。本書の主要な目的は、海軍を顕微鏡で分析するのではなく、海軍を、国家的観点、国際関係、経済的観点、政治的観点、戦略的観点の中に当てはめてみようという試みである。これなくしては、「シーパワー」や「海上覇権」などの用語は、きちんとは理解できないであろう。わたしは、自身の知識に限りがあること、そして、このように濃密な形で議論を提示することの難しさを、常に認識しているつもりである。だが、ここに挙げた目標に本書がどれだけ届かないものであるか、それを判断できるのは、読者の皆様だけである。

本書において、多くの議論を提示し、多くの結論を提示するが、大きな要点は、次の三つである。

一点目。イギリスの海軍力の盛衰とイギリスの経済力の盛衰は、常に密接な関係を持つものであった。それゆえ、後者の詳細な分析なしに前者を理解することは、不可能なのである。

二点目。シーパワーが世界の情勢に非常に大きな影響を及ぼしたのは、一六世紀の初めから一九世紀の末までの間である。いいかたを変えると、大洋を航海できる帆船が生み出されてから、〔ヨーロッパとアメリカ〕大陸が工業化するまでの間である。

三点目。いわゆる「コロンブスの時代」と呼ばれる時代においても、シーパワーの影響力には、自然によるかなりの限界が存在した。歴代のイギリス政府は、このことを、平時にも、戦時にも、考慮に入れる必要があった。イギリスが、第一の大国に登りつめることができたのは、海洋のみに頼るのではなく、シーパワーとランドパワーを巧みに組み合わせることができたからであった。

この内、第一点目の論点は、議論の余地がほとんどなかろう。実際、海軍力は経済力の上に乗っかるものであったという主張は、政治的な自明の理に、かなりの程度かなっているものであろう。一七世紀と一八世紀のイギリス海軍の成長は、商業革命と、この時代のイギリスの海外貿易への進出と、明らかに密接に関係するものであった。パクス・ブリタニカは、産業革命によって支えられていた。二〇世紀のイギリスの世界大国、海軍大国としての衰退も、同様に、イギリス経済の相対的な衰退と、明確に結びついていた。だが、不思議なことに、この自明の理を、優勢な海洋国家としてのイギリス史に当てはめた研究は、これまで、ほとんどなされていないのである。

二点目の論点も、同様に、新規なものではない。もっとも、二〇世紀のイギリスの提督たちと著作家たちの多くは、このことを、顧みていないようである。すでに、一九世紀の末には、サー・ジョン・シーリー（Sir John Seeley）が、そしてその後には、サー・ハルフォード・マッキンダー（Sir Halford Mackinder）

が、次のような指摘を行っている。三世紀前、帆船が、世界情勢を革命的に変えた時、ランドパワーは力を失ったが、産業革命の到来と、ロシアやアメリカのような大陸国に国を横断する鉄道が敷かれたことによって、ランドパワーがシーパワーをふたたび凌駕することが可能になりはじめた、と述べたのである。しかしながら、彼らも、古い時代のシーパワーについての詳細な分析、そして、どうしてシーパワーが興隆して衰退したのかについて、十分な記述を行っていないのだ。シーパワーの盛衰は、イギリスの大国としての盛衰と時代が一致する。さらにいえば、シーパワーは、イギリスの大国としての、基盤的な要素であった。そこで、本書では、シーパワーとイギリスの双方の発展について、分析するのが適切であろう。

三点目の論点は、性格上、前の二点ほど普遍的なものではないが、より議論を呼ぶものであろう。これは、戦略論における「海洋」派と、「大陸」派の、何世紀にも及ぶ論争に、ふたたび火をつけるものだからである。両派間の論争において、海洋派は、イギリスは、海軍、植民地、海外貿易にエネルギーを集中させるべきである、と主張し、平時には、ヨーロッパ大陸の出来事には関わり合うべきではなく、敵に対して限定的な奇襲を行ったり、同盟国に援助金を提供したりするのは、戦時に限るべきである、と主張してきた。これに対して大陸派は、ある状況の下では、ヨーロッパ大陸での軍事的関与は欠かせないものである、と主張し、イギリスの安全は、ヨーロッパの戦力均衡がどうなるかに分かちがたく結びつけられているので、孤立政策は、長期的に見て、イギリスを危険に晒すものである、と主張してきたのである。この論争は、ランドパワーとシーパワーのバランスをどう取るのかという論争であり、ヨーロッパとより広い世界の間でどうバランスを取るのかという論争であり、陸軍と海軍をどうバランスさせるか、という論争であるが、常に激しいものであった。純粋に戦略的な論争にとどまるのではなく、人間的な側面、感情、国内政治上の対立が持ちこまれ、それらの影響を受ける論争であったからである。わたし自身の立ち位置は、疑いなく今世紀の様々な出来事の影響を受けたものであるが、エリザベス一世、ウィリアム三世、マールバラ公爵、チャタム伯爵〔大ピット〕、グレイ伯爵らと同様である。つまり、イギリス人には、両方のバランスが必要である、という立場である。「海洋」生活に憧れる国民的な感情と、ヨーロッパ大陸への警戒を怠らないという戦略、そして、ヨーロッパ大陸の出来事がイギリスの国益に悪影響を及ぼすことを防ぐという決意の間でのバランスが必要である、という立場である。

わたし自身の、このイギリスの海上覇権に対する考え方は、シーリーが『英国膨張史（*The Expansion of England*）』の中で述べている立場に近いものである。シーリーは、自分は、伝記作家でもなければ、詩人でもなく、道徳家でもない、と述べ、「わたしが常に関心を持っている問題はただ一つ……それは、因果関係である。どんな法則が、この世界のなかで、国々を勃興させ、膨張させ、滅ぼすのか、それを見つけ出したい」と述べている。いうまでもなく、だからといって、シーリーの著作は、「客観的な」歴史とはならなかった。本書も、他の歴史書も、客観性を目指すものの、その客観性には限界がある。歴史家は、どんなに客観的であろうと努力しても、自身の偏見、経験、興味、自身が生きた時代という制約から、完全に逃れることはできないのである。実際、おそらくは、戦後の、現代という時代だからこそ、本書のような本は、執筆可能になったのではないだろうか。現代という時代だからこそ、経済的要因を強調することができ、海外や海洋世界へと向かうとされているイギリスの「自然な」性向と呼ばれるものに疑問を差しはさみ、この国〔イギリス〕が、海軍、植民地、経済的な大国へと「はまっていったこと」を、ある程度距離を置いて、分析し始められるのではないだろうか。ここに挙げたような態度は、どれも、以前のイギリス海軍史には、ほとんど見られない態度である。だが、イギリスの置かれた状況が変化したからこそ、これまでの歴史は、再検討される必要が生まれ、これまでの想定は、修正される必要が生まれたのである。本書が、この方面において、いくらかの貢献ができたならば、著者としては、満足である。

本研究のなかで、イギリス国立公文書館（The Public Record Office）〔現在のThe National Archives〕、ロンドンのインド省図書館（The India Office Library）〔ここにあった史料は、現在、大英図書館に所蔵されている〕、フライブルクのドイツ連邦公文書館・軍事文書館（Das Bundesarchiv-Militärarchiv）、ウイーンのオーストリア国立公文書館（Das Staatsarchiv）（ここを訪れたのは、まったく異なる目的であったのだが）の、公文書館史料は、有効な根拠となり、有用な引用元となっている。ここで、これらの公文書館で親切に接して下さったスタッフの皆様に、ふたたびお礼を述べておきたい。しかしながら、本書の注を精読していただければ分かる通り、本研究は、出版された書籍の著者の皆様に、より多くを負っている。本書は、大きな全体像を描こうとするものなので、当然、そうなるのである。そこで、この場で、書物を通して多くのことを学ばせていただいた著者の皆様に感謝申し上げたい。本書の前半は、カルロ・チポラ、ジュリアン・コーベット、ラルフ・デイヴィス、J・R・ジョーンズ、C・J・マーカス、リチャード・パレス、J・H・パリー、リチャード・ブルース・ウォーナム、J・A・ウィリアムソン、チャールズ・ウィルソンの御著書に多くを負っている。本書の後半は、C・J・バートレット、ロビン・D・S・ハイアム、エリック・J・ホブズボーム、マイケル・ハワード、アーサー・ジェイコブ・マーダー、ステファン・ウェントウォース・ロスキルの御著書に多くを負っている。より大きな、全体を通しての情報、アイデア、刺激は、コレリ・バーネット、L・デヒーオ、ジェラルド・S・グラハム、ハルフォード・ジョン・マッキンダー、E・B・ポッター、チェスター・ウィリアム・ニミッツ、H・R・リッチモンド、そしてもちろん、アルフレッド・セイヤー・マハンの御著書から得た。

この場を利用して、本書執筆中、多くの激励や支援を賜った、著作権代理人ブルース・ハンターと、本書の出版元アレン・レーンにも、お礼を申し上げたい。三人の友人、コレリ・バーネット、J・R・ジョーンズ教授、J・M・テーラー夫人は、草稿全部を読んでコメントを下さり、そのおかげで、多くの事実関係の間違いや、「不適切な文体」を修正することができた。お礼を申し上げたい。それでも残っている間違いや文体上の不備は、当然ながら、著者であるわたしに、すべて責任がある。

本書の草稿をタイプして下さったのは、ミューリエル・アティングさんである。彼女にもお礼を述べたい。

最後に、妻にもお礼を述べたい。妻は、執筆中、文章にコメントをくれ、スペルや文体上の間違いを指摘してくれ、参考文献表を作成してくれ、イギリス経済史についての知識を与えてくれるなど、様々に援助してくれた。本書を、妻と、ふたりの息子に捧げたい。

ポール・M・ケネディ

一九七四年一〇月、ノリッチにて

序章　シーパワーの要素

ここまで、国家のシーパワーの拡大に影響——プラス方向の影響もあれば、マイナス方向の影響もある——を与える主な要素に関しての全般的な討議を行ってきた…〔シーパワーについての〕諸考察や〔シーパワーの〕諸原理は、…変わらない、そして変えることのできない、物事の理法に属するものであり、原因と結果の関係において、時代が変わっても不変なものである。いってみれば、〔シーパワーについての〕諸考察や〔シーパワーの〕諸原理は、「自然の理法」のようなもの、なのである。自然の理法が、どれだけ変わらないものであるかについては、われわれは、常日頃、耳にしている。一方で、戦術とは、人間が作った武器の用い方なのであるが、世代から世代へと、人類の変化や進化に伴って、変化するものであり、進化するものなのである。時には、戦術という上部構造は、違ったものになるか、全体が崩壊することもある。だが、戦略という古くからの基盤は、そのまま残り、岩の上に構築されたかのように強固なのである。

アルフレッド・セイヤー・マハン『海上権力史論』第一章「シーパワーの要素」[*1]

本書のような物語は、まずは、この本の中で頻繁に用いることになるキーフレーズの探究から始めるのが賢明であろう。「シーパワー」という捕らえどころがなく、情緒がただようフレーズについてである。ここでの説明は、暫定的なもので、後になって修正することになるかもしれない。一九世紀の末にマハン海軍大佐が、重要ないくつかの書物を出版して以降、この用語は、海軍軍人たち、政治家たち、戦略家たち、歴史家たちの間で日常的に用いられる言葉となっている。だが、この用語を、正確に、短い言葉で定義することは、未だ難しいままである。そして、これを行うことを試みた著者は、たいていの場合、多くの但し書きや、さらなるコメントを加えて、この用語を定義することの難しさを認めるような結果になるのである。マハン自身、その著作の冒頭で、シーパワーの定義を行おうとしていないことは、注目すべきである。そのかわり、マハンは、歴史的な事例を示し、その解説を行うことで、シーパワーの性格を示し、この用語が「あいまいで、実態がなく」とどまることを防いでいる。[*2]

マハン以降、年月を経てから、イギリスの歴史家サー・ハーバート・リッチモンド（Sir Herbert Richmond）が、シーパワーの定義を試みている。この定義は、われわれにとって、最初の役に立つ定義として、用いることができるかもしれない。

シーパワーは、国力の形態であり、シーパワーを持つ国は、自国の軍隊や商人を、海や大洋の広がりを越えて、送り出すことができる。自国と同盟国の間にある海や大洋を越えて送り出すことができ、戦時には、海や大洋の向こう側の土地へと送り出すことができ、その一方、敵が同じことを行うことは、防ぐことができるのである。[*3]

リッチモンドの定義の、基本的に軍事的な部分は、歴史学の学徒にとって、容易に理解できるものである。カルタゴに対する戦い〔ポエニ戦争〕のなかでのローマによる地中海支配に始まって、ノルマンディーや沖縄といった、まったく異なる場所への上陸作戦を成功に導いた一九三九—四五年戦争での連合軍の海上での優勢にいたるまで、容易に、たくさんの例を挙げることができる。これらは、海を越えて軍事力を照射するという能力を有することが、とてつもない力になった国家、もしくは国家の集合体の例である。シーパワーを有する国家が、海を越えた侵略に対する安全性を確保し、敵の海岸線に到達できる機動性と能力を有し、海を越えての移動や貿易を自由に行えることは、明らかである。このような有利な立場を、海軍戦略家たちは、「制海権」と呼んでいる。[*4]

制海権とは、決して、大洋の海域を完全に所有するということを意味するものではない。そのようなことは物理的に不可能であるし、戦略的にも不要である。海の上には、人は、住むことができない。海は、陸地とは違って、人間にとって、それほど役立つものではないからである。海は、耕すこともできないし、開発することもできない。また、海を買ったり売ったりすることも不可能である。そうではなく、海は、媒介手段（medium）なのであり、海という媒介手段を通って、人は、ある土地から別の土地へと移動できるのである。あるいは、マハンの古典的な説明としては、以下のようなものがある。海は「広い共有地」のようなものであり、「そこを通って、人は、あらゆる方向に向かうことができる。だが、そこには、いくつかの、人がよく通る通り道がある。統制的な判断によって、人は、それ以外の通り道ではなく、ある一定の通り道を選択するのである。[*5]」ある国が、この「人がよく通る通り道」に沿った自国の交通をおおむね維持し、同じことを敵が行うことを阻止することに成功したならば、その国は、制海権を握っている、ということになる。そうした状況になれば、その国の貿易は繁栄し、その国と海外との連絡は保たれ、その国の軍隊が、自分の行きたい方向へと、自由に行けるようになるのである。

人類は、兵を送り出し、物資を交換する媒介手段としての海の価値に気づくや否や、制海権を獲得し、制海権を維持するための兵器――つまりは軍艦だ――を創り出すことに勤しむこととなった。目前の敵に打撃を与えることができる、強力に武装し、機動性の高い船舶の一群があったならば、手段を入手したも同然だ、ということになる。それゆえ、太古の昔から、人類は、海戦の記録を持っているのである。交戦者は、敵の艦隊を打ち破るか、あるいは、少なくとも、敵の艦隊を湾内に封じこめることによって海洋での優勢を獲得しようと、奮闘したのであった。[*6]これは、正統派の海軍主義者の基本的教義の一つとなる。つまりは、シーパワーの核は戦争艦隊（the war-fleet）――後には戦闘艦隊（the battle-fleet）と呼ぶようになる——にあり、という教義である。他方、小さな規模の奇襲作戦や、商船への散発的な奇襲は、一時的な、地域限定の優勢しか獲得できないのである。戦闘艦隊が登場するや否や吹き飛んでしまう程度の優勢である。マハンは、通商破壊戦（*guerre de course*）では、海上における圧倒的な力の担い手、を揺るがすことはできない、と指摘している。

海上における圧倒的な力の担い手、それが、敵の旗を海から一掃し、あるいは、日陰者としてのみ生きることを、敵に許すのである。偉大な共有地〔である海〕を支配することにより、通商が敵の岸を出入りする道を塞ぐのである。[*7]

この見解は、マハンの意見の中でも、マハンが試みたシーパワーの定義に、おそらくは、もっとも近いものであろう。ここでは、海を越えて部隊を送り出す国家の能力を強調することから、焦点がいくぶんずらされ、商人による貿易や貿易路を支配することに、同じくらい重きが置かれているか、一層の重きが置かれている。この違いは、シーパワーの発達の度合いを加えることによって、大まかに、説明できるであろう。シーパワーの発達は、技術の進歩、経済の発達、政治の発達といった、より普遍的な進歩、発達が、反映されるものであった。初期の段階において、海を渡って向こう側の地へと行くこと自体が新奇なことであった時代には、部隊を船に乗せて、ある場所から別の場所へと運ぶことが、基本的な目的であり、これが、シーパワーの定義であった。リッチモンドとポッターとニミッツは、[*8]二〇世紀なかばにおいてもこの定義を用いることができ、このことは、この定義が意味を失うことはない、ということを示している。だが、一七世紀頃までには、西洋文明が発達し、シーパワーのより洗練された側面や目的が出てくるようになった。海を通した貿易が、広がり、発達したので、海を通じた貿易をさらに促進させ、それを擁護することが、国家のためには非常に重要である、と認識されるようになったのである。船の構造、操舵、航海、銃砲における技術進歩が、戦列艦の登場につながったのである。つまりは、近代戦艦の祖先である。海外での探検、アメリカやアジアにおける交易所や植民地の設置は、ヨーロッパの富が海に依存するものであるということを、ますます強く証明するものとなった。そして、これらすべての帰結として、国民国家が、常設海軍を建設し、維持することとなったのである。

シーパワーの定義は、軍隊に海を渡らせるという短期的で戦術的な目的であったものから、永続的な国力――定期的な貿易と、常設の戦争艦隊の両方――を海上に確立するという長期的で大戦略的な目的のものへと推移したのであるが、このことは、シーパワーの定義が多様性を持ったものであることの証明となっている。シーパワーについての論文において、読者の方々は、様々な定義を目にするだろう。実際、一九世紀末の「ブルーウォーター」派（すなわち、極端な海軍主義者）と呼ばれる著作者たちは、戦闘艦隊による制海権の確立と、その結果として敵の商業と戦争努力がダメになることを非常に重視しているので、海外の戦域に部隊を送る輸送任務に対しては、非常に小さな役割しか与えないという傾向がある。彼らの主張によれば、ゆっくりと締めつけるような連続的な海上封鎖は、たいてい、敵を跪かせるに十分なのである。彼らの見解と結びついているのは、大陸での交戦に対する嫌悪である。大陸での交戦は、伝統的に、イギリスの命と費用をより多く奪い、イギリスの作戦上の自由を、より制限するものであった。いってみれば、イギリスにとって、「自然ではない〔国民性に合わない、という意味〕」のである。ボリングブルック〔初代ボリングブルック子爵ヘンリー・セント・ジョン〕（Henry St John, 1st Viscount Bolingbroke）が、この孤立主義的な態度を、『愛国王の理念（Idea of a Patriot King）（一七四九年）』の中で、表現しているが、おそらくは、かなりの程度いい当てたものであろう。「われわれは、他の両生類同様、時には陸に上がる必要がある。だが、水は、われわれにより適した場所である。水の中で……われわれは、最大限の安全が得られるので、われわれは、自分たちの力を最大限発揮できるのである。」

このように主張することは、後に見てゆくように、かなり極端な立場に立つということを意味するものである。ランドパワーの利用とシーパワーの利用は、複雑な関係によって結ばれているのであるが、その基本的側面の多くを無視するような立場に立つ、ということである。だが、ここから少なくとも分かることは、シーパワーを定義することの難しさ、である。シーパワーを、海外に軍事力を投射するための手段として捉えるだけでは不十分なのだ。ジュリアス・シーザー〔ユリウス・カエサル〕やノルマン人は、シーパワーを、海外に軍事力を投射するための手段として捉えていたかもしれないが、ルネサンス期以降、シーパワーは、もっと複雑で、幅広い要素を含むものとして、常に捉えられていたのである。シーパワーは、戦時における侵攻の成功にとどまらず、貿易、植民地、経済政策、国の豊かさをも、範疇に含むものなのである。

「汝の堀〔イギリス海峡〕を見たまえ。イングランド人の政治信条の第一条は、海を信じることにある」、これは、ハリファックス〔初代ハリファックス侯爵ジョージ・サヴィル（George Savill 1st Marquis of Halifax）〕が、一六九四年に書いた言葉である。彼は、この言葉を書くことによって、シーパワーが国家哲学の最上位に位置するというところまですでに来ている、ということを示そうとしたのだった。このような状況なので、シーパワーについての探究を行ったすべての者が、あらゆる側面を満足させるような、簡潔で単純なシーパワーの定義を示すことに躊躇しているさまは、不思議でも何でもないのである。

さらにいえば、たとえ強力な戦闘艦隊で海上のコミュニケーション〔交通、情報伝達、運送〕を支配することが、海洋権力の目に見えるシンボルであり、海洋権力の窮極の表れであると、何世紀にも渡って、見なされてきたとしても、その艦隊の存在と能力は、シーパワーの他の多くの「要素」に依存するものである、ということも、ずっと認識されていたのである。〔アメリカの海軍史家〕E・B・ポッター（E. B. Potter）は、次のように書いている。

シーパワーの要素は、決して、戦闘用の艦船、兵器、訓練された人員だけに限られるものではない。沿岸の設備、適した立地にある拠点、商業船舶、有利な国際連携も、シーパワーの要素に含まれるのである。その国がシーパワーを発揮できるかどうかは、また、その国の国民の国民性、人口、政府の性格、財政の健全さ、産業の効率、国内コミュニケーションの発達度合い、湾港の質と数、海岸線の長さ、海上コミュニケーションという観点から見た場合の本国、拠点、植民地の位置など、様々な要素に左右されるのである。[*9]

長い、項目リストである。これらの要素すべてについて、完全なる分析をここで行うことは、不可能である。だが、ここで述べておきたいことは、こうした記述、そして、シーパワーに関する本において読者が遭遇するであろう、ほとんどすべてのここから派生する問題は、マハンが『海上権力史論』のなかで結論していることに多くを負っている、ということである。厳密にいえば、マハンの研究は、新規なものではない。だが、マハンが世界的に有名になったのは、それまでバラバラであった個々の見解を、彼が、見事なまでのやり方で、一貫性のある哲学として統合させ、たとえ海軍戦術や歴史的状況は変化しても、基底にある戦略的考え方や原則は、「変わらない、そして変えることのできない、物事の理法に属する」[*10]ものである、と示したからである。つまりは、ある国家がこうした教訓を心に留め、必要な基本的要素を備えたならば、その国は、シーパワーを成功裏に用いるにあたって、優位な立場に立てる、ということになる。ここから分かることは、マハンは、クラウゼヴィッツやジョミニがランドパワーについて行ったことを、シーパワーについて行おうとしていた、ということである。彼の著作は、社会の「法則」を導き出そうとしていた一九世紀の精神が反映されたものであったが、このような精神は、後の楽観性が失われた時代には、拒絶されてしまった。そうではあるが、ここで、マハンの考え方を簡潔な概要にして書き記しておくことは、適切であろう。

マハンが、シーパワーに影響を及ぼす六つの主要な条件として挙げたのは、以下の六つである。一、地理的位置。二、自然的形態。三、領土の範囲。四、人口の数。五、国民性。六、政府の性格とその政策。*11 最初の三つは、本質的に地理的なものなので、一緒に扱ってもかまわないであろう。マハンは、歴史書を探索し、以下の〔三つの〕考察を得た。〔第一に〕陸上の防備を必要とせず、陸地を拡大させることもできない国家は、陸地を接する隣国に対して常に備えなければならない国に比べて、シーパワーの拡大に精力を費やすようになる。〔第二に〕重要な海上交通路に接しているという恵まれた位置は、さらなる大きな優位を与える。良港を備えている場合や、その防衛がその国家にとってさほどの負担とはならず、（〔大西洋岸と地中海岸を持つ〕フランスの海岸のようには）分割されていない一筆書きの海岸線を備えている場合も、同様に、大きな優位となる。〔第三に〕痩せた土地と厳しい気候は、しばしば、人々を海外へといざなう呼び水となる。これとは異なり、豊かな国の住民は、そうした気持ちを、あまり持たない。

残りの三つも、マハンの関心のなかにおいて、一つの要素が次の要素につらなっているので、一緒に扱ってもかまわないであろう。マハンが人口の数として意味したものは、その国の総人口のことではなく、「海で営みを行う」人の割合であり、海上貿易に携わる人々と、海軍に従軍する準備ができている人々の、両方を含んだものであった。同様に、国民性とは、海が恵む果実全般——利益の上がる貿易、安定した雇用、海外植民地——を活用しようとする全般的な心持のことである。つまり、進取の気性に富んだ商人と商店の国、ということであり、大洋とその周辺における自国の利益を擁護するために、海上の兵力に対して、十分な投資を永続的に行う心持があり、また、これを行い得る国——これは、シーパワーとして成功を収めるためのマハンのレシピである——ということである。政府にも、また、果たすべき重要な役割がある。平時には、その国の海軍力と商業力の育成を行い、戦時には、シーパワーを上手く活用するのである。これが、勝利の可能性を高めることになるだろう。また、そのことによって、その国の世界における立場は、さらに高まるであろう、ということである。

マハンの分析のなかには、いくぶん疑わしい決めつけもあり、それがもっとも顕著に表れているのが「国民性」に関する準人種差別的な節であるが、彼の著作のなかには、疑問の余地なく受け入れられるものも、多々ある。実際、「シーパワーの要素」としてマハンが挙げているものの多くは、分かり切った自明の理であるように思われがちであるが、それまで海軍戦略のなかで、それほど当たりまえではなかったことが、マハンの著作によって、当たりまえになった事柄なのである。マハンが、基礎的な原則として見なしていたものは、だいたいにおいて、適応可能であり、マハンの読者は、彼が過去から引き出した教訓は、現在、そして未来においても有効であると見なし、このことによってマハンは有名になった。しかしながら、ここで、本書の早い段階において、彼の哲学の全体像に対して、一つ基本的なコメントを述べておくことは、意味があろう――このコメントは、かなりの程度、帰納的である。マハンは、特定の時期の、特定の環境のなかで得られた哲学を、現在、そして未来においても適応可能なもの、と見なしていた。古代の海上紛争に対する短い言及を別にすれば、マハンの主要な研究は、一六六〇年から一八一五年までの限られた時期の四つか五つの西ヨーロッパの国々によって戦われた海上紛争に集中したものであり、ここから諸結論を導き出しているのである。さらにいえば、マハンも、他の歴史家たちと同様に、自身の生きた時代に優勢であった先入観や、海軍士官としての自らのバックグラウンドから、自由ではなかったのだ。イギリスの過去の海軍政策から得られる教訓を示し、アメリカに、イギリスの成功を模倣するように促す、という執筆動機は、彼の心を離れることはなかったのである。

別のいいかたをすれば、マハンの著作は、マハンや彼の学派が当然と見なしたシーパワーや海軍の役割についての考え方が、その基底に存在するのであるが、われわれは、それらを当然と見なす必要はないのである。そして、たとえ彼の分析が、彼が分析した時代についてはおおむね正しいものであったとしても、同じことが、巨大な技術的変化、政治上の変化、人口動態上の変化がより速い速度で起こっている時代でも常に起こる、とは限らないのである。

マハンと海軍主義者たちが自明の理とみなした第一は、国際問題への「影響力」において、海を、陸上よりも上位にあるもの、とみなしていたことである。マハンの名誉のために書けば、マハン自身は、彼の極端な信奉者たちほど、このことに深入りしてはいない。たとえば、マハンは、海軍以外の要素を無視するのは間違いである、とみなしていたし、自分がその研究を行う理由について、シーパワーが、「まったく無視されている、とまではいえなくとも、非常に過小評価されている」と単純に感じているからだ、と主張していた。[12] そうはいうものの、マハンは、海が文明の進歩に第一の役割を果たしてきた、という考え方を無批判に受け入れるような戦略上の学派が形成されたことについて、大きな責任がある。このことは、以下に引用するようなマハンの言葉を見れば、納得できるだろう。

海には、良く知られた危険、あるいはあまり知られていない危険があるにもかかわらず、海上を使った移動や輸送は、陸上での移動や輸送に比べ、常に、より容易で、常に、より安価である。

……［七年戦争中のイングランド］政府のパワーは、狭い国土と乏しい資源にもかかわらず、海と共に躍進した、このことが分からない者などいるのだろうか?

海を適切に利用し海を支配することは、富を集積させる交易という〔名の〕チェーンの、輪の一つにしかすぎない。だが、中心的な輪であり、他の国々は、その輪を持つ国に貢ぐことになるのである。そして、歴史が示すところによれば、その輪に、すべての富が集まってくるのである。[13]

現在の視点で過去をふりかえれば、マハンが著作で示したシーパワーの優位を、より長いスパンの歴史研究のなかで理解することは困難である、ということが分かる。もっとも顕著な例を挙げてみるだけでも、エジプト、ギリシャ、ローマ、アステカ、古代中国、ズールー王国、フン、オスマントルコ、神聖ローマ帝国は、その力を、主に海から得ていたわけではない。彼らが海を重視していなかったことは、驚きでもなんでもないのである。その理由は、陸上と海という、二つの場所の自然特性上、人間の活動の大部分が、陸上において行われるからである。単純に、たいていの人間は、船の揺れるデッキにではなく、乾いた地面に自らの足を置いている。これは、陸上が、海よりも、文明が進歩するにあたって常により重要であった、ということを意味している。マハンが分析対象として選んだ時期は、かなり限定された特定の期間だけ――実質的には、一六世紀から一九世紀初頭まで――である。また、その対象は、特定の国々だけ――スペイン、オランダ、フランス、そして、なかんずくイングランド――である。これらの国々は、すべて、この特定の期間に、植民地帝国、海洋帝国を築いた国々である。その時期に、その地域で、こうした現象が起こったことは、状況の連鎖によるもので、このこと自体は、さらなる研究を必要とするものである。いいかたを変えれば、果たしてシーパワーが、マハンや彼の追従者たちが主張したように、様々な戦争において決定的な役割を果たしたかどうかということについては、この本の適切な場所で検討する必要があるが、それはそれとして、心に留めておくべき非常に重要なことは、一つの基本的事実なのである。その基本的事実とは、海上貿易と海上紛争が、世界情勢のなかで、特異なほど大きな役割を果たした時代があり、マハンや彼の追従者たちは、その特異な時代について描いた、ということなのである。それゆえ、最初の段階で、歴史上の特異性、地理上の特異性に注目することは、賢明であろう。そして、そこから、マハンの多くの想定の、普遍性を問うことができるのである。特に、戦略学における海軍主義者たちが、ランドパワーの役割を常に低く見ている点について、問うことができるのである。

マハンが繰りかえし強調している、通商、植民地、海運の重要さについても、同様の保留が必要であろう。次の引用は、マハンによる記述の典型的な例である。

生産、海運、植民地、この三つの中に、海に面する国々の政策はもとより、多くの歴史を解く鍵が見つけられるであろう。生産、そして、生産品を交換〔交易〕する必要性。海運。海運によって、交換〔交易〕が行われる。そして植民地。植民地が、海運の業務を容易にし、拡大させるのである。植民地は、海運のための安全な拠点を増やすので、海運を促進させるのである。*14

ここでもまた、いくつかの特殊な状況から、全般的な原則を引き出しているのである。ヨーロッパの特定の国々に、一五五〇年から一八一五年の間、当てはまったからといって、同じことが、別の地域、別の時代にも当てはまるとは、限らないはずである。たとえば、植民地貿易は、常に利益を生むものでも、常に重要なものでもなかったはずである。マハンが述べるところの基本的要素の二つ、人口の数、そして、領土の範囲にも、同じことがいえる。人口の数は、船員に成り得る人の数のみから考えられるべきではないし、領土の範囲は、海岸線の長さのみから考えられるべきではない。また、それらを重視し過ぎてもならないのである。現在のソヴィエト連邦を見るまでもなく、それぞれの要素は、国力を生むにあたって、より幅広く、地政学上の貢献をしているのである。第三に、たしかにマハンは、「生産」に言及しているものの、この中心的な経済的要素に、おざなりの注意しか向けていないのだ。マハンは、生産よりも、通商と商業、そして特に海運を重視し、まるで、これらだけを、海軍力の基盤となるもの、と、捉えていたようなのである。いくつかの国は、大きな商船隊を持たずに、強力な海軍を保有しており、また別の国は、大きな商船隊を持っていても、強力な海軍は持っていないが、そういうことには、おかまいなしなのであった。われわれが、経済の領域におけるシーパワーの、より不変的な要素を求めているとすれば、現代の評論家の、より幅の広い、別の解釈の方が、より適切であるように思われる。

おそらく、シーパワーには、一つの移動形態〔船〕の気まぐれな運命よりも、より確実な経済的基盤が存在するはずである。それは、その国の経済活動の活力である。海洋国家の盛衰をより詳しく調べることによって、一つの教訓が、くっきりと、浮かび上がってくる。圧倒的なシーパワーというものは、大きな商船隊だけを進水させた国に宿るものではなく、バランスの良い経済的成長を伴う、海洋での繁栄を支えられる国に宿るものなのである。[*15]

ここまで書いてきたことすべてが示していることとは、読者のみなさまは、シーパワーの働きについてのマハンのありがたい説明を、無批判に受け入れるべきではないということである。レイノルズ教授が、くぎを刺しているように、「マハンは、〔神ではなく〕一流の、〔いつかは死ぬ〕命のある歴史的人物であり、そうみなされるべきなのである。マハンの思考も、人間活動の限界という、一般的な制限を受けているものなのである」[*16]。そうはいうものの、イギリス海軍の歴史に関するいかなる研究も、マハンを出発点とするのが、適切なのである。この分野におけるマハンの貢献は、唯一無二なものであり、彼の影響力には、並ぶものがないからである。本書において、マハンの結論に対する反論を随所で示してゆくが、これは、まさに、彼に対する批判というよりも、彼の重要さの反映なのである。「シーパワー」についてのいかなる研究においても、マハンは、今も、この先も、常に、基準点となり、出発点となる存在なのだ。

ここまで、シーパワーという重要な概念について、簡潔に見てきた。また、シーパワーという用語の用い方について、修正を行う必要性も、ある程度、示してきた。ここで説明しなくてはならないのは、この本のタイトルにも含まれている「海上覇権（naval mastery）」という用語についてである。シーパワーは、実際のところ、量と関係しないように思われる。ほとんどどんな国でも、いくぶんかのシーパワーを持っている、もしくは、持っていた、と主張することができるのだ。そして、シーパワーには、いろいろなレベルが存在する。古代の地中海にあった国も、中国の海賊の親玉も、ラテン・アメリカの国も、限られた期間、限られた地域において、制海権を持っていた、と述べられるのである。これと比べて、「海上覇権」という用語を用いる際には、もっと強い、もっと排他的な、もっと広範囲に及ぶものを指すのである。つまりは、ある国の海上での力が、他のすべてのライバル国を上回るまで発達し、その国の海上における優勢が、その国の海域から遠く離れた場所にまで及び、その結果、他の、より弱い国々は、この国の、少なくとも暗黙の了解なしには、海上での活動や海上貿易を行うことが極めて難しくなる、という状況を指すのである。「海上覇権」は、ある国の海軍力が、他のすべての国々の海軍力の合計よりも強い、ということを必ずしも意味せず、また、この国が、地域的な制海権をわずかの期間も失うことはない、という意味でもない。そうではなく、「海上覇権」とは、全般的な海上での権力を持っている、という意味である。たとえ海外で小さな戦いに敗れたとしても、その敵を打ち破るのに十分な強さの海軍力を送ることにより、まもなく原状に戻れるような状況を指すのである。また、全般的に見て、海上覇権を持っている国というのは、たいてい、艦隊の拠点となる場所を多く持っており、大規模な商船隊を保有しており、かなり豊かな国である、といったように、たくさんの付随的要素に恵まれている。これらすべてが示していることとは、その国の影響力が、純粋に地域的なものにとどまることなく、グローバルに広がる、ということである。これらの定義をすべてあてはめて、海上での優勢の度合いを見てみると、基準を満たす国は、わずかしか存在せず、それらのわずかな国は、こうした基準により、他とは区別されるのである。〔ナポレオン戦争に勝った〕一八一五年のイギリスは、このような海上覇権を持っていた。また、この重要な年を境にして、その前の期間とその後の期間も、海上覇権を持っていた。だが、歴史においてより長い期間を占めているのは、そこまで昇ってゆく期間、そして、そこから衰退してゆく期間である。現在のイギリスも、いくぶんかのシーパワーを持っているが、海上覇権は、すでに譲り渡してしまった後である。そのようなわけで、本書が扱う期間は、およそ四〇〇年という、長い時間に及ぶ必要があるのである。イギリスの海上覇権について学ぶ際には、その全盛期に集中するだけでなく、そこに上昇する理由を探り、そこから衰退した理由を探ることによって、多くを得られるはずである。

第一部　興隆

ゆえに、シーパワーは……それが全盛であった当時、非常に複雑な要素であった。攻撃的であるのはもちろん防御的でもあり、軍事的であるのと同時に、経済的、より厳密にいえば財政的〔財政上の負担が大きくない、という意味〕でもあった。それ自体に備わっている力のみならず、敵の弱点を巧みに用いることによって、シーパワーは、大きな力を発揮したのである。シーパワーの助けを借りて、最初にポルトガルが、次にオランダが、そして最後にイギリスが、自らの大きさ、資源の量、人口の数にまったく不釣り合いな影響力を行使できるようになるのだ。イギリスは、独特の重要な場所に位置していることによって、海外の富の流れをコントロールできるようになるにとどまらず、ヨーロッパ大陸において、半ダースほどの国家群によるパワー・バランスを操作できるようになるのである。これらの諸国は、個々においては、元来、他のすべてにおいてイギリスに勝っていたにもかかわらず、だ。

ヘルベルト・ロズィンスキー（Herbert Rosinski）〔ドイツの軍事史家〕
「将来のグローバルな戦争におけるシーパワーの役割
（The Role of Sea Power in Global Warfare in the Future）」
Brassey's Naval Annual（1947）, p. 105.

第一章　イギリスのシーパワーの黎明期（一六〇三年まで）

それは、エリザベス女王が治める御代であった……イギリスが、最初に近代性をまとった時代である。このことが何を意味するのか……まず、自らのエネルギーを海洋、そして新世界に向けることを始めたのである。この時点で拡大が始まったのだ。グレイター・ブリテンの興隆、その最初の兆しが見え始めるのである。

ジョン・ロバート・シーリー（John Robert Seeley）
〔イギリスの著名な歴史家で『英国膨張史』の著者〕
The Expansion of England〔『英国膨張史』〕(London, 1884) pp. 107-8.

イングランドのシーパワーの発達について書き始めようと思うが、その前に、より大きな歴史的環境、地理的環境について理解しておくことは、必要だろう。イングランドのシーパワーが花開くことを可能にした、環境についてである。人類は、太古の昔より、海で、様々な戦いを行ってきた。海上において、物と物とを交換することも、同様に、広く行われてきた。ヴァイキングとノルマン人は、海上での優位を利用して自分たちの勢力を海外に伸ばした人々の代表例にすでになっていた、と主張することもできるだろう。だが、われわれの研究において、真のスタート地点となるのは、一五世紀と一六世紀の西ヨーロッパの状況についての考察である。ここをスタート地点とするのには、それなりの理由があるのだ。この地域は、後に、世界情勢を動かす中心的な役割を果たすことになるのだが、中世の末の段階においては、そうなるかどうかは、まだはっきりしていなかった。西ヨーロッパは、ある程度一貫性のある文化を持っており、政府の形態と交易網を設け、思想体系を発達させていた。だが、地球上の他の多くの場所でも、状況は、似たようなものであった。西ヨーロッパは、経済的に、たいして発展しておらず、広く蔓延したペスト、市民暴動に悩まされ、技術は、全般的に遅れたままであった。政治的にも、軍事的にも、東ヨーロッパでも、地中海でも、オスマントルコの圧力を受けていた。トルコのシーパワーとランドパワーは、北アフリカ沿岸に沿って拡大しており、イベリア半島とイタリア半島を脅かしていた。

こうした状況を背景に、より新しい、より将来性のある、ある種の発展が始まろうとしていた。ヨーロッパの人口は増加しており、その結果、ヨーロッパでの交易も増加していた。イタリアの諸国家では、芸術、思想、科学が、見事な形で花開き始めていた。また、〔宗教からある程度独立した〕世俗的な君主国も誕生しつつあった。[*1] 少なくとも、シーパワー、そして、世界におけるヨーロッパの影響の拡大という観点から見た場合、さらに重要であったことは、造船術、航海術、武器において、かなり重要な発達があったということである。一五世紀について、われわれは、「ヨーロッパの外洋船の構造が、非常に急速な変化を遂げ、進化した時代」であり、これなくして後の時代の遠距離航海は不可能であった、と習ってきた。[*2] 船体、マスト、索具〔帆、ロープ類の総称〕、舵、操舵装置の構造、デザインに、同時に、重要な変化が起こり、船が大きくなるとともに、信頼性が増し、より複雑なものとなった。同じくらい重要であったのは、〔イギリスの科学史家ジョゼフ・〕ニーダム（Joseph Needham）教授呼ぶところの「数学的航海（mathematical navigation）」時代の幕開けとともに始まった、航海術の進歩である。[*3] 天測を行うための四分儀〔象限儀(しょうげんぎ)〕、アストロラーベ〔天文観測器械〕、直角器、新しい天体表は、磁気コンパス〔羅針盤〕、航海日誌、海図とともに、陸地が視界にある際の航海をより正確なものとしたのみならず、船乗りたちに、少なくとも陸地の相対的な位置がだいたい分かっていれば大洋の遠距離航海ができる航海手段をも授けたのである。これは、飛躍的な進歩であった。知識が増えるとともに、世界地図は、加速度的に、その正確さを増していったのであった。[*4]

だが、こうした技術革新によって説明できるのは、どうして初期のヨーロッパの探検家たち——主に、ポルトガルとスペインの探検者——が、世界を旅して、ふたたび故郷へと帰ることができたのか、ということだけである。どうしてこういう動きが起こったのかは、技術革新だけでは説明できないのだ。また、地球上のありとあらゆる文明のなかで、どうして彼らだけが、海外帝国を築き上げ、その過程で強力なライバルたちを打ち倒すことができたのか、このことも、技術革新からだけでは説明できないのである。中国は、ヨーロッパよりもかなり早く、上述の造船技術や航海術を発達させていた（実際、中国の船は、ヨーロッパのものよりも、たいていは、かなり大きかった）。中国は、マラッカや東インドと頻繁に交易を行っていた。そして、さらに、そこからインド洋へと出て、アフリカやアラビア半島へも行っていたのである。〔ポルトガルの〕エンリケ航海王子〔生一三九四—一四六〇年〕がアフリカ沿岸を南下する船をつぎつぎに送り出すわずか一〇年か二〇年前、中国皇帝〔永楽帝〕の宦官、鄭和は、中国皇帝のために、一連の大航海を指揮したのである。[*5]地中海においても、オスマントルコが、恐るべきギャレー〔ガレー〕船団を築き上げ、地中海を支配していた。アラブ世界は、伝統的に、数学、天文学、地図作成において、中世ヨーロッパよりもはるかに進んでいた。それゆえ、現在から考えてみても、イベリア半島から時折送り出された小さな遠征隊が、世界政治を変革させた動きの前衛部隊となったことに、必然性はないのである。他の二つの要因が重要な役割を果たしたのだ。西ヨーロッパの君主たちと商人たちは、拡大したいという意志を持っていた。そして、彼らは、敵を打ち破る、より強力な手段を発明したのだった。この二つが、世界を変えたのだ。

ヨーロッパ人の拡大の動機を見つけ出すことは、それほど難しいことではない。その動機とは、政治、経済、そして宗教的な情熱が、入り混じったものであった。[*6]ヨーロッパ諸国は、トルコを相手に、断続的ではあるものの、厳しい戦いを行っていた。一四五三年のコンスタンチノープル陥落によって、戦いは、一層厳しいものとなった。ヨーロッパ諸国は、なんとかして敵の挑戦を切り崩す方法はないかと必死だった。セウタとグラナダに対するそれぞれの政策を通じて、トルコへの反撃で中心的な役割を担っていたポルトガルとカスティーリャ王国〔後のスペイン王国〕が、海軍の拡大という面でも先頭にいることになったのは、決して偶然ではないのだ。アフリカ周りでアジア世界と結びつく海の道があれば、トルコを迂回することになり、キリスト教世界が必死に求めていた、政治的成功、戦略的成功をもたらすはずであった。その道は、同時に、トルコ（と、ヴェネチアの仲介人）が独占的に担っていたアジアとの香辛料貿易と絹貿易に、打撃を与えるはずであった。また、その道は、この海への企てを援助した王室、貴族、商人たちに、富をもたらすことになるはずであった。これらの者たちは、最初に持っていた懐疑をすばやく脱ぎ捨て、この方面の発展から得られるだろう経済的な利益を嗅ぎつけたのだった。実際、彼らの支援なしには、海上での発展はつづけられなかったであろう。すでに、海軍力と商業上の力は、密接に結びついていたのである。最後に挙げるのは、対抗宗教改革運動の情熱によって高められた、異教徒のトルコに対するカトリック・ヨーロッパの十字軍的な熱意である。この熱意が、政治上、商業上のライバルに対して、妥協のない決意と残忍さで戦いを行うための、宗教的、イデオロギー的理由を提供したのである。ポルトガル人とオランダ人は、インド洋から、トルコの影響力と海軍力を一掃しようとしており、スペイン人は、新世界において、自分たちの企てを行っていたが、どちらも、ムスリムと他の異教徒をわざわざ区別することはなかった。中国人は、交易を平和裏に行い、海外でその地の宗教を尊重していたように思われるが、ヨーロッパ人は、そうではなかった。ヨーロッパ人は、圧力をかけ、奪い取り、征服するためにやってきたのである。*7

しかしながら、ヨーロッパの精力的な拡張、その成功は、第二の要因に依存するものであった。それは、より強力な海軍軍備である。この領域においても、ヨーロッパ、トルコ、中国は、一五世紀までは、おおむね、肩を並べていた。例を示すならば、どの地域でも、それぞれに、原始的な鋳鉄製の大砲を陸上で採用して、後には、それを船に搭載するようになった。どこの地域でも、それぞれに、海上での戦争を、陸上での戦争のやり方の延長で行っていた。当時広く行われていたやり方とは、敵の船に接近するか、故意に衝突させ、敵の船に乗り移って、突撃し、船首と船尾の「楼（ろう）」〔船首楼と船尾楼〕を占領するというものであった。それゆえ、（特に内海においては）ギャレー船が広く普及しており、スペインとポルトガルは、そびえるような船首楼を持つキャラック船を建造するようになったのである。キャラック船は、まさに海に浮かぶ要塞であった。真の変革が起きたのは、ヨーロッパで、砲金あるいは真鍮などの合金で鋳造した大砲が開発されて以降である。これらの大砲の威力は、巨大な鋳鉄製の攻城砲に並ぶものであったが、より信頼性が高く、より小型であった。このような武器は、船に搭載した場合、敵の船に損傷を与えるか、あるいは、場合によっては、沈めることもできた。これによって〔敵の船に乗り移って攻撃する〕襲撃者たちを船に乗せる必要がなくなったのである。いいかえるならば、これらの大砲は、「殺人」砲というよりも「撃沈」砲であり、はるかに長射程であった。これらの大砲は、船首楼や船尾楼よりも広い場所、そして、船首楼や船尾楼よりも安定した場所を必要としていたので、だんだんと、船の中央部に搭載されるようになり、舷側に窓を開け、そこから発射するようになっていったのであった。

ここまで書いてきたことは、〔実際は〕長きにわたる回り道しながらの発展を、かなり大雑把にまとめたものなのであるが、これらの変革の総仕上げとして、戦闘目的に特化した帆船を建造することが決められたのであった。もともと荷室であった船の中央部に、大型の大砲、砲弾、搭乗員を載せるようにした船である。*8 こうして、ギャリオン船〔ガレオン船〕が誕生したのだ。本質的にはネルソンの時代の戦列艦と変わらない軍艦の誕生である。このタイプの船は、強力な武装を持つのみならず、風を最大限に利用できる流線形の船体と帆を持ち、高い機動性を備えていたので、敵艦隊は、繰りかえされる舷側からの一斉砲撃によって致命傷を受けるまで、近づくことができないのであった。ギャリオン船に対して、遅く、詰めこみ過ぎたキャラック船も、オール推進で舷側の低いギャレー船も、まったく脆弱であることが露わとなった。

どちらのタイプの船も、ギャリオン船の砲力とスピードの組み合わせには、太刀打ちできなかったのである。それゆえ、ヴァスコ・ダ・ガマは、一五〇二年、マラバール海岸〔のカリカット〕沖で、わずかな数の主要な船だけで、アラブのダウ船の大群をやすやすと撃破できたのである。この戦いは、おそらく、最初の「〔対戦相手同士が〕距離をおいて戦った」海戦であろう。[*9] さらにいえば、この例が示す通り、新しい帆船は、砲力、遠距離航続力、ありとあらゆる海域への適応性、耐波性を持ち、ギャレー船とは異なり、活動領域に制限はなかったのである。

　世界の中でのヨーロッパの位置を考えるならば、最後に挙げた点は、ものすごく重要である。トルコを打ち破ることを可能にした造船技術での優位は、地球の各地で、他のいかなる戦争艦隊を壊滅させるのにも用いることができたからである。ヨーロッパが海上での進んだ軍事力を保持するようになったことによって、海に面するすべてのエリアは、ヨーロッパの拡張主義に対して、実質上、無力となった。そして、一六世紀が進むにしたがって、ヨーロッパ諸国間の、政治的、経済的、宗教的なライバル関係は、激しさを増し、最初の海軍軍備競争が始まった。これによって、ヨーロッパと、その他の地域の差は、さらに大きなものとなった。ある学者が、このことを、「神と大砲と帆船」は、「西洋文明の三つの柱になった」と、うまい表現で表している。[*10] 同じ頃、この国家間のライバル関係は、軍艦を建造することが専門分野として特化されるようになってゆくのと相まって、常設海軍の形成へとつながっていった。もちろん、平時には、これらの船の多くは、役には立たない。だが、このような艦隊の創設は、海上における国力が永続的な重要性を持つという認識が生まれたことを示しているのである。同様に、海外探検の成功は、その後援者に大きな富と名誉をもたらし、これによって、コミュニケーション路としての海の重要性は、大きく高まった。そして、より広い視野で見れば、ヨーロッパの重心が、経済的にも、政治的にも、地中海から大西洋沿岸へと「移動」したことに、海外貿易と植民地の進展は、大きく寄与したのであった。[*11] 海上での冒険的な事業から多くの利益が得られるという認識は、シーパワーの原理の発達へとつながった。シーパワーの原理は、海軍力と、商業上の優位性を、密接に結びついたものと見なすものであった。

ここまで書いてきたことをまとめると、次のようになるだろう。一五世紀と一六世紀、ヨーロッパは、造船と航海術において、すばらしい「躍進」を遂げ、これによってヨーロッパの船乗りは、大洋を遠距離航海することが可能となった。同じ頃、大砲が進化し、船は、戦闘目的に特化された船へとさらに進化し、これらは、抵抗する他の民族を圧倒するための道具となった。その間に、政治的動機、宗教的動機、経済的動機と栄誉を求める気持ちが入り混じったものが、海外への拡張の原動力となったのであった――特に、宗教的動機と経済的動機である。イベリア半島の艦隊が、他民族を簡単に制圧し、財政上の利益を簡単に獲得できることを証明すると、競争が始まり、オランダ人、フランス人、イングランド人の冒険家たちが加わった。略奪し、貿易拠点を得、政治上の優位を得ようと、彼らは、競争に加わったのである。これによって、さらに軍艦が進化してゆき、常設海軍が生み出され、シーパワーから獲得できるものについて、有益であるという認識が生まれた。自然に発生した技術上のイノヴェーション、経済的利益、海上での国力を得ようとする努力、これらの相互作用によって、ヨーロッパが世界を支配する時代が始まったのである。

ヨーロッパが、主にシーパワーを利用して、このような立場にまで上昇してきたということは、ヨーロッパの上昇について研究しているすべての者にとって、疑う余地のないこととなっている。それゆえ、地政学者のサー・ハルフォード・マッキンダー（Sir Halford Mackinder）は、次のように述べている。

コロンブスの時代の偉大な船乗りたちによって始められた革命は、空を飛べる、とまではいかなかったものの、キリスト教世界に、考えられる最大限の移動の自由を授けた……これが広範な政治上の効果を生み、ヨーロッパとアジアの関係を転換させることになるのである。中世のヨーロッパは、周囲を囲われた存在であった。南には越えられない砂漠があり、西には未知の海があり、北と北東には、氷の大地、もしくは、森に覆われた大地があり、東と南東からは、馬やラクダに乗った、より高い機動力を持つ人々から、常に脅かされていたのである。そのヨーロッパが、今や、世界に向けて、台頭するまでになったのだ。ヨーロッパ人がアクセスできる洋上や沿岸部の土地は、三〇倍以上になり、それまで自分たちを脅かす存在であったヨーロッパとアジアにまたがるランドパワーを、逆に、封じこめるようになったのである。[*12]

マッキンダーが「コロンブスの時代（The Columbian era）」と名づけた時代を、アジアの歴史家〔インドの歴史家で後に外交官、政治家〕であるK・M・パニッカル（K. M. Panikkar）は、「ヴァスコ・ダ・ガマの時代（The Vasco da Gama epoch）」と呼んでいる。この二つの間に、名称以外、特に大きな違いはない。これらイベリア半島を起点とする初期の海洋への冒険が、世界情勢を変える先駆けとなり、その後四世紀もの長きに渡る「海洋の支配を基盤とする権威」の始まりであったという点において、両者は、根本から一致している。[*13]〔イギリスの歴史家で政治家の〕H・A・L・フィッシャー（H. A. L. Fisher）は、次のように述べている。コンスタンチノープルの陥落によって、ヨーロッパは東への出口を失ったかもしれないが、ポルトガル人による拡大は、これを補ってあまりあるものであった。ポルトガル人による拡大によって「ヨーロッパ人による支配は、この惑星上に、あまねく広がってゆき、世界の、経済上の重心と経済上のバランスを変えたのである」。[*14]

だが、コロンブスの時代の到来による変化は、たしかに巨大なものとはなるものの、その変化の速度については、あまり誇張し過ぎないよう、注意をする必要がある。一六世紀を通じて、ヴェニス〔ヴェネツィア〕、レヴァント地方〔地中海東部沿岸地方〕とアジアを結ぶ貿易路は、繁栄を維持しており、ポルトガル人にとって、厳しい競争相手でありつづけた。この貿易路が本当に衰退するのは、一七世紀に入って以降のことである。[*15]

そして、西ヨーロッパ諸国が、経済的に興隆し、イタリアの都市国家が衰退していったのには、海洋での発見と植民地以外に、他の理由も存在したのである。[*16] 同様にして、多くの国々にとって、ギャレー船は、主要な戦闘用の船でありつづけた。内海について述べるならば、特にそのことがいえる。〔一五七一年の〕レパントの海戦は、主に、二つのギャレー船艦隊同士の対決であった。海軍史の観点から見れば、レパントの海戦は、インド洋におけるポルトガル人とアラブ人の衝突に比べて重要度が低いのだが、その理由は、間違いなくここにある。ここから分かることは、ギャリオン船の優位が確立されたのは、一六世紀の後半に入ってから以降、ということなのである。

ヨーロッパの相対的な優位は、海洋だけに依存したものであった。このことは、あらゆることの中でも、もっとも重要な点であり、このことを軽視するならば、歴史家として、軽率であろう。陸上においては、「偵察の時代（The age of reconnaissance）」[*17]を通じて、トルコの陸軍力は、確実に東ヨーロッパを侵食しており、力の関係は、未だ、ヨーロッパに不利な方に傾いたままであった。多くのヨーロッパの政治家たちにとって、ハンガリー〔の三分の二〕を失ったことは、東洋〔アジア〕に商館を設立したことよりも、はるかに大きな意味を持つ出来事であり、ウィーンへの脅威は、自分たちのアデンやゴア、マラッカに対する挑戦よりも、より重大なことであった。後世の歴史家たちは、このような事実を見のがしがちであるが、当時そのようなことを無視できた政府は、大西洋岸に位置する国々の政府だけであった。さらにいえば、西洋諸国が、他の人々に影響を及ぼすことが当たりまえだとみなされる時代に入って以降も、そのような支配ができるのは、通常、軍艦の大砲がとどく範囲内だけであった。携行できる野戦砲が発明されるまでは、さらにいえば、マシンガンが発明されるまでは、外国の土地に対するヨーロッパの支配など、海洋の支配に比し、はるかに危ういものだったのである。スペインによるラテン・アメリカ支配は、〔よく知られている例であるが〕標準ではなく、例外的な事例なのである。通常、アジア、アフリカ、アメリカ大陸の人々は、海からわずか一マイル〔一・六キロ〕ほども離れれば、ヨーロッパの影響など、無関係に暮らすことができたのだ。

こうした但し書きが伴うものではあったが、西洋のシーパワーの時代が始まり、その結果、貿易と海外の入植地は、ものすごい勢いで増加していったのである。そして、ヨーロッパ諸国は、ヨーロッパ内でライバル関係にあったが、このライバル関係が、熱帯地方にまで「輸出」されたのである。また、大規模な常設海軍を創設し、維持する必要性を感じるようになる国は、どんどんと数が増えていった。イングランドは、そんな国の一つであった。イングランドは、多くのライバルたちに比べて、面積は小さく、人口はかなり少なく、はじめのうちは、経済においても、海洋への進出においても、だいぶ遅れていた。だが、やがては、この世界情勢におけるコロンブスの革命ともいうべきものを、最大限に享受する国になるのである。

先に書いたように、イングランドは、海軍を発展させる上において、ハンデを背負っていた。だが、これらのハンデは、より多くの利点によって相殺されることとなったのである。マハンは、シーパワーに影響を及ぼす「一般条件」について述べているが、彼が、これらの条件を記述するにあたって、イングランドを念頭に置いていたことは明らかである。イングランドは、より強力なライバル諸国と、海によって隔てられていた。このことは、イングランドにとって、地理的に、ものすごい利点であった。このことが何を意味するのか？　イングランドは、資源と人力の大きな部分を、大規模な常設陸軍の維持に当てる必要がなかったのであるが、それだけではないのだ。国家間関係が緊張した場合でも、イングランドは、自国の海軍が侵攻軍を撃退できるだけの力を持っているかどうかを、まずは確認するだけで、済んだのである。この恵まれた位置について、多くのイングランド人たちは、神が自分たちだけに特別に授けてくださったものだ、とみなしていた。このような地理上の利点を持つ国は、ヨーロッパには、イングランドの他には存在しないのであった。広大なハプスブルク帝国は、バラバラなものの寄せ集めであり、大陸において

（トルコを含めて）多くの挑戦相手を抱えていたので、この帝国にとって、シーパワーの重要性など、常に、二の次となっていた。また、フランスは、ハプスブルク勢力によって、三方から脅威を受けていた〔神聖ローマ帝国（現在のドイツ、オーストリアとその周辺）によって東から、スペインによって南から、スペイン領ネーデルランド（現在のベルギーとルクセンブルクにおおまかに相当）によって北から〕。そのため、フランスは、自らの安全を犠牲にしてまで、海洋での活動に集中する余裕を持たなかったのだ。オランダは、一六世紀後半になると、海外貿易や入植地獲得において、イングランドに勝るまでになるのであるが、そのオランダですら、南側国境での陸上での戦いにおいて、精強なスペイン部隊にもし負けるような事態にでもなれば、すべてを失うことになることを、理解していたのである。この点、イングランド人が恐れなければならないのは、ケルト人〔スコットランド、アイルランド〕による側面からの攻撃だけであった。ケルト人の挑戦は、イングランド人の視線と資源を、北と西に引きつけるものであった。エリザベス一世がスコットランドとアイルランドに大きな関心を払っていたことは、このことによって、かなりの部分、説明がつく。また、同時に、フランスとスペインが、それぞれ、スコットランドとアイルランドで影響力を獲得しようとしていたことも、このことによって、大部分、説明ができる。とはいえ、イングランドが海上において優勢である限り、こうした脅威は、断続的な脅威以上のものとはならないのであった。そして、この脅威は、イングランドがアイルランドを征服し、イングランド王とスコットランド王が王冠連合として一つになる〔一六〇三年、スコットランド王ジェームズ六世がイングランド王ジェームズ一世としても戴冠する〕と、さらに小さなものとなったのであった。[*18]

他の自然が与えた優位には、以下のものが含まれる。まずは、たくさんの良港である。特にイングランド南岸に沿った港湾である。次に、船乗りたちを、幅広く育んだ、栄えていた沿岸貿易と沖の豊かな漁場である。それから、ウィールド地方の豊富な鉄鉱石である。この鉄鉱石から、チューダー期〔一四八五―一六〇三年〕、多くの大砲が生み出された。[*19] さらには、船体を作るための木材である。もっとも、イングランドでは、マストや索具のための厚板材、円材、麻は産出できなかった。これらは、帆船の時代のほとんどの期間、バルト諸国や他の外国に依存していたのである。[20] 最後は、ヨーロッパ大陸の北西沖というイングランドの位置である。この独特の位置は、一五世紀から一六世紀にかけてヨーロッパで起きた商業と政治バランスの変化を最大限に利用できる機会をイングランドに与えたのである。東方貿易は、一夜にして、レヴァント地方経由のものからケープ岬経由のものに変わったわけではないものの、大西洋での商業も、新世界で貴金属が発見されたことによって盛んとなった。イベリア半島へと流れ込んでいた、ますます拡大する銀塊（ブリオン）、香辛料、エキゾチックな品々の流れは、そこから、アントワープへと、行く先を変えた。これらの品々は、大西洋岸のすべての国々を刺激し、政府と個人の冒険家、双方の関心を高めた。イングランドは、島国ゆえに、外国の出来事に大きな関心を寄せたが、その位置は、他国の行いを妨害し、挫くためにも最適であった。その行いとは、ハンザ同盟やオランダの、商業上の挑戦、あるいは、スペインの、軍事上の挑戦であった。スペインと低地諸国〔スペイン領ネーデルランド〕との連絡線は、〔イギリス海峡を通り〕大きく海に頼るものであった。当時、イングランド人は、海賊として特に知られた存在であったが、この特有の海賊行為を除けば、慎重な歴代のチューダー朝の君主たちは、拡大する大西洋貿易を独占することに対して慎重で、この時点では、特に動くことはなかった。貿易の独占などは、当時のイングランドの資源〔国力〕を超えるものであったし、政策として、あまりにリスキーであった。だが、長期の視野で見た場合、イングランドは、ヨーロッパを変革させていた経済上の変化の利益を最大限受益できる場所に位置していたのである。

しかしながら、イングランド人が、それらを生かそうという気持ちを持っていなかったならば、これらの自然に備わった優位は、無価値であっただろう。実際、すでに中世には、海の恵みを国民生活に生かすことについて、積極的な認識が存在していたのである。海は、侵略者たちの通り道になるかもしれず、これに対する防御手段として、シンク・ポーツ制度[21]〔イングランド東部のいくつかの港、シンク・ポーツに在住する豪商や商人が、国王の要請に基づき自分の船を一定期間提供し、その見返りとして特権を授与される制度〕という海軍力が生み出されていた。この制度は、究極的には、国王に対して責任を負うものであった。だが、海は侵略者たちの通り道というだけではなかった。〔中世に〕フランスにあったイングランド王室領も、海を通して、イングランド王室とつながっていたのである。さらに、中世の末までには、海外貿易、特にウール〔羊毛〕、布地、ワインの貿易によって、イングランドは、より大きな経済の一部となり、これによって、ブリストルやロンドンなどの港が拡大し、造船業や海運業が発達し、低地諸国、フランス、イベリア半島、バルト諸国との商業上の結びつきは、ますます強くなっていた。アイスランドとの漁獲物貿易の拡大は、別の刺激となった。これは、遠洋航海の経験を積ませるという点において、特に重要であった。たしかに、これらすべては、一五〇〇年の時点では、ハンザ同盟がバルト海と北海を支配していたことや、ヴェニスが地中海を支配していたことと比べると、取るに足らないことのように思われる。その一〇〇年後であっても、イングランドの存在は、オランダの陰に隠れるものであった。だが、絶対的に見れば、イングランドの海外貿易の拡大は、目覚ましいものであった。この時期、イングランドの人口は、急速に拡大している。一四七五年に、およそ二五〇万人であったものが、一六四〇年には、およそ五〇〇万人になったのである。マハンが述べるところの「海を生業とする」人の割合は、人口の数以上に拡大していただろう。[*22]

　さらに重要であったのは、こうした拡大に伴っていた政治的な態度である。通常、ナショナリズムと経済的な優位は、歩をともにするものである。イングランドも、また、この一般的法則の例外ではない。早くも一四世紀には、イングランド人の商人は、自分たちが外国人に対して優遇的な扱いを受けるよう王室に働きかけ、王室からそのような扱いを受けていた。議会は航海法を何度も制定し、それらは、ますます強いものになっていったが、議会において、商業界は、すでに一定の影響力を確保していたのである。英仏百年戦争〔一三三七年頃—一四五三年頃〕によって、より確固とした立場にあった外国人商人に対して、新興のイングランド商人たちの愛国心は高まり、彼らは、外国人商人にとって代わろうとしたのであった。ハンザ商人は、エリザベス一世によって、ロンドンのスティールヤードから追放されたが、これは、こうした動きの、最初のものでも、最後のものでもない。[*23] イングランドの商業政策については、次のようにいわれている。

〔イングランドの商業政策は〕好戦的な色合いを伴うものであり、一九世紀に、自由貿易の教義が感じの良い合理的なものとみなされるようになるまでは、何世紀にもわたって、イングランドの商業政策を性格付けてきたのであった。国際商業は、貴金属を得るために、あるいは自国の商人たちが利益の出る職を得るように、国家と国家とが相争う場、ある種、戦いの場とみなされていたのである。[*24]

それゆえ、イングランドの海外への拡大は、主に経済上の欲求に動かされたものであったということ自体、驚くにはあたらないことである。チューダー期の初期の海外への冒険は、ロンドンの商人たちのバックアップを受けたものではなかったので、散発的なものであった。ロンドンの商人たちは、布地貿易への依存をつづけていたのである（そして、それゆえに、親スペイン的であった）。だが、一五五一年に布地価格が暴落し、状況が変わったのであった。一年後、貴族たちと商人たちは、北東航路を切り開くため会社を設立した。この先は、東洋のスパイス、アメリカ大陸の銀塊（ブリオン）、アフリカの奴隷から利益を得られるのではないかという認識がイングランドにおいて上昇し、これに対して、従来優勢であった低地諸国との貿易〔の将来性〕は、実際、不確かなものであった。その結果、数多くの勅許会社が設立されることとなった。従来からの冒険商人組合（The Marchant Adventurers）を補うように、トルコ会社、ヴェニス会社、レヴァント会社、再興されたイーストランド会社、モスクワ会社、キャセイ会社、東インド会社が設立されたのである。これらに加えて、〔ジョン・〕ホーキンスの西アフリカへの航海のような個人の〔貿易〕航海もあったのである。これらはすべて、イギリス海峡を渡る海路から離れることに重点が置かれていた。[*25] これらの会社が拡大したことは、他方、イングランドのシーパワーの前兆を示すものであった。単に経済を強くしたにとどまらず、もっと実態を伴うものとして、である。たとえば、レヴァント会社のために、地中海でコルセア〔クリスチャンの船の襲撃を公認されていたムスリムの船、イングランド人など襲撃を受ける側の視点でみるならば「ムーア人の海賊」（「ムーア人」とは、北アフリカのムスリム）〕に対処するために、より大きく、より早く、より武装が強化された船が造られたが、これらの船は、アルマダの海戦では、本当の「イングランド海軍予備艦隊（The Royal Naval Reserve）[*26]」となったのであった。[*27]

冒険商人たちが、貴族や王室から引き出した、自分たちへの支持は、もしかしたら、より重要な意味を持っていたかもしれない。王室に関していえば、ヘンリー七世〔在位一四八五―一五〇九年〕は、ジョン・カボットの利益の五分の一を受け取ることをあらかじめ主張しており、エリザベス一世は、投機的な冒険航海に対して、しばしば、船を提供したり、出資したりしていた。次のマルクスとエンゲルスの有名な主張には、修正が必要なようである。

アメリカの発見と、ケープ周りの航路は、新興のブルジョワジーに、新しい地平を開いた。東インドや中国の市場、アメリカへの入植、入植地との貿易、交換手段と商品一般の増加は、商業、航海、産業に、空前の刺激を与えた。これが崩壊しかけていた封建社会の革命的分子に、急速な発達を与えたのである。[*28]

実際、少なくともチューダー朝においては、中産階級の海外での利益の追求に、王室と古くからのエリートも加わった、といった方がより正しいであろう。これが、商人の利益への欲求と、政府の銀塊（ブリオン）への渇望を満たしたのである。こうした、様々な社会集団の融合は、「〔ムスリムへの〕復讐をしたい商人と強欲なジェントリ〔平民の大地主〕の好戦的な同盟[*29]」であったかもしれないが、乱世にあって役に立つ国民意識を生み出したのであった。あるいは、〔チェコ生まれの歴史家テオドール・K・〕ラブ（Theodore K. Rabb）教授の言葉を借りれば、ジェントリの「商業への参入は、イングランド社会上層の、粘り強さと柔軟性を示すものであった。これが、国の歩みに大きな影響を与え」、「他のヨーロッパ諸国を差し置いて、海外においてイングランドが支配的な立場に上昇」するのに貢献したのである。[*30]「同盟」のための手段は、株式会社であった。土地持ちのジェントリは、自らが運営に参加することなしに、資金を投資する場を得たのであった。

もう一つ明らかなことがある。それは、この種のベンチャーが、多くの国会議員の関心を集めるものであったということである。特にウェストミンスター〔ロンドンの議会のある場所で日本の永田町に相当〕に初めてやって来る議員たちである。つまり、ロンドンを中心にして沸き起こっていた海外拡張への興奮は、「地方」の利益を代表する者たちでさえも、引きこむ魅力を持っていたのである。実際、庶民院の外交政策や植民地政策への関心は、確実に高まっていた。庶民院の関心の高まりは、この国の戦略上の目標、経済的な目標、宗教上の目標を反映するものであった。また、庶民院の関心の高まりは、拡張論が、国にとってどの程度、真に重要とみなされるようになったのか、ということを示すものでもあった。たしかに、この国内的な合意は、前期スチュアート朝の国王たちの下で、いったん潰えることになる。だが、それまでのより長い期間、存在しつづけたものであり、一七世紀の末に、さらに強化される形で蘇るのである。この頃、一方には、貴族たちと商人たちの結びつきがあった。そして、もう一方において、国益と、民間の経済利益が、合致したのであった。このパターンは、チューダー朝の時代にかなりうまくいったパターンの再現であった。このように利害の重なりがあったことにより、イングランドの政府〔王室〕、庶民院、納税者は、ヨーロッパ大陸のほとんどの国々の場合よりも、海軍の必要性を、より強く認識していたのであった。少なくとも、建前上、海軍を必要としていたし、多くの場合は現実として、必要としていたのである。

このような経済的な動機に加えられたのが、宗教上の動機である。対抗宗教改革運動への〔プロテスタント側からの〕怒りである。エリザベス期の攻撃的なやり方を、商業上の理由だけに帰させることはできないのである。

たとえば、ドレイクは、航海に出る際、航海に必要なものに加えて、〔ジョン・〕フォックスの『殉教者の書（*Books of Martyrs*）』を常に携行していた。〔リチャード・〕ハクルートは、著書『イングランド人の主な航海と発見（*Principal Navigations, Voyages and Discoveries of the English Nation*）』において、女王への提言を〔エリザベス一世に重臣として仕えていた初代ソールズブリー伯爵ロバート・〕セシルに促していた。それによってエリザベス一世は、「領地を増やし、国庫を豊かにし、多くの異教徒を忠実なクリスチャンに改宗させる」ことができる、という提言である。このような、宗教的な動機と世俗的な動機の融合は、当時の人々にとっては、まったく矛盾するものではなかったようである。[*31] つまり、スペインの宝船を拿捕することは、一夜にして金持ちになるための手段であったばかりでなく、〔ウォルター・〕ローリー呼ぶところのマドリードの「野望と血塗られた口実」に対する、一撃でもあったのである。スペインが「すべての国を飲み込み」、カトリック教の下に跪かせようとしているので、そんなことは許してはならない、ということである。[*32] さらにいえば、〔ケネス・〕アンドリュース（Kenneth Andrews）博士が述べているように、人口の増加も、拡大の動機に加わったのであった。彼は、このように述べている。「この時代、人口の圧力が高まっていたのであるが」拡大が「そのはけ口の一つとなったのである。人口が激増していたことに、失業と貧困の問題が加わり、これが、海上の暴力の盛り上がりを生み出したのであろう。海上の暴力は、この世紀〔一六世紀〕なかばの不安定な時代に増加し、経済的ストレスと社会的ストレスが最高潮に達した、この世紀の最後の一〇年間に、ピークを迎えることになるのだ」。[*33] 不満を持った人々の関心を外に向けることは、プレッシャーに晒された政府にとって、いつの時代も、有効な手段なのである。だが、その結果として、エリザベスの「海の猛犬たち（sea-dogs）」が外国の人々に最初に与えた印象は、決して芳しいものではなかった。彼らは、残虐で、欲張りで、見境なしに誰にでも襲いかかる、という、好ましくない評価を、すぐに獲得したのである。

最後に、国民の「気質」や「気分」などの曖昧なことについて記述することは、歴史家にとって、いつも難しいことではあるものの、この当時のイングランド社会には、上昇期にある国が共通して持つ、ある種の、定義することが難しい要素がたしかに存在していた。自己への自信と将来に対する希望、社会のあちらこちらにみなぎる活気、国運に対する確信、歴史の正しい側にいるという確信、などである。[*34] エリザベス一世の治世下で英文学が花開いたことは、ある意味、こうした気分の反映であった。だが、それだけにとどまらず、より具体的な現象も現れたのである。たとえば、植民という分野において、イングランドの入植者たちは、少なくとも初期の失敗の後には、独創性、忍耐強さ、強い意志という正しい組み合わせを備えていた。繊維産業の発達、布地の発達、兵器の発達、造船技術の発達といった分野について、〔イタリアの経済史家のカルロ・〕チポラ（Carlo Cipolla）教授は、次のように主張している。イングランド人は、

> 独創性は、それほどでもないが、利益の出るアイデアを見つけ出し、他人が発明したものに磨きをかけ、新たな状況に器具や技術を適応させることに、秀でているのであった。イングランド人は、ありとあらゆる分野において実用性を発揮し、それは、彼らが生み出した製品に顕著であった。イングランドの製品は、使いやすく、生産コストが抑えられていた。当時のイングランド人の態度や成功は、現代の〔一九六〇年代の〕日本人の態度や成功を思い起こさせるものである。[*35]

海外拡張の動機は、欠如していなかった。政治は、新しい考え方を、すぐに受け入れ、ヨーロッパの新しい情勢に対処する上で、十分に柔軟であった。こうした状況で、チューダー期の政権の多くは、海上でイングランドが勢力を拡大させることについて、高い優先度を置いていた。一五世紀前半の有名な詩『イングランドの政策についての陳述（*The Libel of English Policy*）』は、海の重要性について、その頃すでに強い認識があったことを示すものである。このように述べているのだ。「イングランドの政策の真の進展

はこうである……商売を大切にし、海軍を保有するのだ。そうすれば、狭い海〔イギリス海峡〕は、われらのものとなる。[36]」ヘンリー七世は、商業と探検を奨励し、ポーツマスに王室造船所を造り、もう一つの造船所をグリニッジに造り始め、第一級の軍艦を建造した。[37] こうした特効薬を彼が広く支持していたことは明らかである。だが、「王室（royal）」海軍を真に創設したのは、ヨーロッパの権力政治により深い関心を寄せていた、彼の息子ヘンリー八世〔在位一五〇九―四七年〕である。ヘンリー八世が一五四七年に死去した時、海軍は五七隻の船から構成されていた。国王は、自らが、軍艦の開発で主要な役割を果たした。たとえば、グレートハリー（Great Harry）の大改装である。グレートハリーは、改装によって、船体が低められ、兵器〔重砲〕は船体中央部に装備されるようになった。同時に、ヘンリー八世は、船と造船所の管理に責任を有する海軍局（Navy Board）〔「海軍委員会」という訳語が当てられることもある〕を創設して、海軍に永続性を与えた。ロスキルは、ヘンリー八世を「戦闘艦隊の創設者」であると呼んでいるが、正当な評価であろう。[38] エドワード六世〔在位一五四七―五三年〕とメアリー〔在位一五五三―五八年〕の下での一時的な衰退は、ホーキンスの影響力〔活躍〕によって相殺された。彼は、ヘンリー八世が基盤づくりをしたものに、合理性を与えたのだった。古い船を最新式のギャリオン船に造り替え、新しいリヴェンジ型という素晴らしい船を生み出した。管理業務における非効率や汚職をホーキンスが除去したことについて、国は、彼に感謝するだけの理由を持っており、船乗りたちは、ほとんど不沈艦と呼べるような船について、また、戦闘艦隊そのものの発展への彼の貢献に、感謝するだけの理由を持っていた。

> 女王陛下の海軍の大部分は、沿岸警備隊と呼んだ方がよいような近海や海峡の警備部隊から、遠距離の外洋航行作戦を遂行し得る、外洋艦隊に変貌したのであった。[39]

海軍の転換は、ヨーロッパの政治的変動とスペインからの脅威の高まりに対して、ぎりぎり間に合うタイミングで行われた。これによって、イングランドの海での企ての黄金期と一般的に認識されているものの基盤が整えられたのである。この黄金期の頂点を飾るのは、ドレイク、ホーキンス、ローリー、エセックス、その他が率いた偉大な戦いや遠征、アルマダ艦隊を打ち破った記念すべき偉業、〔一五九一年、アゾレス諸島沖でのスペイン艦隊を相手にした〕圧倒的に不利な状況での〔リチャード・〕グレンヴィルの奮闘、地球上のすべての海への多くの冒険航海、新世界に入植地を築く試み、ハクルートの書物編纂である。これらすべては、今日においても、イギリス国内やイギリス連邦各国の学校で、チューダー期の歴史が教えられる際、中心的な部分を占めている事柄なので、ここでふたたび詳しく述べる必要はないであろう。*40

だが、この理由ゆえに、伝統的な絵〔学校で広く教えられ、イギリス英語圏で広く受容されている歴史〕には、いくぶんかの修正が必要であるし、この当時のイングランドの海上での発展は、ある程度の制限を伴うものであったことを、この際思い起こしておくべきなのである。実際のところ、海洋に関することは、人口の大部分にとっては付随的なものでしかなかったし、政府さえも、より重要なヨーロッパ大陸とのつながりは、常に考慮しなければならないことなのであった。〔北アメリカ大陸の発見に至った〕カボットの航海の結果、イングランドの地位に革命的な変化が起きるのであるが、このことは、ヘンリー七世には予期できなかったことであるし、彼が外国貿易を奨励したのも、将来を見越してのことではなかった。カボットの航海も、外国貿易の奨励も、経済基盤をより強固なものにするためのヘンリー七世の政策の一部にしか過ぎないものであるし、彼は、いかなる場合にも、ヨーロッパ諸国との関係を悪くすることを願ったことはないのである。彼の息子〔ヘンリー八世〕は王室海軍を最初に築いた、そのこと自体はたしかにそうなのであるが、これも、フランスの脅威に対応するための措置なのであった。そして、当時、何のシーパワー戦略も生み出さなかったのである。少なくとも、同じくらい重要に思われることは、一五二五年以降、ヘンリー八世と〔トーマス・〕ウルジーが、はるかに強い国であったフランスとスペインの均衡を保つことの必要性を認識していたことである。〔ベルギーの歴史家ジャックス・〕ピレンヌ（Jacques Pirenne）は、これに、同意している。

こうして、イングランドの大陸政策は、定められたのである。それは、平和的で、仲裁的で、バランスを尊ぶものであった。大陸でどこかの国が覇権を握ることを阻む、あるいは、どこかの国がイギリス海峡沿岸を支配することを阻む、という政策である。イングランドの海における安全、そして、ヨーロッパにおけるバランス・オブ・パワー〔勢力均衡〕、この二つが、ヘンリー八世治世下での、二つの大きな政治的柱であったように思われる。この二つの追求が、イングランドの偉大さの形成につながるのである。[*41]

この引用でさえ、後になってから初めて実行されることになる国家戦略を予期させるもの、と解釈されるかもしれない。だが、この引用では、少なくとも、イングランドの大陸政策と海軍政策が、根本的につながりを持つものであったということが示されている。さらにこの引用は、チューダー朝期初期の海軍政策が、イギリス海峡の支配権を維持することに集中するものであったとし、外国の船団を襲ったり、イベリア半島諸国の植民地の主張に挑戦するものではなかったとしている。[*42]

同じことは、エリザベスの時代についてもいえるであろう。ドレイクや他の偉業のために、同時代や後の時代の関心の大部分が、外の世界に注がれ、女王が直面していたヨーロッパの暗澹とした現実には、光が当てられていないのである。イギリスの歴史記述において主役の座を占めてきたのは、〔ドレイクの〕世界一周航海や、〔同じくドレイクによる一五八七年のスペインの〕カディス襲撃であり、エリザベス一世の対ヨーロッパ大陸外交やネーデルランド派兵ではないのだ。[*43] だが、エリザベスの提督たち（と、エリザベスの戦争を本質的に防御的なものではなく、積極的なものと捉えている一九世紀と二〇世紀の歴史家たち）は、彼女が用いることができるシーパワーがあったにもかかわらず、それを最大限利用しなかったとして、常に女王を批判していたのである。ローリーは、もしも陛下が海軍の助言者たちの提言を聞き入れて、「その半分でも実行に移し、スペインに自衛の大切さを教えるレッスンとして、軽く侵攻でもしていれば」「あの〔スペイン〕帝国を粉々にすること」だってできたはずだ、と不満を述べていたのである。[*44] ホーキンスもまた、エリザベスの優柔不断さ、ネーデルランド派兵への彼女の懸念、大西洋においてスペインの富を断つという自らの戦略に対して女王が十分で継続的な支持を与えてくれないことに対して、やきもきしていた。ホーキンスは、「やつらに一撃を食らわしたら」「俺たちは、名誉と安全と利益とともに平和が手に入れられるのに」、と書いている。[*45] ホーキンス自身が知覚していたように、海外貿易（特に銀塊の貿易）が拡大した結果、海上を封鎖して輸入を止めるという手段によって経済的な圧力をかけることが、初めて可能となったのであった。エリザベスは、また、次のようなことでも批判されている。一五八九年のドレイクの遠征が失敗したこと。海外、特にアゾレス諸島に、拠点を獲得しなかったこと。制海権を獲得できる状況になっても、敵戦争艦隊を最大の目標物としなかったこと。それから、もちろん、陸上での戦いにこだわっていたこと、である。リッチモンドは、辛辣に、次のように述べている。

エリザベスは〔敵の弱点を突くのではなく〕、陸上という、敵のもっとも強い場所に対して最大の努力を重ねていたのである、一五八五年から一六〇三年にかけて、何も得ることのなかった陸上での戦いに四五〇万ポンドを費やした。その一方で、スペインの息の根を止めることもできた海の軍事力には、およそ一〇〇万ポンドしか費やさなかったのである。[*46]

これら女王陛下の提督たちの不満は、もちろん、戦略論でいうところの「海軍」派もしくは「ブルーウォーター」派の考え方である。同様のことは、早くも一五一一年に、ヘンリー八世に対して、彼の顧問官たちが唱えていた。

神の名において、陸地に対する行動は控えるべきである。島国としての自然の摂理は、その種の征服には満足しないであろう。あるいは、われわれは、拡大するとすれば――そうできることを願ってはいるが――天祐が、海を通じて、われわれをお導き下さるであろう。[*47]

現在の視点で振り返って見れば、ばら戦争〔一四五五―一四八五年〕による混乱からいくばくもしないうちに、イングランド人が、海上での優勢を海軍主義的に尊ぶこと、海外に拡大すること、ヨーロッパから距離を置くこと、これらに価値を見出すまでになっていたことに驚かされる。実際、考え方は、実行に先立つものなのである。そうはいうものの、エリザベスに向けられた海軍主義派の批判は、不当な批判であるし、彼女の名誉の回復は、〔イギリスの歴史家リチャード・ブルース・〕ウォーナム（Richard Bruce Wernham）教授や〔アメリカの歴史家ギャレット・〕マッティングリー（Garrett Mattingly）教授など近年の学者に帰せられるものである。彼らは、女王の置かれていた状況は、彼女の提督たちが想像していたように簡単に白黒つけられる明快なものではなかったということを、思い起こさせてくれたのである。[*48]

第一に、エリザベスは、スペイン帝国を「粉々」にするという意向を持っていなかったのである――少なくとも、そんなことを行っていたならば、伝統的なライバルであるフランスを利することになっていたであろう。フランスは、一五五八年にカレーを獲得することによりイングランドに屈辱を味わわせたばかりであった。後の時代の歴史家たちが述べるところによれば、この失敗によって、イングランドは大陸から引きはがされ、世界へと目を向けてゆくことになるのだが、それだけではないのだ。単純に、カレーを獲得したフランスは、イングランドへと、一歩接近してきたのである。フランスの脅威がイングランドにとって、相対的に引き下げられたのは、単に、フランスの内戦と、イングランドとスペインの敵対が増大していたからである。二点目は、イギリスの戦略の歴史を貫く重要性を持つものであるが、女王陛下は――ホーキンスとその同僚たちはそうでなかったかもしれないが――、大陸的要素と、海上・帝国的要素の、関係性を理解することができたのである。つまり、もしイングランド人が同盟相手を捨て、西ヨーロッパに背を向け、その結果、ヨーロッパ全体が一つの敵によって支配されることを許していたならば、イングランドのような小さな島国は、ヨーロッパ大陸全体が合わさった敵を迎え打てるような艦隊に、将来、人とモノを供給することができなくなるのだ。これが、エリザベスがオランダを援助することにこだわりつづけた理由である。何度も失敗し、費用とリスクが伴ったにもかかわらず、である。そして、〔アルマダの海戦によって〕フェリペ二世の目標を挫き、エリザベスは、ヨーロッパ・プロテスタント世界の盟主と自らを宣言した。同時に、女王は、ヨーロッパのバランスを保ったのであった。ウルジーが述べていた考えを、実行に移したのである。[49]

　それゆえ、エリザベスは、〔フランシス・〕ベーコンのような主張をするような者に対しては、常に反論を行ったのである。ベーコンはこのように主張していた。「海を支配する者は、最大限の自由を得るのである。海を支配することにより、戦争で得られるものと同様のものが得られるであろう。」これに対して、女王は、次のように返答したのだ。「もしスペインのような国が、これらの国々〔低地諸国〕を支配したら、どうなるのでしょうか……まもなく、わたしたち自身、わたしたちの国、わたしたちの国民に危機が迫ることになりましょう。[50]」女王は、フランスにすら、〔オランダと〕同様の扱いを与えるべき、と考えていたのである。スペインへの対抗勢力として維持する必要があったからだ。女王は、次のようにも述べていた。「もしフランスが滅亡するようなことになりましたならば、それは、イングランド滅亡の前触れでもありましょう」[51]イングランドは、二つのリヴァイアサン〔大国〕が存在する世界では生きられるが、リヴァイアサンが一つしかない世界では生きられなかったのである。そして、フランスとスペインは、面積、財政力、人口、どの数字を見ても、エリザベスのイングランドの数字と比べてみれば、リヴァイアサンなのであった。[52]女王は、〔スペインのように〕大きな銀鉱山は持たず、疑い深い庶民院から、時折、甘言を弄して追加の費用を引き出すことしかできなかったため、オランダとフランスでの軍事作戦、アイルランドの植民地化計画、大規模な海上での戦争、この三つを同時に賄えるだけの財源を持たなかったのである。エリザベスの移り気や変節は、もっぱら、この三つの目標を何とかバランスさせようとする中で生じたものであった。提督たちは、自分たちへの王室からの支援が不十分である、と不満を述べていたが、オランダ軍〔スペインに対抗するネーデルランド（オランダ）のプロテスタントの反乱軍〕への女王の支援が不十分である、という声も、同じくらいあったのである。さらには、海外遠征隊が出された際も、遠征隊の指揮官たちが、当初の目標を達成することに十分にコミットしないために失敗する、ということも、しばしば見られた。その代表的な例は、一五八九年のリスボン攻略と、一五九六年のカディス襲撃である。[53]たしかに、スペインの銀塊(ブリオン)の流れを遮断するという試みに対して、女王が、当初あまりにも慎重で、その後も、費用を出し惜しみしているように見えてくることも、時折あるだろう。だが、女王は、王室海軍が遠くの海へと出かけている間、イングランドが侵略に対して脆弱になることも、深く憂慮していたのである。

一五八七年のドレイクによるカディス侵攻や、翌年アルマダ艦隊に決定的な敗北を味わわせたことと比べると、英西戦争の残りの期間は〔つまり、一五八八年以降一六〇四年までの期間は〕、期待はずれで、がっかりで、拍子抜けするもののように見える。だが、その理由は、リッチモンドが述べるように、エリザベスが「イングランドのシーパワーを理解することもなく、それを用いる能力に欠けていた」から、というよりは、単純に、イングランドが、当時まだ、海上戦争の領域において、未だに弱く、成熟しておらず、経験に乏しかったからなのである。ウォーナム教授は、次のように述べている。「その海での戦争が、イングランドが大洋へと漕ぎ出すことを決定づけ、将来帝国を築く道へと誘い出したのであろう。だが、大きなオークの木は、小さなドングリから成長するものなのである。われわれが忘れてならないことは、このドングリはまだ当時比較的小さかった、ということなのだ。[*55]」[*54]この点は、当時のイングランドの海上での発展の三つの重要な側面を検討することによって、より具体的に述べられるであろう。スペインと比較した場合のイングランドの海軍力、海外貿易と植民地の確保に相対的に成功したこと、戦略的思想ならびに戦術的思想の状態とそれらの実行、の三つである。

第一点目については、イングランド海軍の初期の優勢について思い起こしてみることは、有益であろう。これは、ホーキンスの管理運営上の努力、王室の支援、船の構造上の優位に帰することができる。イングランドの船は、特に、戦闘や遠距離の襲撃において優位にあった。イングランドは、一五八〇年代までに、世界最高水準の海軍力を展開させることができるようになったのに対し、フェリペ二世は、雑多な船の寄せ集めしか持たなかった。大西洋の洋上には不向きの地中海のギャレー船、新式のギャリオン船に対してほとんど無力も同然の高い船首楼と船尾楼を持つキャラック船、借用した武装商船、これらの寄せ集めである。これだけでも、エリザベスの冒険家たちの初期の成功を説明することができよう。しかしながら、一五八〇年、フェリペ二世はポルトガルを併合し、これによって、ヨーロッパと海外にさらなる領地を得ただけでなく、好立地の大西洋岸の港と一ダースのポルトガルのギャレー船も獲得したのであった。これが、北部ヨーロッパのスペインへの脅威を引き起こしたが、この時の状況は、ヒトラーがフランス艦隊を獲得するという可能性に直面していた一九四〇年のチャーチルが置かれていた状況に似たものであった。さらに、フェリペ二世は、スペインの船の構造上の弱点を知覚するや否や、ヨーロッパと新世界で手に入れられる素材と原材料を活用し、確固とした造船政策を打ち出した。フェリペ二世が手にすることができる素材や原材料は、エリザベスのそれをはるかに上回るものであった。マッティングリーが記しているように、「イングランドの大西洋におけるシーパワーは、通常、カスティーリャとポルトガルを合わせたものに勝っていた。そして、その優位は、その後もつづくのだが、一五八八年以降は、優位のマージンは、縮小したのであった。[*56]」

　アルマダの海戦までに、一五八七年のドレイクの予防的な攻撃にもかかわらず、フェリペ二世は、二〇隻のギャリオン船と八隻の他の大型船からなる第一線を出撃させることが可能となり、これは、四〇隻の武装商船からなる第二線の援助を受けるものであった。フェリペ二世が用いることができる船は、大小すべて合わせると、一三〇隻にも達するものであった。そして、イングランド自慢のより優れた武装にもかかわらず、〔アルマダの海戦では〕天候によって失われたスペイン艦の数は、敵艦の大砲により失われたスペイン艦の数にはるかに勝るものであった。この大きな喪失によっても、フェリペ二世からの挑戦は、止むことがなかった。翌年には、毎年帰ってくる宝船船団を護衛するために、四〇隻の大型船と一二隻の小型船を送り出した。そして、ビスケー湾沿いの各港だけでも、二〇隻の新しいギャリオン船が建造中であった。一五九六年、第二のアルマダ〔スペインの大艦隊〕を打ち負かしたのは、嵐だけであった。カディスへの遠征の後、イングランド艦隊は、脆弱な状態にあったからである。一二カ月後の、一三六隻という大規模な戦力を擁したスペインの三回目の挑戦も、同様に、ちりぢりになって終わった。スペインの艦隊が嵐を一回でも突破していたならば、イングランドは、海でも陸でも、苦しい立場に立たされていたことだろう。

　同様のことは、スペインのラテン・アメリカの防衛や銀塊（ブリオン）の輸送についてもいえる。エリザベスの冒険者たちが、ひとたび新世界におけるフェリペの帝国の脆弱さを暴き出し、大西洋航路を妨害するという自分たちの欲望を表すや否や、対抗策が実行に移されたのであった。一五九一年に〔リチャード・〕グレンヴィルが〔ギャリオン船〕リヴェンジに乗って行った絶望的だが英雄的な戦いで重要な点とは、イングランドの略奪者たちをアゾレス海に寄せ付けないために、スペインがはるかに強力な戦力を用意できるようになっていた、という点なのである。ハワード〔イングランドの艦隊司令官トーマス・ハワード〕の下にあった六隻に対して、二〇隻の軍艦である。フェリペ二世は、その必要があったならば、宝船船団の航海を一年間引き延ばすことも、常にできたのである。だが、当時のイングランド海軍には、たとえ数の上で相手を上回っていたとしても、物理的にも、兵站上も、夏場の六カ月以上海上封鎖を維持することは、不可能であった。実際、スペインの歴史においてアメリカからの富がもっとも多くスペインにもたらされたのは、一五八八年から一六〇三年の間〔つまり、英西戦争の後半の時期〕なのである。同様に、ドレイクとホーキンスが一五九五年から九六年にかけての最後の航海で知って狼狽したように、西インド諸島で〔イングランドがスペインから〕略奪を行うことは、しだいに困難になっていった。簡単に略奪できた時代は終わりを告げようとしていた。だが、イングランドの提督たちがこのことを悟るようになったのは、彼らの君主が死の淵に横たわるようになってからなのであった。ジェームズの即位とともに、しかしながら、略奪の実行は、ほとんど不可能となった。もっと集中的な、もっと現実的な戦略が必要とされるようになったのである。

海外での商業や植民地化といった領域においても、この段階で後のイングランドの興隆を予期することは、間違いであろう。〔サー・ハンフリー・〕ギルバート（Sir Humphrey Gilbert）の一五八三年のニューファンドランドへの探検は、その併合を宣言した後、最後は失敗に終わった〔帰りに嵐に遭い船が沈没して溺死した〕。ローリーの最初のヴァジニア植民地は、二年目に、放棄されている。ローリーの二度目の試みは、アルマダの海戦に妨害されて、入植者たちは、消息を絶ってしまった。[*57] エリザベスが統治する時代の入植事業は、主要作物を栽培し、貿易基盤を築くために秩序だって行動するのではなく、銀山を発見し、手っ取り早く金持ちになろうとしたために、失敗に終わることがあまりに多かった。その上、スペインとの長い戦争が、入植者にも、投資家にも、大西洋の向こう側に新しい入植地を築くことをためらわせていた。そのような入植地を築いても、突然の敵襲を受けるかもしれず、また、この戦争が、〔敵の〕貿易拠点や銀塊（ブリオン）を載せた船を襲って利益を獲得するという、入植地の代わりとなる機会を提供したからである。海上貿易に関して述べるならば、これまで〔の研究や著作において〕、よりしっかりとした基盤のあったヨーロッパとの貿易を軽視して、新しい洋上貿易〔大西洋貿易〕があまりに強く強調されてきた。だが、ヨーロッパ大陸は、一五五〇年代の危機にもかかわらず、〔イングランドにとって〕他を引き離して、大きな市場でありつづけ、商品の供給元でありつづけていたのであった。「南向きの事業、そして西向きの事業は……当時は、イングランドの海運や資本のなかで、わずかな割合を占めるにしかすぎず、イングランドの貿易全体の中で、ほんのわずかな割合を占めるのみ」なのであった。[*58]当時ブームを迎えていたニューカッスル・ロンドン間の石炭輸送は、おそらく、入植地との貿易と同じくらいの割合で成長していたが、歴史家たちの興味をそそるものではないようである。当時のイングランドの輸出は、未だ、危険なほど一品目に依存するものであった。ウールとウール製品である。[*59]いずれにしろ、一六〇〇年までに明らかになったこととは、ハンザ同盟、ヴェニス、ポルトガルの商業帝国の真の継承者は、イングランドではなく、オランダである、ということであった。ヨーロッパの貨物集積地（オントロポー）としての地位をアントワープから引き継いだアムステルダムは、ロンドンの持つ利点をすべて備えており、加えて、広大な大陸の後背地を備えているのであった。オランダが、ニシンが豊富に獲れる漁場を支配していたことは、海上へと拡大してゆくにあたって、「離陸」手段となった。また、オランダのフリュート船は、軍艦としてはそうでなかったかもしれないが、貨物輸送船としては、優れたものであった。さらにいえば、オランダの貿易のやり方は、イングランドのやり方に比べ、はるかにひたむきで、成熟したものであったように思われる。経済史家たちは、オランダの「より優れた事業」について書いている。オランダの事業は、イングランドのものに比べ、「市場や商品の供給元をより積極的に求め、より低い利益率を容認し、会社が組織する独占的な貿易からより自由で、独占度が低く、政府からより積極的な、軍事的援助、外交的援助を受けていたのであった。[*60]」

それゆえ、北海地域ならびにバルト海地域において、オランダ人は、イングランド東岸の港からの布地の輸出においても、スカンジナビアからの造船資材〔マストやヤードのための円材、帆布、索具、防水のためのピッチやタール〕の輸入においても、イングランド人に、安さで勝つことができた——後者の方は、海洋国としては、とても危険な依存であった。ロシアとの貿易では、モスクワ会社が初期に獲得した優位は、一五八〇年代以降、オランダ商人に切り込まれることとなった。レヴァント会社は、東地中海において、同様の圧力を受けていた。アジアとの直接の貿易路を開拓し、ポルトガルの独占に挑戦するということでも、イングランドは、二番手であった。イングランドは、一六〇〇年に東インド会社を設立したのであったが、一六〇二年に設立されたより強力なオランダ東インド会社は、イングランドのものよりも、一枚上手であった。長年に渡って、イングランドとオランダのライバル関係は、両国ともスペインの脅威に晒されていたというより切実な問題により、表には出ないものであった。もっとも、レスター〔初代レスター伯爵ロバート・ダドリー（Robert Dudley, 1st Earl of Leicester)〕は、英西戦争の最初の年には、共通の敵との関係において、オランダの方がより自由に貿易を行っていることを知覚していた。[*61]スペインの国力が、長年にわたる陸軍ならびに海軍での作戦により、弱まっているということがはっきりしてくると、イングランドとオランダを結び付けていた宗教上、戦略上の結びつきは、必然的に緩まり、敵対心が、これにとって代わった。この時代の重商主義的な商業上の姿勢は、両国の敵対心を育む方向にしか作用しなかったのである。そうはいうものの、直接の商業戦争という点では、リードしていたのは、明らかにオランダであった。スペインとの戦争が終わって世界がイングランドのものになった、と考えているような人は、もう一つ別の強国があったことを、忘れている人なのである。

戦略や戦術といった面においても、ある種、経験不足が存在していた。このことは、次の三つの点から、ある程度説明がつく。一点目は、先にも説明したように、大陸政策と海洋政策、どちらがより重要である

地図１　英西戦争（1585―1603年）における戦略

かをめぐって、意見の不一致が存在したことである。二点目は、エリザベス期の海の男たちの要求を満足させられるだけの資源がなかったことである。三点目は、船の構造と武器が、未だ転換期にあったという事実である。だが、持続的な努力が欠け、成功が欠けていたのには、別の理由もあった。ドレイクやローリー、エセックスといったリーダーたちは、この時代特有の長所を持ち合わせる一方で、彼らに特徴的な弱点も持っていたのである。彼らは、激しやすく、怒りっぽく、気まぐれな人物たちであった。事前に念入りに作ったプランがあっても、目の前に手っ取り早い機会があると、すぐに計画を変更してしまい、略奪の機会や、栄光を手に入れる機会があると、国家戦略など、忘れてしまうのであった。ドレイクが、ロサリオ号を拿捕できる機会を目の前に、アルマダ艦隊の追跡をすぐに止めてしまったのは、これの格好の事例である。同様に、一五八九年のポルトガル遠征においては、アルマダ艦隊の残りをたたきつぶし、アルマダ艦隊とともに、スペインのシーパワーを消滅させられる機会があったにもかかわらず、手っ取り早いリスボン襲撃を行い、チャンスを逃したのであった。一五九六年のカディス襲撃でも、タホ川にあったスペイン艦隊本体を無視している。実際、これらの遠征のやり方そのもの、遠征における部隊の展開は、欠点だらけであった。兵站は、ほとんどの場合、存在せず、それゆえ、町の襲撃が必要となり、そこから、戦略目的がずれ、その結果、退廃が生まれるのであった。遠征は失敗に終わることの方が多かったが、おそらくは、これが、その最大の理由であろう。奇襲の必要性は、たいてい、あっさりと投げ捨ててしまい、部隊の大きさは、多くの場合、敵地を占拠するには小さすぎ、それでいながら、機敏に動くには、大きすぎる規模なのであった。

他方、海軍そのものが、正式の国家機関にはなっていなかったので、よく考えられたシーパワー戦略に立脚した、一貫した海上の国家戦略がなかったということは、あまり驚きではない。アンドリュースは、次のように指摘している。

王室海軍は、国の海上兵力全体から、その機能においても、人的交流においても、はっきりと区別されたものとはなっていなかった。女王陛下の御船の指揮、管理に責任を有する男たちは、海上貿易や略奪という学校で揉まれながら育った男たちで、プライヴェティーア・ウォー〔君主が許可した敵対する国々の船舶などからの強奪行為〕[*62]の担い手で、親分でもありつづけた男たちであった。彼らの勢力は、とても強く、また、ロンドンの資本家階級や、ジェントルマン階級の冒険家たちの熱意にもバックアップされたものであったので、そのことが、王室の財力が非常に限られたものであった時代に、海軍が、強力な国家の海軍として発展することを遅らせたのであった。[*63]

いいかえれば、アルマダ海戦後の戦略は通商破壊戦（ゲール・ド・コース）という間違ったものであったというリッチモンドなどによる批判は、それ以外の戦略を取るには、十分な資源〔人的資源、財政的資源〕がなかったということを考え合わせると、最初の印象ほど有効なものではなくなってくる。アンドリュースが述べているように、プライヴェティーアが、「エリザベス期の海上の戦いの特徴である」とするならば、マハンの諸原則に沿うようなイングランドの海軍力の展開は、期待しがたいものとなろう。さらにいえば、プライヴェティーアなどの冒険から得られた利益は、イングランドの輸入の一〇パーセントから一五パーセントを占めていたと思われるのだ。これが、イングランドの船運の成長の大きな助けとなり、イベリア半島との貿易で失った分を補完してあまりあるほどだったのである。もっといえば、プライヴェティーアは、ポルトガルやスペインの商船隊の衰退に大きく貢献したのである。このことは、イギリスにとって、究極的な利益となるのだった。[*64]

だが、エリザベス期の人々は、当時、経験から学びつつあり、世紀の転換点には、少なくとも、エセックスは、より組織だった遠征軍の必要性を認識するようになっていた。さらに重要なことには、彼らは、遅ればせながら、より確実な制海権を得るためには、敵の主力艦隊を撃滅させるか、あるいは、少なくとも無力化し、そして、敵の海上貿易を完全に遮断する必要がある、と認識するようになった。それゆえ、強力な艦隊群により、スペイン・ポルトガル沿岸をほぼ一年にわたって封鎖するという一六〇三年の戦略によって、スペインは、戦うことを諦めるか、それとも今では麻薬に依存するように依存状態になっていた銀塊（ブリオン）の供給を犠牲にするしか、選択肢がなくなった。この締め付けを補うように、バルト海からの造船資材の供給を断とうと別の艦隊が待ち構えていた。これ自体は、敵との中立貿易に対する従来からのエリザベスの政府の措置を、さらに強化したものであった。外国の政府は、頻繁に警告を受け、彼らの抗議は、無視されて、彼らの国の船は、拿捕された。一五八九年、ドレイクは、六〇隻からなるハンザ同盟の船団をタホ川河口沖〔リスボン沖〕で拿捕した。すでにイングランドは、優勢な海軍国に好まれる海上封鎖を選択して、「公海航行の自由（freedom of the seas）」という概念を拒絶していたのであった。そして、自国の船運を支援するために、イギリス海峡における海賊と敵国へのプライヴェティーアに対して、保護が与えられた。また、イングランドの漁船団と商船団の拡大が強く促された。それらの経済的価値が認識された、というのはそうなのであるが、それだけではなく、戦時には、船や船員の供給源となることが期待されたのである。それゆえ、航海法が、チューダー王室によって、追加して制定され、海外貿易のためのジョイント・ストック・カンパニー〔株式会社の原型、東インド会社など〕が歓迎され、木材が議会の条例で保護され、漁場が保護され、（キャンバスやロープのための）亜麻や麻の栽培が奨励されたのであった。一五六二年には、エリザベスは、一週間で三日目の魚を食べる日をカレンダーに加えるということまでした。[*65] その公表された理由は、「イングランドの船団」[*66]を再建するためであった。このように、当局がシーパワーの役割を広く認識していたことが、将来の発展のための敷石となったのである。

それゆえ、チューダー朝の時代を、イングランドが爆発的に躍進し世界強国に躍り出た時代と捉えるべきではないのである。一五八八年のアルマダ艦隊の敗北と、一八〇五年のトラファルガーでの勝利を、直接つながりのある、一直線の線で結ぶことは誤りなのだ。初期の入植の試みは、失敗に終わっている。商業の面で、イングランドは、オランダの陰に隠れていた。そして、海軍の面では、マッティングリー教授が観察していたように、英西戦争において「どの国も制海権を握れなかった」のだ。[*67] 相対的には、イングランドは、未だ遅れた、統治制度が十分発達していない、未成熟で、貧しく、人口の少ない国であった。アジアの人々は、アラブ人、ポルトガル人、スペイン人の存在を意識するようになり、（世紀の変わり目頃には）オランダ人についても意識するようになった。だが、イングランド人というものは、ほとんど聞いたこともない存在であった。このような観点に立つならば、「ドレイクの時代」の探索の評価は、もっと控えめなものとなろう。

　チューダー朝の時代に起きていたことでわれわれが気がつくことは、イングランドが、将来、偉大なマリタイムパワー〔海洋強国〕となる可能性が開花しつつあった、ということである。それまでは地中海とロンバルディア平原〔北イタリア〕が、ヨーロッパの経済的、政治的中心であったが、大西洋と低地諸国がそれらにとって代わるというバランス・オブ・パワーの軸の大きな移動が起きており、その結果、イングランドは、それまではヨーロッパの周縁部に位置するという存在であったが、物事が起きる中心に位置することになったのである。イングランドは、また、自国の地理的な優位と、自国民の気質の両方を生かして、探索航海や、海外における商業の開拓に、参加を始めつつあった。イングランドは、戦闘に適した船舶の建造から陸海協調戦略の活用にいたるまで、様々な方法で、シーパワーを育んでおり、いくつかのつまずきはあったものの、戦術上の経験を多く積み重ねつつあった。イングランド政府は、「海軍主義者たち」に促されて、平時にも、戦時にも、自国民の船乗りとしての腕前、自国の船運、海外貿易を維持し、育むための、様々な仕組みを編み出していた。そして、敵性国が同じことをするのを阻むことの必要性を、認識するようになっていた。また、重金主義的で、保護主義的な経済政策が、政府によっても、庶民院によっても、積極的に奨励されていた。[*68] シーパワーの教義の中心となる原理――特に、優勢な戦闘艦隊により、海上の貿易航路の支配権を確立する必要性――が、徐々に姿を現し、理解されつつあった。

そこにあった危険とは、おそらく、海軍の拡張、海外貿易と植民地の拡大を求める「ブルーウォーター」派の考え方によって、イングランド人が、自分たちの国が今もヨーロッパの一国、それも小さくて脆弱な一国であるということを忘れてしまうのではないか、ということであろう。このことは、彼女の評価に、永遠性を与えるものであるが、エリザベス一世は、海洋政策と大陸政策の間で、適正なバランスを維持していた。バランスを維持することで、イングランドが、将来、安全であり発展するにあたって、好ましい状況を創り出したのである。スペインが海と陸において消耗したことが示しているのは、力をつけつつあった国家が西ヨーロッパにおいて独立を保つためには、勢力の均衡状態が必要不可欠だった、ということである。エリザベスの政府が常に認識していたこととは、スペインとの戦争は、勝利を収めた、というよりは、敗北を避けることができた戦争だった、ということなのだ。また、同様に認識していたことは、イングランドの将来にとって大事なことは、可能なかぎり、リヴァイアサンの一つに単独では立ち向かうべきではない、ということだった。「負担を負うことを避け、圧力を避けるもっとも確実な方法は、大陸の諸大国を注意深く見つめることである。どこか一つの国に力が集中することがないよう、目を凝らすのである。なかでも大事なことは、ブレスト〔ブルターニュ半島にあるフランスの町〕からエムデン〔オランダに近い北ドイツの町〕にいたる海岸線が、一つの国の支配の下に帰さないようにすることである。[*69]」四つか五つの国々が、互いの野望をけん制し合う世界であれば、イングランドは、自らの安全をそれほど心配する必要はない。そして、島国としての自らの自然の利点は、自らの強みとすることができるだろう。世界を支配するまでには、まだまだ長い道のりがあったとしても、イングランドは、少なくとも、最初の数歩を歩み出したのであった。舞台のそでから、ためらいがちに、歩み出したのである。

第二章　スチュアート朝時代の海軍と英蘭戦争（一六〇三―八八年）

一六二〇年代と一六三〇年代、イングランドはあまりに弱く、ヨーロッパの運命が三〇年戦争によって決められようとする間も、いかなる行動を起こすこともできなかった……イングランド人の商人たちは、東インドと西インドから追い出されていた。イングランドは、オランダやスペインの艦隊が、自国の海で戦うことを防ぐことができなかった。〔イングランドの〕船乗りたちは、奴隷として〔売り飛ばされるために〕、北アフリカの海賊たちによって、さらわれていた。イギリス海峡においてすら、そんなことが行われていたのである……

それからわずか一五年後の、変貌した後の姿は、驚異的なものであった……〔ピューリタン〕革命後のイングランドの戦略は、シーパワーを意識して、これを世界で用いるというものであったが、概念としてはともかく、その実行は、まったく新しいものであった……地中海の〔ロバート・〕ブレイク（Robert Blake）、カリブ海の〔ウィリアム・〕ペン（William Penn）、バルト海の〔ウィリアム・〕グッドソン（William Goodson）の活躍は、それまでなかったような現象であり、イギリスの未来を予感させるものであった。イングランド人の商人たちは、今では、地中海やバルト海で保護を受けるようになっていたが、このようなことは、〔大内乱前の〕前期スチュアート期の政府には、まったく不可能なことであった。

クリストファー・ヒル（Christopher Hill）〔一七世紀のイングランド史を専門とするイギリスの歴史学者〕
『神に選ばれしイギリス人――オリバー・クロムウェルとイギリス革命』
（*God's Englishman. Oliver Cromwell and the English Revolution* (London, 1970), pp. 166-8.）*1

一六〇三年以降のイングランド海軍の物語が、一般的に、華のない停滞期の海軍の歴史として描かれることは、驚きではないだろう。マハンが主張したように、シーパワーの歴史が、主に「軍事の歴史」であるとするならば、平時は、息つくための時間にしか過ぎなくなる。ボクシングの、ラウンドの合間のインターバルの時間のようなもの、ということになる。そして、海軍史家たちは、ボクシングの観客同様に、争いそのものに注意を割き、このような時期に、あまり注意を向けない。イングランドの名を一躍世界に知らしめたスペインとの闘争も、今となっては、過去の話であった。国は、軍の大胆な削減によって戦争への緊張を減少させることを望むようになっていた。様々な評価はあるが非常に有能な国家指導者であったエリザベス一世は、もう、この世にはいない。彼女を継いだ王は、人物像がよく分からないスコットランド人である〔エリザベス一世は、結婚せず、子もないので、死の直前、親戚であるスコットランド王ジェームズ六世を後継者に指名し、イングランド王ジェームズ一世ともなった〕。エリザベスの名高い船長たち、ドレイク、ホーキンス、フロビッシャー、グレンヴィルは、もうすでにあの世である。艦隊の船は、ブイにつながれて、朽ちるに任せられている。海軍の管理機構は、いたるところ汚職だらけとなっていた。商船団は、ダンケルクの海賊たちやバーバリー〔地中海の北アフリカ沿岸〕のコルセアに好きなようにされている。イングランド人のプライヴェティーアは、新しい国王が禁じてしまった。このような状況にあっては、イングランド人や外国人が衰退について公然と述べ、多くの人々が「イングランドは、スペインと戦争を行っていた時期ほど繁栄したことはない」というサー・エドワード・コーク（Sir Edward Coke）の過去を懐かしむ批判に同意したのは、当然であろう。後世の歴史家のひとりは、この時期について、「わが国の歴史の年代記において、海軍が近代性を身に着けて以降、海上での活動がこれほど陰鬱な時期は、他にはないだろう」と書いている。[*2] 楽しくない時期であり、さっさと通り抜けてしまうのがよい、というわけだ。

しかしながら、広い意味でのシーパワーを学ぶ学徒にとっては、ジェームズ一世〔在位一六〇三―二五年〕の統治した時代は、エリザベスの時代や、スチュアート朝後期と同等に興味深いものである。というのは、この時代を他の時代と対比させたり、他の時代との類似を見つけることによって、歴史家は、シーパワーの発展の段階を、より鮮明に理解することができるのである。より具体的に述べれば、ジェームズ一世の統治した時代を学ぶことで、一七世紀の初頭のイングランドの海軍力が、いかに脆弱であり、いかに未成熟であったのかが、理解できるのだ。海軍が急激に衰退するにあたって、海軍に興味を持たない国王の存在は、それだけで、十分な存在だった。あるいは、海軍に興味を持たない庶民院である。庶民院は、未発達の状態にあった海軍の管理運営に人員を割くことを拒んだのであった。大きな艦隊を維持することに対して、国民的関心は、存在しなかった。少なくとも、それが恒常的な増税を意味するのであれば、なおさらだった。議会の支援、商業の拡大と海軍力の間に共生関係が見られ、これが、イングランドの中心的な国柄の一つになってゆくのは、後の時代の話である。

これら様々な要素のなかで、海軍が健全な状態に保たれ、さらには、海外での商業と海外入植地が繁栄できる全体的な雰囲気が醸成されるには、君主が継続的にこれらに関心を持つこと、そして、君主からの奨励は、欠かせないものであった。メアリーとエリザベスの違いが、このことを示している。この点からいえば、ジェームズ一世の即位は、明らかな後退であった。エリザベスは、遺産として、三一隻から成る艦隊を残したが、スペインとの和平調停によって、この艦隊が即応体制を維持する理由は低くなっていただろう。だが、国益を擁護するための最小限度の艦隊を維持する必要性についていうならば、そうではなかったはずだ。イングランドが住む世界は、ジェームズ一世の平和主義的な考え方に沿うような世界であったようには、思われないからである。毎年、いくつかの船が、イギリス海峡での任務を与えられていた、というのは事実である。だが、船が少なすぎ、船の速さが遅いために、イギリス海峡は、今や、海賊たちが跋扈するようになっていた。ダンケルクのプライヴェティーアから安全な商船はなかったし、ムーア人の海賊からは、なおさらであった。彼らは、遠く、ニューファンドランドの漁船まで襲い、アイルランド南部やテムズ川河口地帯は、彼らのカモにされていた。海外貿易の擁護は、商人たちが自分たち自身で行わなければならなくなっていたのである。それに加えて、ジェームズ一世は、イングランド人のプライヴエティーアを禁止し、他の国の君主たちがそれを行っている時に、私掠免許の発行を断ることで、二重の打撃を与えたように思われる。[*3] ジェームズ一世は、そこを通る船からイングランドへの「海峡通過の敬礼」を得ることに失敗し、スペインに対し全般的な防衛を構築することを怠り、入植地の防衛を怠った。オランダは、イングランドの海で勝手にコルセアを取り締まり、ニシンの漁場に対するイングランド王の主張を無視していたが、ジェームズ一世は、オランダに対して、同じように、完全に腰が引けていた。そして、宮廷のお金とつながっている貿易のみを奨励したのである。後の、一九世紀の海軍主義者の視点から見れば、何から何まで間違ったことをすべて行うような王様なのであった。

　一方で、ジェームズ一世側の視点に立てば、責任の大半は庶民院にある、と主張できるかもしれない。大きな艦隊を維持できるだけの予算を彼に与えることを庶民院が拒絶したからだ、と主張できるであろう。君主に、自分の生活費を「自分でやりくり」することを求めながら、〔国王個人のものではない〕国の海軍力を賄え、と求めることはおかしい、という言い分が、ジェームズ一世の側からは、成り立つのだ。だが、スペインとの戦争は終わったのであった。エリザベスは、自分への予算が不十分なものだと思っていたが、納税者たちは、エリザベスに与えていた規模のお金をジェームズに与えることは許さなかったのである——特に議会に出てきている彼らの代表は、そうであった。国王の財政問題が解決できない中での一六一〇年と一六一四年の議会解散によって、状況は、さらに悪化していた。そして、このことによって、ジェームズ一世は、ロンドンの資本家たちと独占貿易会社にますます依存するようになっていた。これら資本家や会社は、商業がもっと自由になることも、国家が〔自分たちの個々の利益ではなく〕国益の擁護に責任を果たすことも、ほとんど望んでいなかったのである。〔大内乱までの〕前期スチュアート朝の〔二人の〕国王は、庶民院を無視して統治を行おうとしたのであったが、はっきりしない外交政策、プロテスタントの「大義」に対しての曖昧な態度、宮廷における派手な浪費と縁故主義、税務当局や徴税人の汚職、爵位の売買が、これらから利益を得られないすべての人々の反発を、間違いなく、招いたのであった。地方のジェントリ、ロンドン以外の場所で商売を営む商人たち、勅許会社に加えてもらえず、それゆえに「自由貿易」を主張していた貿易商たち、彼らの反発である。だが、これらの者たちは、一方で、ジェームズ一世（それから、次のチャールズ一世〔在位一六二五―四九年〕）に資金を渡すことを拒んだ人たちと、しばしば、重なるのであった。国王は、そのための資金があったならば、これらの者たちが、多くの機会に請願していた、強力な艦隊を創設し、それを維持することもできたことであろう。[*4]

同様にして、国王は、財政上のゆるみと政治的なえこひいきを認める雰囲気をつくり出したのではあったが、海軍そのものがどうしようもなく腐敗したことについては、国王自身には、ほとんど責任はなかった。海軍がこうなってしまったことについては、大部分、ノッティンガム〔初代ノッティンガム伯爵チャールズ・ハワード〕がしだいに年をとったことと、マンセル〔サー・ロバート・マンセル〕（Sir Robert Mansell）の財政上の怠慢にその原因があった。艦隊は、年々、能力を落としていった。マストは腐り、索具はダメになり、大砲は、錆びるか、売り払われた状態となっていた。船員の給与は払われず、福利は無視されたので、ほとんどの船員は逃げ出して商船員になるか、オランダ海軍に行くかし、果ては、コルセアに行く者までいた。売り払われるか、壊れてしまった軍艦の代替として、わずかな船が建造されたが、速度が出ず、高価で、ひどい設計のものだった。海軍や、その周辺の者たちは、莫大な額の年金や手当や「旅費」を、着服していた。最終的に、これらの者たちは、一六一八年の改革で、金を払って除隊させられた。これらすべてが示していることは、ジェームズ一世の統治下、海軍の年間予算は一五九〇年代の半分ほどにされてしまったとはいえ、海軍行政が、ホーキンスやピープスのような人物の下にあったならば、もっとまともな状態で維持されていたであろう、ということとなのだ。

イングランドの海軍力がこのように腐敗していたことは、時折、露わになった。前期スチュアート朝の国王が、国際政治に介入しようとした際に、露わになったのである。その格好の事例が、一六二〇年、マンセルの小艦隊が、アルジェにおいて、コルセアを相手に、不器用さと能力の低さを露呈させたことである。[5]〔準備に〕さんざんてこずった末、六隻の王室船が準備されたが、この小艦隊は、王室船よりも、武装商船の方が数は多く、その数は、一〇隻であった。また、その遠征費用は、主に、ロンドン〔のシティ（商業界）〕が賄うものであった――国家海軍とはいいがたいものであったもう一つの証である。多くの船は、あっという間に、戦いには適さない状態となり、ムーア人たちは、自分たちを押さえつけにやってきたイングランドの提督など、意にも介さなかった。さらにひどいのが、一六二五年のカディスへの遠征であった。これは、失敗に終わった〔一六二三年の〕マドリードへの求婚渡航への腹いせとして、チャールズ一世とバッキンガム〔初代バッキンガム公爵ジョージ・ヴィラーズ〕（George Villiers, 1st Duke of Buckingham）が思いついたものである。遠征隊は、一〇〇隻以上の船によって編成されていたが、この内、王室船は、わずか九隻であった（残りは、商船と運搬船）。これらの船に乗り組んだ隊員たちは、たいした武器も持たない、腹をすかせた男たちの寄せ集めであった。彼らは、スペインの港に着くや否や、ワイン貯蔵庫へと直行し〔ワインをたらふく飲み、酔っ払って、自分たち同士で撃ち合いを始めてしまっ〕たので、彼らを再び船に乗せて帰ってくるのは大変だった〔もちろん、遠征そのものは、完全な失敗〕。利益を得るどころか、遠征によってチャールズの借金はさらに増え、その結果〔ある意味、当然のことながら〕、船員たちにも兵隊たちにも、給与は払われなかった。〔帰国した〕翌年のバッキンガムによる〔フランス〕ラ・ロシェルへの遠征は、イングランドのシーパワーにとって、さらなる屈辱であった。〔歴史家のクリストファー・デンストン・〕ペン（Christopher Denstone Penn）は、これを「イングランド史の年代記において、もっとも嘆かわしく、ひどいものの一つ」と評している。イングランドの遠征軍は、まず最初に、レ島でフランスの強固な守りに阻まれ、それから、〔フランスの公爵〕リシュリユーの強力な反撃により、五〇〇〇のイングランド兵を失い敗北した。[6]バラバラのリーダーシップ、貧弱な計画、耐航性の低い船、上陸作戦の利点を活用することに失敗し、上陸作戦の限界を認識できなかったこと、これらは、これらの遠征すべてに共通する、顕著な特徴である。だが、その背景には、さらに深刻な、優れた海軍指導者と海軍の管理運営に携わる優れた事務職員の欠如、さらには、ますます深刻になる、資金不足があったのである。

このような、どうしようもなく陰鬱な海軍の状況と対比させるように、一七世紀初期のイングランドの海上での拡大は、何人かの著者たちが描いているほどひどいものではなかったという、別の絵を描くこともできるのである。[*7] スコットランドとイングランドが、ジェームズ一世の下、一つとなり、アイルランドでの作戦が終了することで、ブリテン諸島は、ついに、政治的にも、戦略的にも、一つになった。これによって、イングランドの為政者たちが、スコットランドやアイルランドを巡って意見を異にすることはなくなった。同じ頃、ヨーロッパ大陸の諸国は、互いの意図を巡って手一杯であり、イングランドに関心を注ぐ余裕はなかった。この傾向は、当然のことながら、三〇年戦争〔一六一八―一六四八年〕の勃発によって高まったのであった。チャールズ一世は、ヨーロッパ大陸の状況に介入することはできたが、その反対、つまり、長つづきする真の対英同盟を心配する必要はなかったのである。もっともバッキンガムの一六二七年のヘマにより、イングランドは、一時的に、スペイン、フランスと戦争状態になった。この頃、イングランドの海運が海賊から度重なる妨害を受けていたことを除けば、イングランドの海軍が脆弱な間、イングランドに差し迫った危機は存在しなかった。国王が極度に貧乏だったことにより、イングランドは、一六二〇年まで戦争から引き下がることを余儀なくされ、国全体として、ヨーロッパの状況から驚くほどに身を引き、平和的な貿易、入植、そしてもちろん内紛と宗教的争いに、集中することとなった。[*8] ジェームズ一世とチャールズ一世が大陸に派遣したわずかな軍勢では、プファルツ選帝侯領を取り戻したり、デンマーク王を援助することはできなかった――これそのものは、イングランドの陸軍力の弱さとシーパワーの限界を考えると、当然の結果であろう――という事実により、この孤立的傾向は、ますます強まった。

　だが、イングランドは、ヨーロッパでの出来事に関しては、影響力のほとんどない存在であっただろうが、ヨーロッパの外での出来事に関しては、このことは、当てはまらないのであった。ジェームズ一世は、一六〇四年以降、スペインにかなり譲歩したかもしれないが、そんな彼でも、未だヨーロッパのものとはなっていない場所に入植する権利に関して、スペインに譲歩するようなことは、決してしなかったのである。[*9] さらにいえば、イギリス帝国の真の始まりは〔大内乱期までの〕前期スチュアート朝であった、とみなすことができるのだ。イギリス帝国の真の始まりの原動力となったものは、宗教上の異議、農作物の不作、反スペイン感情、豊かになりたいという欲求であった。豊かになりたいという欲求は、東洋への新しい貿易航路を発見するか、貴金属を発見するか、造船資材の新しい供給元を発見するか、あるいは、単純に、海上貿易の量を、全般的に増加させることによって、かなえられるのであった。ヴァジニア会社（一六〇六年）は、その名がつく入植地の足がかりを築いた。ボルティモア卿〔第二代ボルティモア男爵セシル・カルバート〕（Cecil Calvert, 2nd Baron Baltimore）の領地は、一六三四年、メリーランド入植地となった。ピルグリム・ファーザーズ（一六二〇年）とマサチューセッツ湾会社（一六二八―二九年）は、入植地を築き、ニューイングランド全域にまで拡大させた。一六一〇年以降、ニューファンドランドに入植地が築かれ始め、数年後、ノヴァ・スコーシア（Nova Scotia）も、この流れに加わった。はるか南では、ピューリタン〔清教徒〕たちは、ホンジュラスで失敗し、ガイアナへの何度かの挑戦は、同じ運命をたどったかもしれないが、一六〇九年から一〇年にかけてバミューダを獲得し、それから一〇年もしくは二〇年以内に、セントキッツ島〔セントクリストファー島〕、ネイビス島、アンティグア島、モントセラト、バルバドスを獲得していった。後から振り返って汚点となるのは、獲得してから四年後の一六三二年にチャールズ一世がフランスに返還したケベックだけである。

　そして、イングランドの拡大の主勢力は、当時、明らかに西に向いていたが、同じくらい重要な動きが、東インド会社の庇護の下、東へと向かっていた。東インド会社は、商館を、スーラト（一六一二年）、マスリパトマム（一六一一年）、バラソール〔バーレーシュワル〕（一六三三年）、マドラス（一六三九年）に建設し、さらにはペルシャ湾（一六二二年）にも建設した。オランダ人は、イギリス東インド会社を、一六二〇年代、東インドから荒っぽく追い出したのであったが、スーラト沖での〔ニコラス・〕ダウントン（Nicholas Downton）の一六一五年の有名な勝利は、イングランドのシーパワーが、より弱いライバルに対して、東インド会社のための効力を発揮しつつあることの証明であった。ウィリアムソンが正しく強調しているように、こうした活動すべては、「入植地を得ようというエネルギーの激発」であり、「これらと比べると、エリザベスの時代の業績など取るに足らなく見えてくる」のであった。[*10] こうしたことは、その程度は小さいものの、一六〇三年以降のイングランドの貿易の拡大についてもいえる。スペインの対抗策が功を奏するようになり、プライヴェティーアの活動によって得られる利益は縮小しつつあった。ジェームズ一世にエリザベス式の戦争〔つまり、プライヴェティーアによる戦い〕をつづけるための経済的な理由はなくなり、それを止める理由は次のようにたくさんあった。国は、重い財政的負担から解放され、勅許会社によって計画された入植地獲得や貿易の拡大が、ついに実現するようになり、イベリア半島や地中海への交通路が再開されたのであった。その結果として、戦後の好景気が起こった。この南〔イベリア半島や地中海〕との貿易は、一七世紀初め、もっとも利益が上がりもっとも急成長する分野であった。スペイン産のメリノウールが、「新しい布地」として加わり、イングランドに有利なスペインとの貿易は、イングランドの貴金属保有量を増やした。それに加えて、東海岸の石炭貿易が、一七世紀の最初の三〇年間で、三倍に成長し、ニューファンドランドの漁場が、毎年、五〇〇隻の漁船を集め、アメリカ大陸や東洋との貿易が、量としてはまだ小さかったが、しだいに重要性を帯びつつあった。これが、他方、造船業の大幅拡大の刺激となったのである。〔海軍提督であり庶民院議員であった〕サー・ウィリアム・モンスン（Sir William Monson）は、「今日の平和によってわれわれの船の数はかつての三倍になった」と書き、「船員の数が大幅に増え、富が大幅に増加した」と加えている。[*11] 一六一四年から一七年にかけての経済停滞が、イングランドのウールへの過度の依存状態を露呈させ、一六〇九年にスペインと停戦した後のオランダの経済的強さを、ふたたび示すことになっていたかもしれない。だが、〔オランダ〕連邦共和国が三〇年戦争に巻きこまれるようになると、この恐るべきライバルからの脅威は低下した。

これらの事実は、海軍力と、商業や入植地の拡大の関係について、歴史家に大きな問題を突きつけるのである。両者の関係が、表面上の見た目から想像される印象よりも、だいぶ複雑なものだからである。エリザベスの統治の下では、艦隊は、比較的強力で活発だったが、貿易は、困難を被り、入植地獲得は、戦争の間、不可能となっていた。一方、ジェームズ一世の統治の下で、海軍による支援がほとんどなかったにもかかわらず、貿易は拡大し、入植地も増えたのだ。一六〇四年以降のイングランドの商人は、海賊対策として、王室海軍を頼りにすることができなかったが、もしも王室海軍を頼りにできていたならば、それは一層望ましいことであっただろう。そのこと自体は、たしかに、間違いではない。だが、証拠によって示されるところによれば、これらの襲撃者たちの活動は、当時の人々が想像するほどには、海外貿易にとって、大きな障害とはならなかったのである。また、海賊に襲われたという報告が殺到したという事実それ自体が、商業が拡大していたことの、証明でもあるのだ！　ここから見えてくることが、もう一つあるのだ。主要なヨーロッパ諸国が、一六〇九年までと、一六一八年以降、陸上での厳しい戦いを行う一方で、イングランドは、平和を保っていた。海軍の規模それ自体よりも、このような状況が、イングランドの経済上の盛り返しを助け、海外帝国の建設を助けたのではないだろうか、と考えることができるのである。

さらには、このような結論から、非常に重要なことが、疑問として浮かび上がってくるのだ。一七世紀と一八世紀、イングランドの商業は拡大したのであるが、これは、イングランドが、たいていはうまくやった、一連の戦争の結果としてそうなったのであろうか？　それとも、これらの戦争とは関係なくそうなったのであろうか？　海軍主義者とマルクス主義者は、おおむね、前者を真と見なしている（互いに論敵なのだが、この点では一致するのだ）。だが、その答えは、単純ではなく、特定の時期については正しい答えが、別の時期にも当てはまるとは限らないのである。これに対する答えは、他国が戦争にある中、利益を得ることもある中立国の役割をどう捉えるかによっても変わってくる（たとえば、オランダが未だにスペインと戦争にある中、中立国であった一六〇四年から一六〇九年までのイングランドを、どう捉えるかである）。また、その答えは、経済的な前進を、絶対的な貿易量や豊かさ（これは、通常、戦時には低下する）で測るか、ライバル国（ライバル国の貿易が、戦争によって、より大きな被害を受ける場合もある）との相対的な関係で測るかによっても、変わってくるのだ。しかしながら、われわれは、すでに、他国との全面的なぶつかり合いが、たとえ少数の者に利益を与え、富ませるとしても、多くの者を貧しくする、という傾向があるということを見てきた。また、海上覇権国に昇るまでのイギリスの興隆を研究するにあたっては、戦時のなりゆきと同様に、平時のなりゆきにも目を向ける必要がある、ということも見てきた。この点に関していえば、マハンの『海上権力史論』が、戦争と戦争の間についてはおざなりの言及しかしていない、ということをここで指摘しておくことは、意味があるだろう。マハンは、シーパワーについて、大きな戦略的視点から研究すると主張していたにもかかわらず、リーダーシップや海戦についての記述が、彼の本の中身であり、貿易や産業や入植地の堅実な発展について、ではないのである。[*12]

　こうした大きな視点での議論はともかく、イングランド海軍の状況は、一六一八年以降、〔ロバート・〕マンセル（Robert Mansell）が海軍経理部長（The Treasurer of the Navy）の任にあった時代〔一六〇四年から一六一八年まで〕ほどひどい状況ではなくなっていた。一六二〇年代のいくつかの遠征が、ひどい失敗に終わったにもかかわらず、だ。こうした失敗は、かなりの程度、彼の負の遺産が原因であった。新しい海軍局委員たち（The New Board of Commissioners）の下、あまりにもひどい汚職は、除去され、船の改修や新たな建造により、艦隊のサイズは確実に大きくなり、チャタムの造船所は、拡充された。チャールズ一世も、また、殊にオランダとフランスのシーパワーとしての興隆を見据えて、海軍の拡充を促したのであった。とはいえ、財源の不足には、いつも悩まされていた。チャールズの最終的な解決策は、一六三四年に課した船舶税(Ship-money）であった。これによって、一九隻の王室船と二六隻の武装商船という、しばらくの間イギリス海峡における外国の増長を押さえつけるのに十分な、相対的に強力な海軍力が生まれたのである。これに勇気づけられたチャールズは、翌年、船舶税の課税令を内陸にまで拡大するという致命的な間違いを犯した。これが、すでに存在していた彼の統治に対する不満に油を注ぎ、最終的には、彼の転落につながることになるのである。しかしながら、当面のところは、国王は、財源の拡大と、その結果としての海軍の拡充に満足できたのであった。

ここで申し上げたいことは、貧弱な人材とダメな設計の艦船を擁していたチャールズの艦隊が、ヨーロッパの主要なシーパワーに対して真に有効な戦力であった、ということではない。チャールズの艦隊の真価は、ヨーロッパのライバル国間のパワー・バランスに変化を与えられるだけの能力を持っている、という点にあった。だが、一六三九年、オランダの提督〔マールテン・〕トロンプ（Maarten Tromp）は、国家間のパワー・バランスなどというものを、意にも介さなかった。トロンプは、ダウンズの海戦において、〔ジョン・〕ペニントン（John Penington）率いるイングランド小艦隊が見ている目前で、スペイン艦隊を撃滅したのである。この勝利は、五〇年ほど前のアルマダの海戦をはるかに上回る圧倒的な勝利であった。チャールズの小さな艦隊が価値を有したのも、一方に低地諸国〔南スペイン領ネーデルランド〕を強化しようとするハプスブルクの思惑があり、他方オランダとフランスは、これを阻止しようという意志を持っていたからであり、当時は、イングランドそのものが重要性を帯びていたわけではない。しかも、イングランドの艦隊は脆弱であったにもかかわらず、イングランドの陸軍力は、存在しないも同然であった。プファルツ選帝侯〔フリードリヒ五世〕は、義理の弟〔チャールズ一世〕が船舶税の徴税を命じるたびに、絶望の中、不満を述べていたであろう。このことは、チャールズが、大陸遠征軍を整えるのではなく、海軍の強化を選んだ、ということを意味したからである。だが、一方にティリー伯〔ティリー伯ヨハン・セルクラエス〕、ヴァレンシュタイン〔アルブレヒト・ヴァレンシュタイン〕、枢機卿〔フェルナンド・デ・アウストリア〕の強力な陸軍があり、もう一方に、アドルフ〔グスタフ・アドルフ〕、アンギャン公〔コンデ公ルイ二世〕の強力な陸軍があったのである。装備が貧弱で、給与の支払いも不十分なイングランドの部隊が、このように強力な陸軍を相手に何かをできたとは、ちょっと想像しにくい。

だが、状況は、このような想像が無用な方向へと変化するのであった。トロンプがダウンズの海戦で勝利を収めたその年、スコットランドで革命が勃発し、やがて、これが、イングランド大内乱へと拡大することになるのだ。これにより、イングランドは、ヨーロッパの情勢にささいな干渉をすることさえ困難な状況となった。そんな中、海軍は、国際的なレベルでは、たいした戦力ではなかったかもしれないが、大内乱においては、自らの価値を示すことができたのである。艦隊は、プロテスタントであることを自ら公言しており、反王党派であった商業界との結びつきが強く、スチュアート朝の国王の下で、ぞんざいな扱いを受けていた。こうした点を考慮に入れるとそれほど驚くべきことではなくなるのだが、艦隊の大部分は、なんと、議会の側につくことを宣言したのだ。議会が、待遇の改善と規模の拡大を約束したことに、応じたのである。〔大内乱は主に陸上で戦われたので〕大内乱における海軍の役割は、陸軍と比較もできない、小さなものであった。とはいうものの、〔国王に近い立場にあった〕クラレンドン〔初代クラレンドン伯爵エドワード・ハイド〕(Edward Hyde, 1st Earl of Clarendon) のような人物は、海軍の役割を正確に認識していた。彼は、海軍を、国王の敵の「恐ろしい援軍」と呼んだのである。ウォリック〔艦隊司令長官であった第二代ウォリック伯爵ロバート・リッチ〕(Robert Rich, 2nd Earl of Warwick) の艦隊は、様々な施策を行うことで、〔議会という〕新しい雇用主の信頼を獲得していった。ハル、プリマス、ブリストルにピューリタン〔議会派〕の拠点があったのだが、これらの拠点に海上から補給を行い、また、ロンドン〔商業界〕の海外との貿易を護衛し、このことによって議会派が大内乱を戦い抜く財源を確実なものとし、さらに、厳格な海上封鎖を行うことによって、チャールズ一世への大陸〔フランス〕からの補給路を断ち切ったのである。[13]

さらにいえば、議会が艦隊を支援することにした動機は、もっぱら、自らが生き残るためだけにあったが、結果として、イングランドのシーパワーが再構築され、世界を動かす一要素となるのである。ウォリック艦隊の艦船は、王党派の「海上封鎖をすり抜けようとする船」を追ってイギリス海峡や北海を警備していたのみならず、ナロー・シーズ（The Narrow Seas）[14]におけるイングランドの優勢という認識を大陸諸国に認めさせたのである。同様のことは、〔王党派のリーダー〕ルパート（Prince Rupert）[15]がイングランドの海運[16]に対して襲撃作戦を開始した時についてもいえる。これに対して〔イングランド〕共和制政府は、〔ロバート・〕ブレイク（Robert Blake）や〔サー・ウィリアム・〕ペン（Sir William Penn）[17]の指揮の下に、強力な艦隊を準備したのであった。この艦隊は、ルパートの脅威を除去したのであるが、それだけにはとどまらなかった。この艦隊は、〔新しい〕国王殺しの政府が、それまでのイングランド国王と同様に、国際舞台において自らを主張するものであるということを示したのである。〔リスボン沖の〕タホ川〔入り口〕は、ルパートが抜け出すまで、封鎖された。これは、ポルトガルにとって、大きな屈辱であった。その後、ルパートの船団は追跡され、スペインが介入する能力を持っていなかったことをいいことに、〔スペインの〕カルタヘーナ沖で、手痛く打撃された。チャンネル諸島が、そして、さらに重要なことには、大西洋の入植地が、新しい政府を認めることを、余儀なくされた。地中海での海運には護衛が付き、王党派を支援している疑いがあるすべての外国船に対して、捜索が行われた。さらに、海軍は、エリザベスの時代以降、実戦経験を欠いていたのであったが、常時の監視活動と、頻繁な交戦が（たとえ小さく、散発的なものであったとしても）海軍に豊富な経験を積ませ、幾人かの優秀な海軍司令官たちを輩出したのであった。中でも特に目立つのは、ブレイクとモンク

〔ジョージ・モンク、一六六〇年に初代アルベマール公爵に叙せられる〕(George Monck, 1st Duke of Albemarle) である。

さらに重要なことに、議会が勝利したことによって、これ以降、海軍は、〔それまでの国王の私兵的なものから〕「国」軍とみなされるようになり、〔国王個人ではなく〕国全体によって設置されるもの、とみなされるようになるのだ——船舶税の反対者たちの〔つまり、議会の〕、突然の変わりようである。それまでは、資金不足が、常に艦隊のアキレス腱であった。資金不足が、艦隊を最大限に活用しようとしたエリザベスの独創的な努力の足かせとなり、チャールズ一世が艦隊の立て直しを図ることを阻んだのであったが、これ以降、状況は異なるものとなるのだった。このことが意味していることとは、イングランドの人々が、国防に対して、大陸で行われていたのに近い規模で、突然喜んで支払いをすることになった、ということではない。議会は、追加の課税を行うことが認められ、実際、頻繁に行った。だが、共和国海軍の予算のより大きな出所は、没収した王党派の不動産であった。まさに、〔カトリックの〕修道院の没収が、ヘンリー八世の海軍拡張の財源になったのと同様である。[*18] この部分において、政府は、拡大しつつあった支持者たちの富から搾り取るのではなく、自ら財源を持っていたといえるが、結果は目覚ましいもので、国家の艦隊という原則が確立されたのであった。新たな人材を招き入れるために、海軍の給与は増やされ、病気になった水兵には、配慮がなされ、〔退役者への〕恩給が、より広く払われることになった。管理運営組織の汚職が除去され、能力があり、清廉な士官たちが、国王のお気に入りにとって代わることになった。造船所の設備が追加され、海上の艦隊への補給が、今や、大きく改善された。〔イギリスの海軍行政の歴史について先駆的な研究を行った歴史家マイケル・〕オッペンハイム (Michael Oppenheim) が、これを是認するように、「これ以前も、これ以降も、海軍の戦闘部門が、これほどの支援を受けたことはない」と書いている。[*19] 艦隊そのものの拡大は、目覚ましいものであった。一六四九年から一六五一年までの間、四一隻の新造船が海軍の艦船一覧に加わり、艦隊の規模は、(三九隻から) 倍以上になった。一六四九年から一六六〇年までに、二〇七隻の新しい船が、建造されるか獲得された。これらの艦船の多くは、新しい艦種の高速フリゲート〔高速が出せる戦列艦よりも軽武装で小型の軍艦、これ以降、フリゲートの定義は、時代によって変遷するが、いずれにせよ、小型の軍艦〕であった。フリゲートが生み出された目的は、敵国の商船を拿捕するために用いることができるとともに、ダンケルクのプライヴェティーアの船を速度において凌駕する船を生み、また、敵主力艦隊の索敵のために用いるためであった。

最後に述べることは、革命が、強い海軍を保有することによって利益を得ることになった以下のような者たちに、イングランド社会での居場所を与えた、ということである。まずは、宗教的に熱烈であった者たちである。彼らは、ドレイクの偉業を模倣することに恋い焦がれ、対抗宗教改革運動を挫くことに情熱を感じていた人々であった。また、自分たちを、神の使いとみなし、同胞のプロテスタントたちを清める役割を担っている、と思っている人々であった。次に、入植に熱心な人々である。彼らは、海上での力と、海外入植地の間に、自然の摂理を見出す人々であった。それから、大多数の商人たちである。彼らは、チャールズが特定の独占貿易会社を優遇するのを嫌っており、それまで、自分たちは、プライヴェティーアや海賊に対して、十分な保護を与えられていない、と不満を述べていた人々であった。これらの人々が、皆、海軍を、国家政策の重要な担い手とみなすようになったのである。このことによって、個人の宗教上の情熱や、豊かさを求める個人単位の欲求と、島国単位での愛国心や、国家全体の繁栄を願う気持ちが、一つのものとして融合したのである。愛国心や国家全体の繁栄を願う国民の感情は、チューダー期には〔エリザベスが死去する一六〇三年までは〕、たしかに存在していたかもしれないが、それ以降は、失われていたものであった。

貿易、帝国、対外政策に関するこうした新しい考え方――「商業革命」と呼ばれているもののイデオロギー上の枠組みとなっている考え方[20]――は、有名な、一六五一年の航海法に反映された。航海法によって、すべての海外入植地は、議会に従属することになり、また、航海法は、イングランドと、これら入植地との間の貿易を、イングランド船〔もしくは入植地の船〕に限定することを主張するものであった。この措置は、かなりの部分、短期的な見通しによって動機づけられたものであった。当時のイングランドは、厳しい経済危機に直面していたのだ。トウモロコシの価格は、一七世紀で、もっとも高い額に達しており、海運は、一六四八年にスペインと和平を結んで以降、オランダとの新たな競争の中で、苦しんでいた。つまりは、航海法というカンフル剤を、イングランドの海運、造船、海外貿易に撃ちこむことが求められていたのである。さらにいえば、航海法が発布された背景には、それによって利益を得ることになる、モーリス・トムソン（Maurice Thomson）のような影響力のある商人たちの存在が見え隠れする。だが、政府の反応の仕方は、それ以上にかなり広い意味を有するものであり、それゆえに、航海法は、歴史上、多くの注目を集めるものとなっているのだ。[*21] 第一に、航海法は、「公益（common weal）」を考慮したものであった。つまりは、国家全体の豊かさを高めることを、政府の役割と想定するものだったのである。チャールズ一世の寄生的な貿易慣習や財政慣習から比較すれば、それ自体も、ものすごい進歩なのであるが、このことによって、「商業利益（mercantile interest）」というものが、政治的なものとして出現したのである。それまでは、王室が、制限主義的な立法を行い、独占貿易を優先し、商業を食い物にしていたのであるが、それに代わって、政府と商業界の間に、広範な同盟関係が生まれるようになるのだ。政府が、商業界を富ませると約束するのと引き換えに、増加した関税、物品税という収益、議会の票を受け取り、その税の増収を財源に、政府が、貿易を保護する政策を打つ、という関係である。

さらにつづけよう。航海法は、オランダとの競争を除去することによって、東インド会社、レヴァント会社、イーストランド会社などといった組織に恩恵を与えるものであった。そのこと自体は、たしかに間違いではない。だが、全体的な流れは、独占貿易を縮小させる方向へと向いていたのである。政府は、貿易を支援するための法的、政治的な枠組みを提供するが、個々の商人や会社が、自らの手で、自分たちの運命を切り開いてゆかねばならない、ということである。同様に、入植地は、もはや、特定の個人や勅許会社のためのものではなく、国民全体に開かれたものになろうとしていた。その結果、当然の帰結として、政府は、だんだんと、海上軍事力を独占するようになってゆき、海軍と商船隊の区別は、組織においても、機能においても、はっきりしたものになっていった。特定の個人や会社が海外貿易を独占することは、一撃、あるいはそれに近い状態で打ち砕かれ、入植地との海運や、入植地での商業において、国単位の独占が確立されたのである。同時に、海軍力、貿易、海運、造船が世界的規模となるための基盤が育まれつつあった。実際には、その誘因も、その結果も、今書いたほどにははっきりとしたものではなく、当然ながら、〔一六六〇年の〕王政復古後には、大きな揺り返しも起こった。そうはいっても、商業や入植地政策に関する限り、航海法と、その背後にあった考え方が、イングランドにおいて中世を終わらせた、と述べられるだけの多くの根拠が存在するのである。外国人たちは、オランダの貿易商であろうが、ダンケルクのプライヴェティーアであろうが、ロンドンにある政府の、新しいやり方や意欲について認識せざるを得なくなり、イングランド政府が、自国の商業利益を擁護するために、力を行使し得るということを、意識せざるを得なくなったのである。

航海法の起源に関しては、個々の商人の影響力を強調する立場と、航海法を、もっぱら、国家的な意図と戦略的な意図から見る立場とがある。公共〔国家〕の利益と個人の利益はきちんと両立できるとの考えから、両方の立場とも正しいとするならば、同じことは、一六五二年から七四年にかけて、何度かにわたって戦われた英蘭戦争のイングランド側の動機についてもいえるだろう。ここでは、国家や「威信」についての動機は、明瞭であった。何十年にもわたって、一六二三年のアンボイナ虐殺[*22]の記憶は、愛国者たちの間で鮮明であった。これに、無礼なオランダ人たちが、イングランドが古くから持っているナロー・シーズにおける優先権を犯していることへの怒りに加え、オランダがチャールズ二世〔在位一六六〇―八五年〕を支援していたことへの不信が加わった。コケインの失敗（The Cokeyne fiasco）[*23]に見られたように、イングランドが、〔オランダ〕連邦共和国の「植民地のような従属状態（colonial dependency）」の地位にあったことも、癪（しゃく）の種となっていた。さらには、エリザベス期のスペインとの戦争の間、「自由貿易、自由海運（free trade, free ships）」というオランダのやり方が、イングランドの指導者たちの怒りを買っており、それが今や、王党派やフランスの助けとなるかもしれない物資を運ぶ船舶を見つけだし、捕えるというピューリタン〔議会派〕たちの努力と衝突をすることとなった。一六五一年、北海の両側で、双方ともが、それぞれの艦隊を集めつつあった。国際航海と貿易権をめぐっての両国の見解の違いから、武力衝突が起こることは、もはや避けられない状況となりつつあった。

　もちろん、同時に、圧倒的な証拠によって示されているように、商業界の多くの人々は（たしかに、全員ではないが）、海運、東洋貿易、バルト貿易の支配、漁業、一般貸付、金融におけるオランダの優勢に激しいジェラシーを持っており、一六四八年以降、〔オランダ〕共和国が復活してきたことを、強く警戒していた。彼らの中には、この恐るべきライバルに何らかの打撃を与えれば、そこから直接恩恵を受ける立場に立つ者もいた。また、彼らの中の別の者は、単に、貿易においてオランダのような外国人が優位にあることに憤っており、この立場を逆転させたい、と願っていた。当時、本やパンフレットにおいて普及していた重商主義の考え方によれば、世界の富には限りがあるとされていたので、イングランドが成長をするには、そのライバルが犠牲にならなければならないのだった。この考え方は、英蘭どちらかが第三国と戦争状態にある時は、もう片方の商人たちが富を獲得できたので、正しいもののように思えたのであった。もしオランダがバルト海における独占に近い状態を失うことがあれば、もしくは、オランダのニシン漁の漁船団が破壊されることがあれば、あるいは、オランダの輝くような東インド会社がダメになることがあれば、その時はイングランドがその恩恵を受ける、と考えられたのだった。すでに航海法は、アムステルダムで、多くの抗議を受けていた。この点は、モンクが後に「オランダ人があまりに多くの貿易を独り占めしてい

地図2　英蘭戦争期の海戦

るから、イングランド人が、それを奴らから奪い取ってやろう、と決意している」[*24]と語っているように、単純なものと考えられたのだった。一六五一年に両国をイングランドに有利な形で合同させようという提案が失敗に終わった後、戦争の可能性がさらに高まったことは明瞭だった。イングランドの商人たちが開戦を求めてキャンペーンを張ったのでないにしろ、彼らは、開戦の際に抗議の声を上げなかったし、戦争から利益を得ることを目論んだのである。名声、パワー〔政治力、軍事力〕、利益といった動機は、いつの時代にも、互いにもつれ合う関係にあるのだが、一七世紀には、殊更に深く結びつき合っていたように思われる。

この、貿易と海上での優勢をめぐって長くつづいた両国のライバル関係という構図が、英蘭戦争の図式を定めたのだった。これまでの四〇〇年間、イギリスは様々な戦争を戦ってきたが、オランダとの戦争は、何といっても貿易戦争だった。敵地の侵略計画は、まったく立案されず、両国とも（一六七三年を除けば）試みることはなかった。仮に、領土が侵される危険性が仮想敵の主要な条件とするならば、両国とも、相手国以上に、フランスを危険な存在と見なしていた。英蘭戦争は、領土をめぐるものではなく、どちらが海洋を支配するのかを決める戦いであり、海洋支配から得られる商業利益をどちらが獲得するのかを決める戦いなのであった。その結果、海軍力と商業的な側面が全面に出る戦争となるのだった。

三回の英蘭戦争は、それぞれ状況や結果が大きく異なっていたものなので、それぞれ別々に扱う必要がある、というのはたしかにその通りなのだが、ここでは、これらの戦争を通して不変であったいくつかの要素について扱う。地図を一目見ただけで、オランダが抱えていた地理上の不利は明らかである。一九一四年から一八年までの戦争と一九三九年から四五年までの戦争におけるドイツと同様、オランダと世界を結ぶ航路のすぐ横には、ブリテン諸島が位置している。それゆえ、オランダの商船は、イギリス海峡という難所を選ぶか、迂回してスコットランドの荒れた海を通る長距離の航路を選ばねばならないのだった。イギリス海峡を通過するのを選べば、危険な航路を避ける必要から、イングランド沿岸に近い場所を航行する必要があり、スコットランド廻りを選んでも、その場合も、北海で攻撃に晒されることになる。さらに、支配的な西風は、アルマダの海戦においてエリザベスの提督たちを悩ませたのであったが、これが、今では、イングランドの優位として作用するようになった。イングランドの艦隊は、東へと航行する前に、容易に集結が可能であったのに対し、オランダは、散らばっている艦隊を集めて、すばやくタッキング〔風上に向かってジグザグに航行すること〕に移らねばならない、という問題があったのである。最後に、オランダの沿岸の浅瀬や沖の砂堆についてより良く知っていることによって、イングランド人がまねすることができないような場所で錨を下すこともできたのだが、地理的な条件は、また、オランダの軍艦の大きさを制限するものでもあり、その多くは、実際のところ、商船を改装したものであった。四〇門以上の大砲を載せると、喫水と航行性能に影響を与えることになりかねないので、四〇門以上の大砲を載せた船はほとんどなく、他方、イングランド艦隊は、より大きく、より重武装の船によって編成されていた。イングランドの船は、この英蘭戦争の特徴となる、双方が直に向かい合う激しい海戦となると、威力を発揮するのであった。

　これらの海戦は、激しく、長時間に渡るものとなった。オランダ人は、海上で生き延びるためには、戦わざるを得なかったからである――このことは、一七世紀のオランダ人と、二〇世紀のドイツ人の基本的な違いである。オランダが「世界の運送屋」として成しとげたことについては、良く知られている。

　際立った進取の気性と効率により、オランダ人は、バルト海の穀物交易の四分の三ほど、木材輸送の半分から四分の三、スウェーデン産の金属類の三分の一から半分を獲得することに成功したのだった。フランスやポルトガルからバルト海諸国に向かう塩は、その四分の三が、オランダの船によって運ばれていた。バルト海諸国に輸入される布地の半分以上は、オランダで生産されるか、仕上げ加工されたものであった。ヨーロッパで消費されるために運ばれる植民地の産物も、その多くは、オランダ人によって運ばれていた。[*25]

ホラント〔アムステルダム、ロッテルダム、ハーグなどが位置したネーデルランド（オランダ）連邦共和国の主要な州で経済的な中心〕の商船隊だけでも、一六万八〇〇〇人の水兵が雇用されていたと見積もられている。ここに加えねばならないのが、数千隻の船を雇用していた巨大な漁業である。〔オランダ〕連邦共和国の経済全体が、貿易商、運送業者、仲買人、製品の仕上げ業者、金融業者としての自らの役割の上に構築されていたのだ。そのため、もし海運が止まるようなことがあったならば、世界におけるオランダの信用が崩壊し、オランダが破滅することになるのだった。サー・ジョージ・ダウニング（Sir George Downing）のようなイングランド人は、このことをはっきりと認識していた。そして、海上での商業を遮断し、漁業を妨害しようとした海軍の努力は、この戦いが本質的に商業的性質のものであったということを示している。同様に、〔オランダの提督のマールテン・〕トロンプと〔ミヒール・〕デ・ロイテル（Michiel de Ruyter）は、敵を追うことを欲しながらも、勝利するか敗北するかは、商船による海運をどれだけ擁護できるかにかかっている、と理解することができた。別のいいかたをすれば、海に過剰に依存する国家、という逆マハンの一例、とも述べられるのだ。オランダと比べれば、イングランドは、未だに農業国であり、経済の発展や海外貿易への依存という観点においては、オランダにだいぶ遅れていた。〔海上貿易への依存という点において〕立場が逆になるのは、バルト海において、だけであった。ここから供給される造船資材は、イングランドにとって死活的なものであったが、オランダ人は（デンマーク人の力を借りて）、その供給を断ち、誰にも邪魔されない独占を満喫することもできたのであった。

つまり、オランダ人は、経済的な生存のために戦っていたのであった。オランダ人は、出て来て、自国の貿易を擁護し、戦いに挑まねばならなかったのだ。時に、敵が数において勝っていようが、敵が、常時、その位置と砲力において勝っていようが、である。だが、オランダ人は、オランダの経済的な支配の結果として、埋め合わせとなる優位も持っていたのだ。オランダが蓄積していた富は、あまりに大きなものになっていたため、オランダの海運が完全に止まってしまうということでも起こらない限り、オランダは、長期の戦争に耐え得るのであった。この点において、イングランド政府は、オランダほどには恵まれておらず、一六六〇年以降は、特にそうであった。さらには、オランダの海運があまりに巨大な規模であり、また、オランダの海岸線の全域を綿密に監視することは、イングランド海軍にとって、（多大な努力にもかかわらず）兵站上も、軍事上も不可能であったため、オランダの海外貿易は、苦しむことは始終あったものの、完全に途切れることはなかったのである。オランダの提督たちの資質は最上のものであり、イングランドを相手にした戦いを遂行したのみならず、非常に大規模な商船団を目的地まで護衛するのに、何度も成功したのであった。

　他方、〔オランダ〕共和国の地理的な位置には、二つのさらなる欠点があった、と主張することもできるだろう。[*26] オランダは、陸上にも国境線を持つ国であったので、その軍事的資源のすべてを海に注ぎこむことはできなかったのである。海にすべてを注ぎこんでしまうには、スペインとの「八〇年戦争」の記憶は、オランダにとって、まだまだ生々しいものであったからである。だが、このことは、第一次英蘭戦争〔一六五二～五四年〕においては、それほど問題とはならなかった。この戦争において、〔イングランド〕共和国は、国際的に孤立していたし、フランスとデンマークの両国が、オランダを気前よく支援したからである。また、第二次英蘭戦争〔一六六五～六七年〕に際しては、さらに小さな問題となった。この戦争では、フランスが、〔オランダ〕共和国と、はっきりとした同盟関係にあったからである。ところが、最後の格闘〔第三次英蘭戦争（一六七二～七四年）〕では、このことが、ものすごく重要な問題となった。〔イングランドと同盟関係にあった〕フランス陸軍が大きな成功を収めたので、ホラント州〔アムステルダム〕を守るためには、〔水によってフランス軍を食い止めるために〕堤防を決壊させざるを得なくなるのだった。このことが示していることが何かあるとすれば、それは、イングランドとオランダの戦いが、常にシーパワーによって決せられたわけではない、ということなのである。大陸に強力な同盟国を持っていることが、イングランドの助けになることもあったのだ。オランダ側は、内部の不一致という、さらに大きな弱点も抱えていた。これは、イングランド政府とイングランドの提督たちが、しっかりとした指導体制を構築していたのとは非常に対照的であった。ホラント州のライバルであったゼーラント州はもちろんのこと、内陸側に位置する各州は、ホラント州による支配に対して、しばしば憤りを感じていたのである。オランダの艦隊に責任を持つ提督は、五人もいた。オレンジ公〔オラニエ公、オランダ総督〕の支持者たちと反対者たちはライバル関係にあったが、ここから、多くの有害な結果が生まれたのである。有能な司令官たちですら解任されることがあった。トロンプですら、内部の敵によって、一時的に解任されたのである。さらには、激しい戦闘の真っ最中であろうとも、軍艦隊が、自分たちの指揮官を見捨てることは、珍しいことではなかったのだ！ たしかに、トロンプやデ・ロイテルは、自らの優れた能力によってしばしばこのような弱点を克服したのであるが、イングランド小艦隊の、引き締まった統制が、イングランドの優位として働いたのである。イングランド海軍が、単縦列陣形（The line-of-battle formation）と艦隊戦術準則（Fighting Instructions）を進化させたのは、英蘭戦争の最中であった。この二つは、その後、一世紀以上に渡ってイングランド海軍の戦術を性格づけることになるのだ。

英蘭戦争に関するものとして最後に述べる大きな論点は、通商破壊に対立する概念としての、戦闘艦隊戦略に関する議論である。このことは、その後の海軍史家による議論で、大きな論点となってゆくものである。マハンは、第二次英蘭戦争に言及する中で、「個々の船や船団を攻撃する」ことをあざ笑い、その代わりに、次のような賞賛を行っている。

海上における圧倒的な力の担い手、それが、敵の旗を海から一掃し、あるいは、日陰者としてのみ生きることを、敵に許すのである。偉大な共有地〔である海〕を支配することにより、通商が敵の岸を出入りする道を塞ぐのである。この圧倒的な力を行使し得るのは、偉大な海軍だけなのである……[*27]

しかしながら、このような見方は、一七世紀の海戦の現実というよりも、一九世紀後半の海軍理論の反映（ジューヌ・エコール〔魚雷などの新しい武器を装備した小型艦で大型艦に対峙しようというフランス海軍の運用理論で、大艦巨砲主義の対極に位置する〕に対する反論）なのであった。海軍が、敵の主力艦隊を撃滅することができた場合、敵対的な貿易を絞め殺すことができる、というのは、たしかに、その通りである。また、テムズ川に危機が迫っているような状況下で、小艦隊を地中海に派遣するとか、艦隊を係船したままにする、というのが間違った戦略である、というのも、その通りである。だが、この戦略理論によれば、イングランド海軍が、北海において、オランダの護送船団を追跡するのに常に苦労している状況であっても、「航路の封鎖〔敵主力艦隊を撃滅させれば航路は封鎖される〕」が簡単にできる、ことになってしまうのである。さらには、艦隊によって、敵の港を、何カ月も、あるいは一年であろうとも、封鎖することができることになってしまうのだ。だが、悪天候があったり、危険な水域があったり、兵站の限界があったり、船の対波性能が劣ったりする場合には、そのようなことは、現実には、不可能なのだ。[*28]最後に、この理論は、通商破壊船を、ほとんど効果のないものと想定している。だが、実際のところ、造船資材をイングランドへと運ぶ小さな護送船団が敵にやられた場合、その影響は甚大なものとなるのだった。たとえば、第一次英蘭戦争と第三次英蘭戦争において、イングランド海軍は、造船資材の不足に、深刻に悩まされていた。第一次英蘭戦争においてオランダを和平に導くための最大限の圧力となったのは、おそらくは、イングランドのプライヴェティーアであろう。一〇〇〇隻以上の船を捕えたのである。あるいは、イングランドの商船隊の数を倍にした、ともいえる。それにつづくスペインとの戦争〔一六五四年から六〇年の英西戦争〕でイングランドが一五〇〇隻以上の船を失ったのと同様の状況である。これにより中立国であったオランダは、海上商業における自らの支配を取り返したのであった。

このことと同時に、これらの現実的な困難があったにもかかわらず、政治家たちや海軍のリーダーたちが、「制海権」が意味しているものを初めて認識し始めた、ということも明白であった。「制海権」が意味するものとは、すなわち、敵の海軍主力を打ち倒し、その結果として、海上のコミュニケーションを支配する、ということであった。英蘭戦争の後、シーパワーは、「王国の防衛」を確かなものとするにとどまらず、誰にも邪魔立てをされない貿易、入植地の獲得、敵を困難に至らせる、などの利益をも齎すものとして望ましいものである、とみなされるようになったのである。それゆえ、〔シーパワーとイギリス帝国の発展の関係について考察した歴史家のジェラルド・S・〕グラハム（Gerald Sandford Graham）教授が示唆しているように、シーパワーは、国際的な均衡を測る上で、「新たな要素」となり、その結果、海岸線を持つすべての国家は、強力な海軍と海外領土の重要性を、再評価するようになったのである。とうとう、貿易や入植地そのものに、それまでほとんど関心を持たなかった政府さえもが、この頃ますます高額につくものとなっていたぞっとするほどの戦費を賄うため、それらを新たな富の源とみなすまでになったのであった。あるいは、〔フランスの軍人、外交官、政治家であったエティエンヌ・フランソワ・ド・〕ショワズール（Étienne-François de Choiseul）が、一八世紀に、このように表現するようになるのである。

> 現在のヨーロッパにおいては、入植地、貿易、そして、その結果としてのシーパワーが、大陸でのバランス・オブ・パワーを決めるのだが、スペインにおいて、このことがしっかりと理解されているかどうかは疑問である。オーストリア大公国、ロシア大公国、プロイセン王国は、どの国も、貿易立国からの支援金なしには戦争を遂行し得ないので、二等国なのだ。[*29]

いくつかの国々においては――この点においては、フランスの例が、もっとも顕著である――この新しい要素が現れた結果、その後、二、三世紀の間、国家戦略がはっきりしないものとなった。これらの国々のリーダーたちが、シーパワーの構築と、ランドパワーの構築、どちらに力を注ぐべきか、決めかねるようになったからである。だが、イングランドの目指す方向は、はっきりしていた。イングランドは、自国の富、名声、重要性を、外政の中で高めてゆこう、としていたのである。ただし、それは、常に、条件が伴うものであった。その条件とは、ヨーロッパの軍事的バランスも自国の国益に影響を及ぼすという同様に重要なことを決して忘れない、ということであった。

第一次英蘭戦争（一六五二―五四年）は、象徴的なことに、通峡儀礼（The Channel salute）をめぐるブレイクとトロンプの衝突が引き金になったのだが、イングランドにとっては、いくつかの理由により、一連の英蘭戦争の中でもっとも成功したものとなった。[*30] イングランドは、ルパートに対する作戦が功を奏し、より準備が整っていたのに対し、オランダは、この時点では、護送船団戦略をまだ編み出していなかった。最初のうち、オランダ人は、数百隻の商船からなる速度の遅い船団でイギリス海峡を突破しようとし、これに対してイギリスは、持続的な攻撃が可能であったため、トロンプは、船団に張り付いたままであった。〔スコットランド北方の〕シェットランド諸島沖や〔イングランド南部の〕プリマス沖といった、それぞれかなり離れた場所で、いくつかの牽制的な動きや小競り合いがあった後、一六五二年九月二八日、ブレイク率いる六八隻〔のイングランド艦隊〕が、〔オランダの海軍士官ヴィッテ・コーネーリソーン・〕デ・ウィズ（Witte Corneliszoon de With）率いる五七隻に対して攻撃を仕かけた。ケンティッシュ・ノックの海戦である。この海戦は、イングランドの勝利に終わった。この勝利に気をよくしたイングランド人は、オランダの小さな小艦隊による海上封鎖を解くために、艦隊の一部を、〔地中海、イタリアの〕レッグホーン〔リヴォルノ〕へと送った。だが、トロンプは、一一月、大船団にイギリス海峡を通過させ、ダンジェネス沖で劣勢となっていたブレイク艦隊をたたきつぶした。同じ頃、イングランド人は、地中海においても大敗北を喫していた。この敗北に刺激を受けた国務会議（The Council of State）〔大内乱期

〔の行政府〕は、海軍の立て直しを図るべく、一六五三年二月、〔西インド諸島から帰還してきた〕トロンプの船団を迎え撃つために、八〇隻の艦船とともにブレイクを送り出した。「三日海戦」とも呼ばれるこの戦いで、〔オランダ〕船団は、トロンプの優れた防御戦術にもかかわらず、大きな被害を受けた。だが、トロンプは、さらなる護送船団の護衛に成功した後、イングランド主力艦隊の索敵を行うことを許され、その間、船団は、スコットランドを迂回する航路をとっていた。六月初め、トロンプの指揮する一〇〇隻ほどの帆船は、二日間にわたってモンクと〔リチャード.〕ディーン（Richard Deane）を相手に戦い、後には〔翌月〕、ブレイクを相手に戦った。だが、〔六月の〕ガバードの戦いでは、数と砲力に勝るイングランド艦隊が最後にはものをいい、オランダは二〇隻を失った。その後、オランダの海岸線が一カ月に渡る海上封鎖を受けた後、トロンプとデ・ウィズは、スカーヴェニンゲン沖で戦いに打って出た。ここでも、モンクの戦力がひどいダメージを受けたものの、イングランドは、その砲力と統率のとれた艦隊運動により勝利を収めた。さらに悪いことに、この戦いで、トロンプは、戦死した。その後については、あまり書くことがない。イングランド海軍は、勝利軍にふさわしいような止めの一撃を与えることができず、貿易に被害を受けていたオランダは、和平に応じることになった。和平は、一六五四年四月五日に、ウェストミンスター条約が締結されて、正式なものとなった。

戦争とその和平調停は、（地中海でのことを除外すれば）イングランドにとって、大きな利益をもたらすものとなった。イングランドの商業は、この戦いによって、それほど大きな影響を受けず、オランダの海運が受けた被害と混乱から、恩恵を受ける側であった。アムステルダムの貿易商たちと、ホラント州の漁業は、深刻な被害を受けた。それぞれの関税収入の変化は、この戦争が経済戦争であったことの証明となっている。さらに、オランダ人は、アンボイナの虐殺の賠償を支払うことに応じ、通峡儀礼（The Channel salute）の問題で譲歩し、航海法を認めることとなった。だが、こうした結果は、イングランド商業界の「好戦的な」グループを満足させるものでは決してなかった。彼らは、寛大すぎる、として、クロムウェルを批判した。イングランド商業界の態度から、「経済上の要素」の影響力について、面白いことが分かる。護国卿〔クロムウェル〕が、明らかに、誰の操り人形でもなかった、ということが分かるのだ。強い影響力を持っていたロンドンの商人たちですら、彼を操ることはできなかったのである。クロムウェルは、イングランドが強国になり繁栄することを真に願っていたのだが、彼の動機は、もっぱら、宗教心と愛国心から出たものであった。そのことによって〔カトリックの〕スペインと戦うことができるのであれば、オランダとの妥協は、喜んで受け入れられるものであった。一六五四年五月、オレンジ公がオランダ統領の地位に就くことを禁止することにオランダ共和国が合意したので、その後は特にそうであった。だが、その後、イングランドの商人たちにとって利益が得られるのは、スペインとの貿易であって、英西戦争が勃発したならば、オランダ人の利益となってしまうのであった。経済上の議論は、クロムウェルが別の方向を向いているという、一つの方向性を示すものであった。[*31] 英西戦争の間、オランダの船を捜索する権利があるかどうかというトゲのある問題が生じた際においても、ウィルソン教授が観察しているように、クロムウェルは、理性的であろうとし、「力を持った側が、冷静で、控え目である内は、経済的野心の衝突や、中立国の権利が戦争につながらないこと」を、示した。[*32]

政治・宗教的側面と、経済的側面の区別は、スペインとの戦争の期間（一六五五―六〇年）を通じて、維持された。この戦争は、軍事的には、非常に大きな成功であった。ノヴァ・スコーシアは、侵略された。イスパニョーラ島を獲得するために派遣された遠征隊は、一六五五年、スペインの抵抗に遭い、さらに深刻なことに、熱帯病が、しばしば、このような遠征隊を死滅させた。だが、代わりに、ジャマイカを獲得した。ジャマイカは、その後、西インド諸島における価値のある拠点となり、富の源泉となる。一六五六年には、二〇〇万ポンド以上の宝を載せたスペインの宝船船団を獲得した。一六五六年から五七年にかけて、ブレイクは、友好的なリスボンを拠点にして、カディス沖にて容赦のない海上封鎖を行った。ブレイクは、別の宝船船団が、カナリア諸島のサンタ・クルスに積み荷を降ろしたことを知ると、海上封鎖を解いて、サンタ・クルスへの攻撃を行い、この場所の要塞の砲台を黙らせて、船団を沈めた。一六五七年から五八年にかけては、スペイン人のプライヴェティーアの巣窟であったダンケルクを海軍と陸軍で包囲し、ここを、降伏に追いやった。もっとも、それができたのは、砂丘の戦い〔一六五八年六月一四日、「ダンケルクの戦い」とも呼ぶ〕の後であった。この戦いで、フランスは〔イングランドの援軍として〕最大の派遣隊を送ったのであった。*33

このことよりさらに重要だったことは、イングランドが強国の一つとして登場したという兆候であった。クロムウェルは、自分の国の「国益」という認識とともに、舞台に登場した。このことは、ピット、カニング、パーマストンなどにも見られるように、後の時代の政治家たちの特徴ともなってゆく。国益という認識を持っていたことにより、クロムウェルは、国益に影響を及ぼす可能性のある、ありとあらゆる事柄に注意を注ぐことになった（とはいえ、かなり特異なやり方で、である）。ブレイク艦隊の地中海への派遣は、その好例である。艦隊を派遣したことによって、王党派のプライヴェティーアを黙認したトスカーナ大公とローマ教皇からは、賠償を受け取れ、チュニスのデイ〔統治者の称号〕のコルセアによる襲撃への報復として、彼の艦隊は焼かれ、マルタ、トゥーロン、マルセイユでの不満は正され、この地域のフランス人、オランダ人、スペイン人は圧倒され、テトゥアンとタンジェ〔どちらもジブラルタル海峡のアフリカ側の町〕との条約により、海軍の拠点とする権利が得られ、地中海で貿易を行うイングランドの会社が保護されたのである。一六五四年のポルトガルとの条約は、別の好例であった。イングランドの海軍力によって、ポルトガル本国とポルトガル領を防衛するという申し出と引き換えに、イングランドは、オランダのライバルたちを犠牲にして、ブラジル、ベンガル〔インドのベンガル地方〕、西アフリカ、そしてもちろんポルトガル本国と、貿易を行う上での特権を得たのであった。ダンケルクを得たことは、スペイン、フランス、オランダ共和国への牽制となった。ジャマイカ

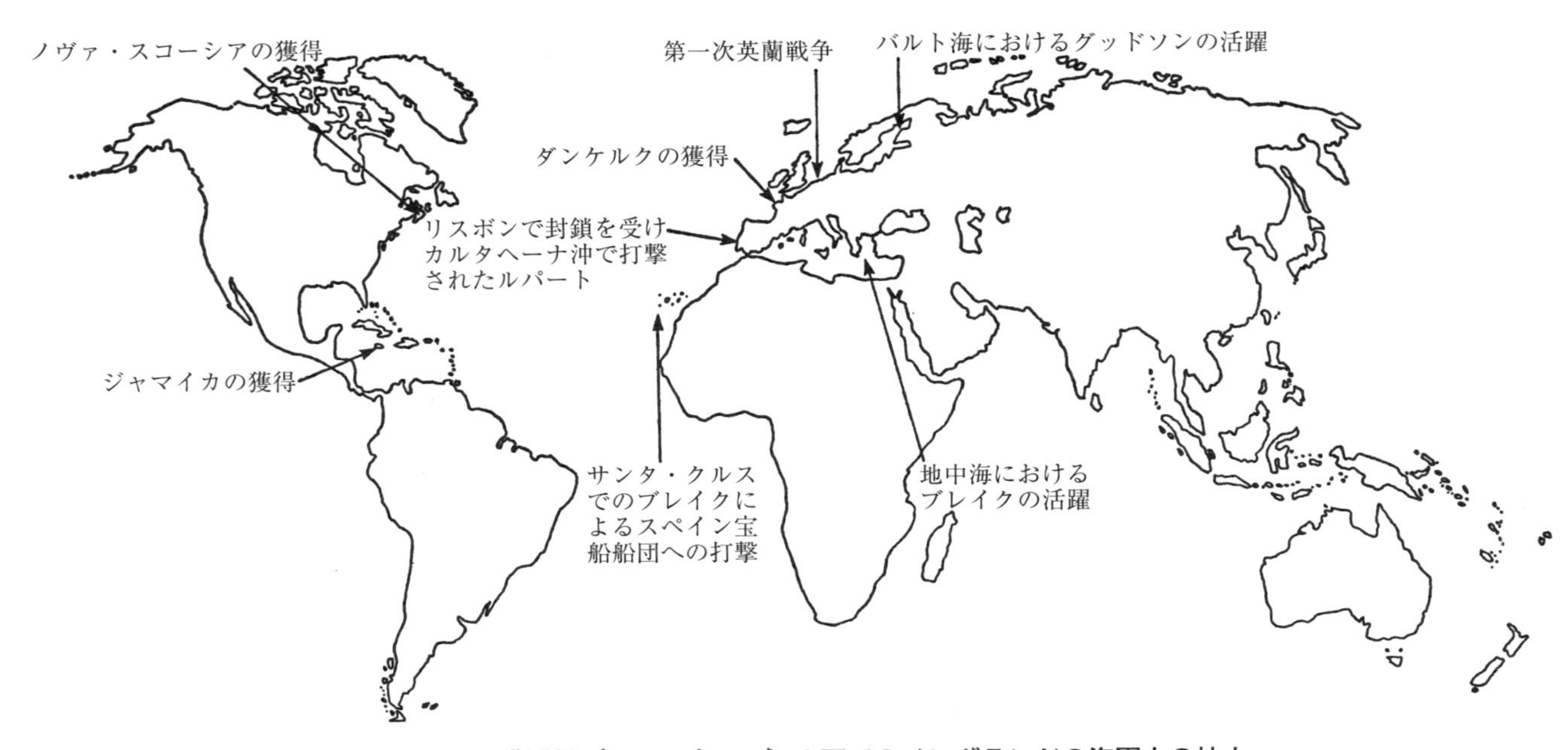

地図３　護国卿〔クロムウェル〕の下でのイングランドの海軍力の拡大

は、利益を生むことになる西インド諸島との貿易を行うための踏み台となった。ジブラルタルの獲得についての目論見ができるようになった。中国との貿易でさえ、クロムウェルの下で始まったものである。介入政策は、バルト海における取り組みを行う間に生まれたものであった。スウェーデンは、ノルウェーを獲得しないよう警告を受けた（これによって、死活的な造船資材を独占しないためである）。とはいえ、クロムウェルは、デンマークとオランダの野心への対抗として、スウェーデンの力を温存することにも心を割いた。クラレンドンが、護国卿〔クロムウェル〕の偉大さは、海外での栄光の陰に隠れている、と述べたのも、当然である。ヒル博士は、「一六五〇年代の政府」は、「イギリスの歴史において、最初に世界戦略を持った政府である」と結論している。[*34] そして、トランシルヴァニア公国の君主やモロッコのスルターンのような遠方の君主たちからの、支援の請願や同盟の申し出から判断できるように、世界はこの事実を完全に認識していたのである。

対照的に、この戦争の商業的な側面、財政的な側面は、もっと陰鬱なものであった。没収した王党派の不動産の処分から得られた収入は、すぐに、消費されてしまった。課税は、それまでにない規模で行われたものの——空位期間〔一六四九〜一六六〇年〕の年間の税収は、平均で四〇〇万ポンドを超えるものであったと推計されている——それでも、足りなかったのである。政府は、今では、「チャールズ一世の統治下において耐えがたいとされた額の四倍あまり」を消費するようになっていたのだ。[*35] 一六五〇年代の末までには、イングランドは、大きな常設陸軍と、長くつづく海軍の戦争という、二つの負担に喘ぐようになっていた。一六六〇年、海軍の負債だけでも一〇〇万ポンドを超えており、船員たちは、陸軍の兵隊たちと同様に、賃金未払いに置かれていた。戦争によって、貿易は、ひどいダメージを受けた。スペイン人のプライヴェティーアたちが、大西洋と地中海に沿う貿易路で大きな収穫を上げ、おそらくは、一五〇〇隻ほどの船が失われたからである。同時に、オランダ人が、イングランド沿岸の様々な市場に、巧みに入りこみ、オランダ人による商業支配を取り戻した。たとえば、「オランダとの戦争の間に、イングランドが奪い取った、スペインとのウール貿易やスペインの布地市場は、今では、オランダ人が奪い返し、魚やワインの貿易まで、追加で担うようになっていた」のである。[*36]造船業も、大きなダメージを受けた。そして、商業界は、出先の拠点や、ロンドンにおいて、戦争の効果についてだんだんと批判の声を上げるようになった。一六五九年には、ロンドンの商人たちが一丸となって、平和を求めるようになった。その四年前、そのような声を上げたのは、マドリードとマラガにいる商人たちだけであった。だが、商人たちがクロムウェルの政策に幻滅するようになったにもかかわらず、クロムウェルが彼らの声に耳を傾けるようになったことを示す根拠は、ほとんど見当たらない。政府のイデオロギー上の目標と、民間の商業上の要請は、いつも一致するとは限らないのである。一六六〇年、商人たちは、君主制に戻ることを、明らかに、喜んで受け入れたのだった。

それゆえ、王政復古の時点において、チャールズ二世〔在位一六六〇―八五年〕は、二つの遺産を受け継いだ。一つ目は、すでに存在していた経済危機と、以前からつづく政府の財政不足である。二つ目は、イギリスの、世界のなかでの役割についての、いくつかの考え方だ。計画的に行動することを通じて経済的基盤、政治的基盤を強化する必要性、そして、強力な海軍を認める必要性、である。加えて、国王自身は、君主の特権を増やすことが望ましい、と考えていた。それゆえ、彼の統治期間と、弟〔ジェームズ二世（在位一六八五―八八年）〕の統治期間の、イングランドの海軍政策、帝国政策、商業政策は、これら三つの要素すべてが混ざり合ったものとなった。議会からの交付金にもかかわらず、王室は、常に金がない状態であった。チャールズ二世は、さらなる財源を得て、庶民院への依存を減らすため、助成を得るための交渉をフランスと行ったことはいうに及ばず、特定の独占を許可し、豊かな商人たちからの貸付に「依存する」という、前期スチュアート朝の習慣に戻ってしまった。その結果、海軍は資金不足に悩まされるようになり、清廉性や道徳の規準が大きく弛緩し、汚職や非効率に悩まされるようになった（このことは、〔サミュエル・〕ピープス（Samuel Pepys）[37]によってよく描かれている）。「ジェントルマン艦長たち〔金や有力者のコネで艦長になった者たち〕」が復活したことは、艦隊のなかのプロフェッショナルな士官たちから、憤りをもって迎えられた。その一方、チャールズとジェームズは、二人とも、強力な海軍を維持することを強く欲し、クロムウェルが国家のために獲得した〔国際社会での〕地位と尊敬を保つことを、強く望んだのであった。それゆえ、世界の商業におけるシェアと入植地を増やし、また、商船隊を護衛するための強力な戦闘艦隊を持つことによってイングランドの富を高めるというピューリタンの政策は、後期スチュアート朝によっても維持され、強化された。それは「それに付随するはずの宗教上の信条が投げ捨てられるほどの大きな熱意を伴うもので」あった。[38]

その結果、チャールズは、ジャマイカやダンケルクをクロムウェル流に征服することをあきらめることを、きっぱりと拒否したのだった。もっとも、チャールズは、ダンケルクを保有しておくメリットを、ダンケルクの駐屯費が上回っていた、と認識し、後の一六六二年、かなりの金額でフランスに売却した。チャールズは、ノヴァ・スコーシアをフランスに返還することも、拒絶した。チャールズは、〔ポルトガルの〕キャサリン・オブ・ブラガンザとの婚姻の交渉を行った〔そして、結婚した〕。この婚姻により、イングランドは、ポルトガルとの貿易において有利な立場に立つだけでなく、ボンベイやタンジェのような拠点が手に入れられるのであった。タンジェは、特に、地中海の貿易を守るために有用であった。チャールズは、また、一六六〇年の航海法をすばやく制定することにも、同意した。航海法の条文は、強い保護主義政策を、明確に打ち出したものであった。

列挙された商品、特にワインや造船資材のような重量のかさむ商品は、イングランドの船、もしくは、商品の原産国の船のみが、輸入を行い得た。一六六二年、オランダからの輸入が、明確に、禁止された。入植地の産品のほとんどは、イングランドの船で運ばれることとなり、砂糖、たばこ、染料の中継貿易が、めざましく成長する基盤となった。一六六三年の条例は、入植地の人々に、ヨーロッパ産のものを、イングランド国内で購入することを強制するものであった。外国で建造されたすべての船は登録されることとなり、一六六三年以降、新しく登録されるいかなる船も、外国籍のものとみなされることとなり、イングランドの船の船員の大半は、イングランド人でなければならないこととなった。[*39]

こうした措置は、もちろん、オランダを傷つけることを目的とするものであった。イングランドでは、オランダの商業上の成功が、経済危機の根本的な原因だとみなされていたのである。オランダの事業への妬みが広がっていた証拠は、圧倒的なものがある。商業界や海運関係者は、この点、躊躇することがなかったようである。一六六三年、次のような言葉がさかんに唱えられた。「オランダ人と戦争を行い、スペインと和平するのだ。そうすれば、再び金が手に入り、貿易を行えるようになるだろう。」チャールズと彼の宮廷は、憎まれた共和国人たちに一撃を食らわすための、さらなる動機を持っていた〔オランダは、商業上の仇であるばかりではなく、王室とは相容れない、共和国であった〕。海軍士官の多くは、積極的な雇用を求めており、海上におけるイングランドの主権をオランダが継続的に認めることを求めていた。だが、圧倒的な動機は、商業上のものであった。そしてダウニングのような国王の個人的な顧問たちにとって、戦略上の主張と経済上の主張が都合よく強力に融合したものが、すべてに優先されるようになった。[*40] 実際の戦いが、西アフリカにおける貿易上の争いがエスカレートしたものと、それぞれの海軍の相互の報復から始まったということは、当然のことであった。チャールズが一六六五年五月に実際に宣戦を布告するまでに、西アフリカ沿岸での戦いは始まっており、オランダの〔トルコの〕スミュルナ〔イズミル〕（Smyrna）への護送船団は襲撃され、プライヴェティーアが解き放たれ、イングランド人がニューアムステルダムを獲得し、ニューヨークと改称していた。

商業界や国家の指導者たちは、戦争への準備ができていたかもしれないが、海軍は、そうではなかった。海軍への資金の約束はあったものの、金は、ゆっくりとしか流れてこなかった。艦隊は、前期スチュアート朝の頃と比べると、はるかに良くはなっていたものの、海軍が、一六六〇年から六四年まで他と比べて放置された状態であったことは、すぐには克服できなかった。一七世紀の規準では、イングランド艦隊の経験、規模、管理体制は、おそらくは、なかなかのものであっただろう。唯一の問題とは、デ・ロイテルが、イングランドに勝るオランダの財政力に裏打ちされた、強力で、質が均一化され、良く訓練された、抜きん出た戦闘艦隊を築いていたことであった。そのようなわけで、オブダム〔オブダム伯爵ファン・ヴァッセナール〕(Jacob van Wassenaer Obdam)に率いられたオランダ艦隊が、一六六五年六月、〔イングランド東部〕ローストフト沖にて、ヨーク公〔ヨーク公ジェームズ、後のジェームズ二世〕の艦隊にこっぴどくやられたにもかかわらず、イングランド海軍は、制海権を維持できるだけの力と補給力を持たなかった。デ・ロイテルは、西インド諸島への航海から、すり抜けて帰国し、多くの護送船団も、通過した。〔ノルウェーの〕ベルゲンでのオランダ東インド会社社員への攻撃は、撃退された。そして、オランダの小艦隊が、地中海での貿易を麻痺させ、ダンジェを海上封鎖した。すでに危機的な財政状況にあったイングランド海軍の行政機能は、〔一六六五年の〕ペストの大流行の発生により、機能を停止した。

一六六六年が始まるまでには、フランスが、同盟を結んだオランダを支援するようになっていた。チャールズの政府は、〔同盟関係にあったスペインの〕スペイン領ネーデルランドへの侵攻を恐れるばかりではなく、ルパート公率いる小艦隊を切り離して、イギリス海峡へと放った。この戦力の分散のすぐ後に、モンクの主力艦隊は、数に勝るオランダ艦隊と四日海戦にて交戦をし、打ち負かされた。この海戦の名称そのものが、英蘭の海戦の、激しさと長さを表すものである。七週間後の七月二七日、両者は、〔イングランド東部〕ノース・フォアランド沖で、再びぶつかりあい、今度は、オランダが打ち負かされる側であった。この戦いで、オランダは、二〇隻を失い、イングランドは、一隻を失った。この戦いで自信を得たイングランド海軍は、オランダの沿岸を海上封鎖し、サー・ロバート・ホームズ率いる小艦隊がワッデン海にまで侵入し、一五〇隻を超える商船を破壊した。だが、この翌年、オランダが、こっぴどい仕返しを行った。イングランド艦隊は、資金を節約するため武装を解かされ、和平交渉が始まっていたのだが、デ・ロイテルが〔メドウェイ川と〕テムズ川に破壊的な攻撃を行い、一六六七年七月にブレダの和約が結ばれるまで、南東部と南西部の沿岸港の海上封鎖を行ったのであった。[*41]

「貿易商の戦争」の屈辱的な終結としては、イングランドにとっての和平条件は、それほど過酷なものではなかった。航海法は、勝者の都合に合うように、若干の修正がなされた。密輸入の定義が定められ、イングランドは、インド諸島〔インドネシア〕のラン島に対する主張を放棄し、〔南アメリカの〕スリナムを明け渡した。〔北アメリカの〕アカディアは、フランスに返された。だが、イングランドは、〔現在のガーナの〕ケープ・ゴースト要塞を保有しつづけることを許された。イングランドは、ここを拠点に、うまみのある奴隷貿易に参入してゆくことになる。イングランドは、また、デラウェア、ニュージャージー、ニューヨークを保有しつづけることも許された。これによって、この地域から、オランダというライバルを除去し、将来性を持ったこの地域のイングランドによる保有を、さらに確固としたものとした。この寛大な決着は、イングランドとオランダという二つのシーパワーの、当時の対等な力関係の反映であったと見ることもできるであろう。それと同時に、二国とも、戦争がさらに長引いたならば、貿易にさらに悪い影響を及ぼすと認識していたという事実がある。だが、寛大な決着は、英蘭という二つのミドル・パワーが、ルイ一四世のフランスがもたらす危険性を知覚していたという兆候とみなすこともできるのである。英蘭双方にとって、フランスのスペイン領ネーデルランドへの動きは、戦略上の脅威であり、ルイ一四世のフランス海軍への激励は、海上での脅威であり、〔西インド諸島の〕リーワード諸島の征服は、植民地への脅威であり、ルイ一四世の（もしくは、コルベールの）経済政策は、商業上の脅威なのであった。ブレダの和約から一年も経ない一六六八年に、イングランド、オランダ、スウェーデンの間で三国同盟が成立したことは、この解釈が正しいことであることを示すものであろう。

この戦争は、また、一六六〇年代前半に膨らんでいた愛国的な重商主義のバブルに、針を刺すものでもあった。〔一六六五年の〕ペストの大流行と〔一六六六年の〕ロンドンの大火による大きな喪失の影響と合わさった重い課税だけでも、十分にひどいものであった。プライヴェティーアによる破壊と海上航路の切断による貿易の落ち込みは、さらにひどいものであり、この時期、関税収入は、大きく落ちこんだ。トルコ人の商人たちは、地中海に布地の護送隊を送ろうとしたのであったが、そんなことをすればオランダの小艦隊に捕らえられるだけだ、と、海軍にぶっきらぼうにいわれた。バルト海貿易は、当然、この戦争の影響を受けた。東海岸の石炭輸送は、プライヴェティーアの襲撃を頻繁に受けて、その後、デ・ロイテルの艦隊によって完全に停止させられた。西アフリカでの戦いは、苦戦していた王立アフリカ冒険商組合（Company of Royal Adventurers Trading to Africa）にとどめの一撃を与えた。ピープスの日記に記述されているように、「貿易と戦争を両立させることは、できなかった」というのが真実のようである。[*42] その後、商人たちと、彼らの貴族の支援者たちは、戦時に得られる利益について、それほど期待しなくなってゆく。

予測できることであろうが、この法則には、例外が存在した。ダウニングや反蘭派の人々は、それでも、オランダを、最大のライバルであるとみなしつづけた。シャフツベリー〔初代シャフツベリー伯爵アントニー・アシュリー＝クーパー〕（Anthony Ashley-Cooper, 1st Earl of Shaftesbury）や通商評議会（Council for Trade）の他のメンバーたちも同様であった。だが、原動力は、王室そのものであった。チャールズ二世とジェームズ二世は、フランスとの同盟と、オランダを相手にともに戦うことを、熱心に望んでいたのである。これは、税制的な利益をもたらし、名声を強化するばかりでなく、イングランドにおける絶対君主主義を促進できるからなのであった。まさにこのこと〔王室がカトリックであるフランスとの同盟を望んでいること〕が理由となり、イングランド中で、反仏感情が一気に盛り上がった。イングランドは、もちろん、圧倒的にプロテスタントであり、専制的な力を持つとともにカトリックであるルイ一四世に深い疑いを持っていた。それゆえ、一六七〇年代以降、プロテスタントの主唱者たちと、親仏的な人々の間で、割れ目が再び広がりつつあった。一方に、プロテスタントの主唱者たち、「ホイッグ〔自由党の前身〕」、議会派、親蘭政策があり、もう一方に親仏的な立場、少なくともカトリックを容認し、国王の権力の実際の強化を容認し、それに当然ながら付随する庶民院の権限の低下を容認する立場があった。両者の立場の違いは、前世紀の、親蘭派と親西派による議論を思い起こさせるものがあった。後の時代の議論から経済的なライバル関係が抜けていたというわけではない。コルベールの〔フランスの〕保護主義政策が、害を与え始めていたからである。コルベールの政策の主要な目的は、「庶民の幸福」ではなく、国王を高めるためのものであったのだが、皮肉なことに、一六五一年以降のイングランドにおいて施行された政策と、その形態と効果において似通ったものとなった。両国の政策が似通ったのは、主に、オランダの経済的な支配に対抗しようとするものであったからである。だが、これによって、より大きな害を被ったのは、弱い方のイングランドの競争力であった。織物に対して、高い関税が掛けられた際は、殊更にそうであった。実際、一六六七年から一六七八年までの間、イングランドの議会とコルベールは、それぞれの国内の生産者を保護するために、関税戦争を行った。イングランドのプロテスタントと海軍主義者たちにとって、同じくらい憂慮すべきことは、フランスの海軍力の脅威的な発展であった。一六七〇年までに、コルベールは、年額一万ポンド近くを費やして、新しい海軍拠点、造船所、訓練学校、武器、多くの艦船からなる艦隊を築きつつあった。フランスの船は、イングランドの船に比べて、より数が多く、大きく、重武装で、優れた設計になっていた。ジョーンズ教授の言葉によれば、これと唯一比べ得るのは、「一九一四年までのティルピッツによる〔ドイツの〕同様の発展であった」。そして、イギリス海峡のこちら側の反応は、両方の時代を通じて、同様であった。[*43]

チャールズ二世は、国内と国外の前兆を無視するように、ルイ一四世と反蘭同盟を結ぶための交渉に秘密裏に乗り出し、〔反仏感情の強い〕議会からは、反仏政策のためだとして、〔対蘭戦争のための〕予算をなんとか捻出し、そして、さまざまな「苦情」を是正するための法外な要求を突きつけ、オランダの商業海運を攻撃することによって、一六七二年、オランダ共和国を戦争へと追いこんだ。今度の戦争では、イングランドは、強大な海軍力と陸軍力を持つフランスを相手にするのではなく、味方として戦うことになったので、国王とその取り巻きたちは、勝利について、自信を持っていた。だが、もちろん、この戦争は、失望を生むものであった。この戦争が満足感を与えたのは、後世の歴史家たちだけである。後世の歴史家たちは、当時の政府の、本質的に、独善的で、無節操で、愚かな政策を指摘することによって、満足感を得られるのであった。一六七二年五月二八日のソールベイ沖での英仏両国の艦隊に対する攻撃において、デ・ロイテルは、イギリスの艦隊に手痛いダメージを負わせ、英仏両国の、海軍の連携がうまくいっていないことを露呈させた。そして、フランス陸軍が南部の諸州に侵攻すると、堤防を決壊させて、〔オランダの提督ヨハン・〕デ・ウィット(Johan de Witt)を首にした。スホーネヴェルト(Schooneveld)の危険の多い浅瀬に艦隊を保つというデ・ロイテルの優れた作戦により、イングランドの〔オランダへの〕上陸の可能性は消え去った。同時に、このことによって、数に勝る相手〔英仏艦隊〕に圧倒されることを免れることができた。第三次英蘭戦争の最後の海戦において、デ・ロイテルは、イギリス海軍への攻撃を再び行い、海からの侵攻の試みを完全に封じこめ、英仏艦隊の協力が不可能なことを、再び露わにさせた。実際、フランスの、テセル島の海戦や他の機会における明らかなやる気のなさは、ジェームズ〔ヨーク公〕からさえも、ルイ一四世との同盟への熱意を失わせるものであった。その間、イングランド全体としては、戦争への反対が公然と示されるようになり、政府〔王室〕は、ますますカトリックと絶対主義的な政策へと傾いていった。海軍局は、一〇〇万ポンド以上の負債を抱え、庶民院は、新たな予算を支給することを拒み、それどころか、国王に、完全に態度を改めるように要求し、チャールズは、屈した。一六七四年にウェストミンスター条約が結ばれるまでには、チャールズは、戦争とフランスとの同盟をあきらめさせられたのみならず、実質的には、原状回復という条件で、和平条約を結ばねばならなくなっていた。この条約は、オランダとの戦争が意味のないものであったということを、強調するものとなった。*44

　イングランドのシーパワーが発展してゆく中において一連の英蘭戦争がどのような役割を果たしたのか、何らかの明確な結論を下すことは、簡単なことではない。英蘭戦争は、外国との経済的なライバル関係についての国民の認識を、たしかに高め、このことによって、国民は、強力な艦隊をますます必要だと思うようになった。一連の戦争は、戦闘における艦隊の陣形から補給の改善にいたるまで、海軍の中で、多くの改革を促した。これらの戦争は、イングランドの海外帝国を拡大させるとともに、他国に、イングランドの重要性について気付かせるものであった。他国は、イングランドを、少なくとも、海軍強国として認識するようになったのである。だが、航海法をオランダに受け入れさせるには、いずれにしてもどこかの時点で力の行使をせざるを得なくなっていたであろう、という点を横において考えたならば、英蘭戦争は、イングランドの貿易商たちに、直接的な恩恵をほとんどもたらさなかったように思われる。それどころか、第一次英蘭戦争を除けば、まさしく、その逆が正しいのであった。戦争によってもたらされた税金の上昇と、商業の落ち込みによって、商業界は、大きな打撃を受けた。海運も、海軍の水兵強制徴募隊の活動に、しばしば、深刻な影響を受けた。それゆえ、作戦に最適な夏場の時期は、海運会社にとっては、最悪の時期だったのである。もし、これらの戦争の結果として、オランダとの商業上の競争がなくなるか、著しく下火になったのであれば、イングランドは、経済上の恩恵を受けていたことであろう。この紛争の結果が、オランダの競争相手の除去か、著しい弱体化であったならば、イングランドに、経済的な恩恵をもたらしたであろう。ところが、実際にどうなったのかといえば、オランダの海外貿易は、（一六五二年から五四年、一六七二年から七八年までのように）深刻な影響を被った際にも、そこから、瞬く間に回復したのである。後に見てゆくように、一六七二年の四〇年後に陸上において繰りかえされたフランスとの戦いは、イングランドとの戦争よりもはるかに、オランダ共和国の力を奪うものとなるのだ。常設の大規模な野戦軍を維持する費用が莫大であったばかりではなく、陸上での戦いに忙殺されたことにより、相対的に、海軍や海外での商業上の利益に、目が向かなくなったからなのであった。とはいうものの、オランダは、一八世紀前半になっても、繁栄しており、豊かであったのだ。一七世紀後半のイングランドの拡大は、オランダ帝国の屍の上に築かれたものであるとするような考え方を、ある歴史家は、「この時代についてよくあるような、重商主義の罠にはまった」考え方である、と批判している。[*45] 現実として、起こった可能性がより高い状況とは、イングランドの貿易商たちが、ライバルたちによって侵されない新しい市場を開拓し、世界全体の商業が拡大してゆく中で、オランダの占める割合が相対的に小さくなってゆき、イングランドの割合が増えていった、といったような状況であろう。

　オランダの商業のその頃の現状との関係はどうであれ、〔一六六〇年の〕王政復古後の時期にイングランドの海外貿易が急拡大したことは事実であり、第三次英蘭戦争が終結した後は、殊更にそうであった。[*46] そして、イングランドの海外貿易は、拡大したばかりではなく、多様化を始めたのであった。それまでは、輸出品としてのウールに過度に依存したものであり、また、活動の対象は、ヨーロッパに絞られたものであったが、そこから脱し始めたのである。このような傾向は、過度に誇張されるべきではないが、本書においては、殊更に重要なのだ。というのは、この期間は、入植地、海運、貿易、海軍力の前向きな相互作用の「離陸」期間であり、この上に乗っかるようにして、世界帝国と、海軍覇権が、後に築かれることになるのである。この多様化は、かなりの早さで起こった。この世紀の終わりまでには、イングランドの全輸入品の内、アメリカとアジアからのものが三分の一近くを占めるようになり、これらの商品のヨーロッパへの再輸出は、イングランド製品のインドとアメリカへの輸出と合わせれば、全輸出量の四〇パーセントを占めることとなった。拡大する貿易で取り扱われた商品の多くは、新しい品であった。たばこの輸入は、一六一五年に五万ポンドだったものが、一七〇〇年には三八〇〇万ポンドへとロケット拡大する成長ぶりであった。砂糖は、西インド諸島への領土拡大が行われた後、さらに大きな富をもたらす商品となった。キャラコ〔インド産の綿織物〕は、今では繁栄するようになった東インド会社によって持ちこまれた。ニューファンドランドや北海の魚介物、布地、ワインといった、以前からある商品の流れも、驚くべきほどの成長ではないものの、健全な動きを示していた。だが、入植地との貿易の胸躍る見込みは、経済的な可能性がまだまだある、ということを示すものであった。そして、航海法と強力な海軍のおかげもあって、その可能性は、イングランド人のために開かれていたのであった。魅力に乏しい北アメリカを開拓したことと、苦労しながらも、インドとの貿易にしがみついていたことから得られる利益が、今、花開き始めようとしていた。

　このような海外貿易の拡大は、多くの結果をもたらした。海外貿易の拡大に伴って関税と物品税収入が増加し、その結果、たとえば、〔大蔵卿の〕ダンビー〔ダンビー伯爵トーマス・オズボーン、後にリーズ公爵〕（Thomas Osborne, 1st Earl of Danby）は、一六七五年、水兵たちへの未払いを完済することが可能となった。海運業と造船業は、好景気に勢いづいた。遠洋航海やバルト海沿岸からの木材の輸送に用いられる大型船は、特に需要が高いものとなった。バルト海沿岸からの木材は、〔一六六六年九月の〕ロンドン大火の後、特に需要が増え、造船景気それ自体のための需要も、大きなものであった。そして、一六七五年から一六八〇年までの間に、一六隻の大型のイースト・インディアマン〔東インド会社のための貿易船〕が建造された。さらには、三回の英蘭戦争によって、オランダの船を多数獲得したことにより、イングランドの商船隊は、大きな荷物を運ぶことができる船を、たくさん得たのであったが、イングランドの造船業は、この世紀の終わりまでに、このような運輸需要の激増に、とうとう追いつき始めたのであった。最後に、イングランドは、かなりの早さで、入植地との貿易のための、主要な貨物集積地（オントロポー）となり、そうなる過程において、莫大な利益をあつめ、海上貿易の価値を、ますます強く認識するようになったのである。

十分予測できるように、この貿易の拡大は、共和国〔一六四九年から一六六〇年までのイングランド〕の時期に最初に確立された重商主義的な態度を大いに強化させるものとなった。そして、このことは、まったく驚きではないのだが、一六八八年の名誉革命によって、古くからの独占的な貿易会社に、最終的に終止符が打たれることとなった。冒険商人組合、王立アフリカ冒険商組合、モスクワ会社は、すべて、順次、特権を失っていった。大きな勅許会社のなかでは、東インド会社だけが、その特殊な任務と重要性ゆえに、無傷で残ることとなった。[*47] イーストランド会社がそうであったように、東インド会社以外の会社からは、大使たちや公使たちが、その外交的役割を引き継ぎ、海軍が、その護衛の役割を引き継ぎ、インターローパー〔もぐりの商人〕たちが、その貿易商としての役割を、侵食していった。航海法と海軍力を使って形成されたのは、海外の特定の地域におけるイングランドの独占であり、これは、イングランドの商人全員に向かって開かれたものであり、このような経済上の考え方を受け入れた体制によって支援されたものであった。そして、しだいに、「ある国がどれだけ達成したのかは、その国の経済上の実績によって測られるように」なっていった。[*48] このような観点において、イングランドの政策は、オランダ流の商業を行う才覚と商売への関心に、フランス流の国力への敬意が組み合わさったものであったように思われる――この組み合わせは、あらゆる点において、比類なく有望な融合であった。そして、イングランドの経済界のリーダーたちと、政治リーダーたちにとって最高の喜びであったことに、貿易と海運の拡大が、海軍に、好ましい「副次」効果をもたらし、海軍がイングランドを防衛する能力を、それまで以上に高めたのであった。

この理由により、スチュアート朝の残りの期間のイギリス海軍それ自体の物語は、簡単に語ることができるのである。[*49] チャールズ二世も、ジェームズ〔ヨーク公〕も、艦隊について、情熱的な関心を持っており、議会は、艦隊を維持するための十分な補給に、いつも、喜んで賛成票を投じた。さらに、ピープスのような人物を戴いていた海軍行政は、ホーキンス以来、もっとも慎重で、もっとも先見の明のある人物の配慮を受けていた。海軍の負債は、確実に減り、士官たちと水兵たちには、定期的に、給与が払われるようになった。今では、すべての士官たちは、専門的な訓練を受けなければならなくなっていた。汚職は、除去され、規律は、改善した。一級の軍艦が、常に供給されるようになり、造船所や兵站部門も、ピープスの監督の恩恵を受けた。一六七八年から八三年までの間だけ、海軍の規準に、目に見えるような低下が現れた。ホイッグの「カトリックの陰謀」に対するアジテーションが、ジェームズとピープスを一時的な辞職に追いこんだ時期である。だが、改革の一時的な頓挫は、新たな気持ちでの取り組みを、可能にしたのであった。〔名誉革命によってジェームズ二世とピープスが海軍を去る〕一六八八年までに、〔改革の頓挫による〕被害は、おおむね是正され、艦隊は、ヨーロッパの権力政治のなかで、恐るべき戦力（多くの一等艦を含む一七三隻）へと成長していた。このことは、時期的に、幸運であった。この年、オレンジ公ウィリアムが、〔名誉革命によって〕成功裡にジェームズを退け、その後、イングランドは、大規模なヨーロッパの闘争に突入してゆくことになる。まさに、この時期、フランスの、大陸の支配を得ようとする試みに対して、大規模な闘争が始まろうとしているところであった。オランダよりもはるかに強力な大国との、この先何十年にもわたる戦争は、イングランドの力のありとあらゆる側面を試し、イングランドの力の妥当性を露わにするものとなる。あるいは、イングランド海軍がよりかかっている、その基盤が試されるものとなる。

一連の英仏戦争についての考察は、後にとっておくとして、ここでは、エリザベスの死去以降のイングランドのシーパワーについての主要な発展をまとめておこうと思う。物理的な〔目に見える〕領域での進展は、一六世紀に比べるならば、明らかに、それほど顕著なものではなかった。新しい種類の帆や索具が開発され、海図と航海術は、確実に進歩し、船の建造は、より科学的なものとなった。軍艦は、大きくなり、砲力は、上がった。とはいえ、飛躍的、というほどではなかった。なんだかんだいっても、最初の三層艦である「ソヴリン・オブ・ザ・シーズ（HMS Sovereign of the Seas）」は、早くも一六三七年には、完成していたのである。この程度の進歩は、自然な進歩であり、ヴァスコ・ダ・ガマの時代の帆船の、革命的な進歩の衝撃とは、比べようがないものである。おそらく、これらに比べてより重要であったのは、艦隊の偵察船や通商破壊船として用いるための高速のフリゲート〔小型の軍艦〕の登場であろう。フリゲートが加わることによって海軍は、よりバランスがとれたものとなり、新しい戦術や戦略を導入することができるようになった。

だが、〔一五八八年の〕スペイン・アルマダとの海戦と〔一六八八年の〕名誉革命の間、イギリス海軍が真に大きく変わったのは、その機能とその組織である。この間、王室と特定の貴族、特定の商人に養われた船の集まりであったものが、議会の予算によって給与を払われる、国家の軍事力となったのである。臨時の雑多な集まりであったものが、常設の、均一された艦隊となったのである。管理運営組織や兵站組織というようなものを、ほとんど持たなかった状態から、造船、食糧供給、会計、募兵、訓練のための組織を発達させたのである。現代の規準から見れば、これらは、原始的なものに見えるかもしれないが、それでも、相当な前進であった。シーパワーに対し限られた理解しか持たず、しばしば自分の利害が国家の利害と対立することもあったジェントルマンのアマチュアが指揮する軍隊から、プロフェッショナルな海の男たちが指揮を執る軍隊へと変貌したのであった。この軍隊は、艦隊戦術準則（Fighting Instructions）と戦時服務規程（Articles of War）の適応を受ける、政府に直接従属する、国家政策の手段となったのである。

一七世紀が進むにつれて、国家が、海軍力を独占するようになっていったので、イングランドの海軍力の拡大と、イングランドの商業や入植地の拡大が、ますます結びつくものとなった。入植地は、元々は、民間の独占的な事業に根差したものであり、彼らは、王室の勅許は持っていたものの、自分の身は自分で守らねばならなかった。だが、今や、「商業革命」が起こり、庶民院が常設軍の費用を賄うことに合意するようになったのである。そして、イングランド人の海外での利益が、この軍事力によって擁護されることが期待されるようになったのであった。つまり、チューダー朝の艦隊は、海に浮かぶ近海防衛のための小艦隊であったのだが、〔王政復古以降の〕後期スチュアート朝の海軍にとって、地中海において船団を護衛したり、遠方のプライヴェティーアの拠点を破壊したりすることは、めずらしいことではなくなったのである。このことは、単純に、航海法の軍事的な帰結であった。おおむね同様にして、入植地の拡大は、初期スチュアート朝においては、個人の利益のために行われたのであったが、一六五五年以降は、国家が担うこととなった。そして、平時に開発するのではなく、戦時に征服するようになったのである。

　これらすべてから、その後イングランドが世界大国として発展していった、大まかな外観を認識することができる。繁栄する海外貿易が、経済の助けとなり、航海や造船の励みとなり、国の大蔵省に財源をもたらし、入植地の生命線となったのである。入植地は、イングランド製品の市場となったばかりではなく、利益を生んだ砂糖、たばこ、キャラコから始まり、不可欠な北アメリカ産の造船資材にいたるまで、様々な原料の供給源となったのであった。そして、海軍は、国家の経済的利益、政治的利益のために、平時には、イングランドの商人たちへの尊敬をより確実なものにし、戦時には、貿易を擁護し、さらなる入植地の獲得を図った。イングランドは、加速しつづけるような速さで、自らを、沖に浮かぶ遅れた島国から、大国の一つに変貌させ、世界貿易の中心となったのである。だが、鋭い知覚力を持つイングランド人たちは、このような政策をこの先もうまく行かせるには、ヨーロッパを拒絶するのではなく、ヨーロッパのバランス・オブ・パワーが、イングランドにとって不利な状況となることを防ぐ賢明な戦略が必要なことを、すでに認識していた。三〇年戦争、イギリス革命〔「名誉革命」のこと〕、オランダとの戦いは、このような戦略の必要性をぼかすものであったかもしれないが、一六八八年以降、このような戦略の有効性が、再び明らかになろうとしていた。

第三章　フランスとスペインに対する戦い（一六八九―一七五六年）

一八世紀イギリス史の最大の特徴はその膨張にある、という見解には、表面上の印象よりも、より深い意味があるのだ。このことは、一八世紀の一連の戦争を概観することによって、理解できるであろう。この見解は、表面上の印象においては、カナダやインド、南アフリカの征服は、その本質的重要性において、マールバラ公の戦争〔スペイン継承戦争〕、ジャコバイト蜂起、あるいはフランス革命に対する戦争といった、国内やヨーロッパの出来事を上回るものであった、ということを意味しているだけのことのように思われるかもしれない。だが、この見解が実際に意味していることとは、これから見てゆくように、一見イギリスの拡大とは何の関係もなさそうな他の大きな出来事が、実は、イギリスの拡大と密接に関わっており、イギリスが拡大する過程において、唯一、連続性を持つ諸要素であった、ということなのである。また、この見解は、表面上の印象では、イギリスのヨーロッパ政策は、イギリスの植民地政策ほどには重要なものではなかった、ということを意味しているようにも見えるかもしれない。だが、この見解が本当に意味していることとは、対ヨーロッパ政策と、対植民地政策は、国家の発展という同じ大きなものの、違う側面にしかすぎない、ということなのである。

ジョン・ロバート・シーリー（Sir John Robert Seeley）
〔イギリスの著名な歴史家で『英国膨張史』の著者〕
The Expansion of England〔『英国膨張史』〕（London, 1884）p. 36.

一六八九年にフランスとの戦争が勃発した。これは、長期に渡ってつづくことになる一連の長い戦いの始まりであった。この長い戦いが終わるのは、一八一五年になってようやく、なのであった。この長い戦いの間、イギリスは、政治的な問題、戦略上の問題に直面したのであったが、これらの問題は、この時代に先立つ英蘭戦争で経験した問題とも、その後のパクス・ブリタニカの時代に経験することになる問題とも、まったく異なるものであった。この時期のそれぞれの戦争について、そのパターンを分析したり、これらのパターンについて、いろいろな整理を行ってみたりする前に、一七世紀後半から一八世紀なかばまでの間に、この国に起こった基本的な政治的発展、経済的発展について、確認しておきたい。というのは、どんどん拡大してゆくイギリスのシーパワーが、これらの基盤の上に乗っかるようにして、築かれることになるからである。

もっとも目に付く傾向は、一七一〇年代か二〇年代までに、アイルランドやスコットランドにおいてはそうではなかったにしろ、中心的な権力基盤であったイングランドで「政治的安定」が生まれた、ということである。この変化について、〔イギリスの歴史家ジョン・ハロルド・〕プランブ（John Harold Plumb）教授が、見事に表現している。

> 一七世紀には、人々は、政治的信条のために、互いに、殺し合ったり、拷問を行ったり、処刑を行ったりしていた。また、町を襲ったり、田園を荒らしたりしていた。人々は、陰謀の対象にされ、計略の対象にされ、略奪の対象にされていた。一七一五年までは、このような不安定な政治的世界がつづいたのであったが、一七一五年になると、こうした世界は、急速に、消え始めたのである。それまでとは対照的に、一八世紀のイングランドの政治構造は、強固なものになり、しっかり機能するものとなったのである。[*1]

王位継承の問題は、プロテスタントと、議会の主張に沿うような形で解決され、これに逆らおうとしたスチュアート家の努力は、撃退された。政治権力は、貴族的なホイッグの内閣の下に集められていった。

ホイッグの内閣は、かつての急進性を脱ぎ捨て、今では、社会や経済の体制を維持するために努力するようになっていた。商業上の利益は、国家の諸会議でよく代表されるようになった。成功した商人がジェントリの仲間入りをし、大地主が貿易からの利益に参入するようになったばかりでなく、国の政治機構が、全体として、繁栄を求めることが、国力を高めることと国の威信を高めることと同義である、と認めるようになったからなのであった。そして最後に、省庁が拡大し、その権限の範囲が非常に大きくなったことによって、行政府は、立法府を全般的にコントロールできるようになり、そこから、スチュアート家を拒否するための資金を得た。ここでいいたいこととは、一七一五年以降、意見の相違がなくなったということではない。トーリー〔保守党の前身〕とホイッグのライバル関係は、依然として激しいものであったし、ホイッグの階層構造のなかのライバル関係も、激しいものであった。だが、こうした論争は、共通の権力機構〔議会〕を支配し、支援者を得るための闘争を含むものであり、また、主に、政治の目的ではなく、政治のやり方をめぐってのものであった。「経済力、社会的影響力、政治権力を行使する側の人々の間では、アイデンティティーを共有しているという感覚」が存在していたのである。[*2] そして全員が、世界のなかにおけるイギリスの地位を示し、高めることが必要だ、という認識において一致していたのだ。〔ロバート・〕ウォルポール（Robert Walpole）[*3] のような政治家は、好戦的な政策を好まず、国を平和に保っておくことに努力したかもしれないが、彼の財政措置と関税措置から、彼のイギリスの発展に対する全般的な態度がどのようなものであったのかを、われわれはうかがい知ることができるのである。シーリーが書き留めていた通り、イギリスは、拡大してゆこうという基底的な傾向が影響されることなしに、商業性と好戦性を両立させることができたのである。

同様に重要なことは、イギリスの経済的な拡大が持続的につづいたことである。この時期に、良くなった気象条件にも助けられて、農業技術と農業生産性が飛躍的に高まったことは、強調してしかるべきことであろう。ここで思い起こさなければならない点は、当時、国富のかなりの部分は土地〔農業〕に根ざしたものであり、布地の輸出が海外との貿易において、未だに大きな部分を占めていた、という点である。おそらく、この時期でより重要なことは、〔一六九四年に設立された〕イングランド銀行や証券取引所〔の成長〕など、金融機関の設立や成長、それに、〔イングランド銀行による〕国債の発行であろう。これらは、大蔵省と投資家たちの関係を、より近いものとしたのみならず、海外遠征や、費用のかかる戦争に、資金の供給を可能にしたのである。このことによって、以前であれば、政府を破産させたであろう規模の戦争も、賄いきれるようになったのだ。南海泡沫事件による混乱や戦争の勃発は、それなりのインパクトのある出来事ではあったものの、この時期までに、かなり強固な信用システムが確立されていたので、この信用システムが、これらによって崩れるようなことはなかった。産業もまた、革新と拡大によって、将来性を示していた（特に鉄、機械製造、綿、ビール醸造といった分野である）。もっとも、産業は、海外との貿易や入植地への投資からも、おそらくは、利益を得ていたことであろう。さらに、この時期、航行可能な河川（後には、運河も）が拡張され、有料道路網が拡張されたのであったが、これらが、国内流通が確実に増加することを、容易にしたのである。*4

だが、たとえこれらの出来事すべてが、イギリスのシーパワーを間接的に支援したのであったとしても、つまり、これらの出来事が、イギリスの政治的、経済的な基盤を強化し、その基盤の上に、シーパワーが構築されることになったのであったとしても、より直接的にイギリスの海上における力の拡大を促したものは、海外貿易と海外への拡大なのであった。こうした分野でも、確実な成長があったのだ。一六八九年から一七一三年までは、ほとんど常に戦争がつづく状態であり、これに戦後景気の崩壊がさらにのしかかったので、一八世紀のなかばまでは、目を見張るような拡大は見られなかった。だが、驚くべきは、これらの出来事にもかかわらず、真に後退することはなかった、という点なのである。イギリスの財政上の筋

	輸入量（100万ポンド）	輸出量（100万ポンド）	船舶トン数（トン）
1700	6.0	6.5	（1702）323
1750	7.8	12.7	（1751）421
1763	11.2	14.7	496

力が、戦争の負担に耐えぬくことを可能にし、イギリスの海運は、プライヴェティーアに荒らされていたにもかかわらず、持続され、イギリスの貿易商たちは、閉鎖された市場に代わる新たな市場を見出すことができたのである。また、いくつかの産業（鋳鉄業や造船業）は、武器の発注により、活況を呈していた。一七四八年以降、商業の拡大は、ふたたび勢いを取り戻し、それが衰えそうな兆候は、まったく見られなかった。長期的な統計は、短期的な変動を覆い隠すものではあるものの、成長の傾向を示している。[*5]

より詳細な統計を見れば、こうした全体的な傾向の中で、重要な変化が起こっていた、ということが分かるだろう。ヨーロッパとの貿易は、ゆっくりとしか成長しておらず、場所によっては、衰退していた。一方で、植民地との貿易が、継続して拡大しており、ヨーロッパとの貿易を補ってあまりあるものとなっていた。西半球との貿易については、特にそのことが当てはまる。アメリカと西インド諸島は、今では二〇〇万人が住むかなり大きな市場となっていたが、一七〇〇年から一七六三年までの間に、彼らとの貿易は、輸出で四倍、輸入で五倍になっていたのである。インド貿易も、西半球との貿易には少し劣るものであったかもしれないが、相当な程度、成長していた。こうした貿易によってもたらされる品々は、たいてい、もっとも利益を生む品々であった――たばこ、砂糖、絹、香辛料、それから唾棄すべき奴隷貿易である。これらの品々のほとんどは、再輸出され、イギリスの金保有量を増やし、仲介業としてのイギリスの役割を増進させ、付随的に（とはいえ、まったく意図していなかったわけではない）、オランダ人の仲介業としての役割に打撃を与えた。商業そのものは、航海法によって保護されており、また、航海法は、イギリスの産業界とイギリス人の商人たちに、独占権を与えるものであった。航海法はまた、海運業、造船業、また、同盟国の産業界を潤すものでもあった。遠い場所への遠洋航海は、もっとも強力で、もっとも高価な船を必要とするものだったので、このことは、特に当てはまった。砂糖や奴隷などの新しい貿易に依拠して、ブリストルやリヴァプールなどの港町が、大きく繁栄したのであった。ここから、必然的に、政治的な影響や戦略的な影響も生まれた。イギリスが、植民地との貿易に力を注げば注ぐほど、その分、イギリスのエリートの、海外領土と強力な海軍に対する関心が高まっていったのである。

一七世紀末と一八世紀にイギリスが参戦した多くの戦争によって、イギリスの商業や産業は、どの程度前進したのか、あるいは後退したのか、このことを、歴史家たちは、未だはっきりとは解明していない。英蘭戦争の場合と同様に、戦争の影響は、産業によって異なるものであったし、それぞれの戦争ごとに異なるものでもあった。(たとえば)レヴァント貿易に従事する商人たちは文句をいっていたのであるが、そのような例は、ごく簡単に見つけられるであろう。九年戦争(一六八八―九七年)の間の商船の喪失は、合計で四〇〇〇隻に達し、国債の発行残高は、一七〇二年には一二八〇万ポンドであったが、一七六三年には、一億三二一〇万ポンドまで上昇していた。相次ぐ戦争の莫大な経費によって上昇したのである。一方、他に目を移すと、これらの経費のほとんどが、請負業者や産業界の手に渡っていたことが分かるだろう。これが経済の一部をさらに潤したのである。一七一四年までには、拡大したイギリス海軍が、イギリスで最大の雇用主となっていた。さらには、造船業、バルト海からの木材輸入業、海運業、造船所の下請け業、その他多くの関連業者が、国費の流れから恩恵を受けるようになっていた。[*6] 防衛予算が政府支出の半分以上を占めていた時代にあっては、戦争の勃発は、明らかに、巨大な影響を及ぼすものであった。もしかしたら、工業化の速度を加速させた、とさえいえるかもしれない。たしかに、貿易が滞ったことと、商船が多く失われたことは、深刻なことであっただろう。だが、それをいうならば、貿易の停滞は、通常、平時になるとすばやく回復するものであったし、失った船は、純粋な喪失ではなく、買い戻すこともできた、という点も、同時に見ておく必要があるのである。さらにいえば、敵の商船とその積荷を獲得することは、大きな利益となったのである――たとえば、一七四五年には、あまりに多くの銀が獲得できたので、銀塊（ブリオン）そのものよりも、文書による減額が必要になるほどであった。しかしながら、これらの戦争によって明らかになったことは、イギリス経済そのものの、とてつもない強靭さなのであった。これらの戦争がイギリスを破産させることはなく、イギリスは、他の強国よりも、はるかに悠々と、これらを乗り切ったのである。海外貿易は、傷みを受けたものの、切断される恐れは、まったく生じなかったのだ。〔スペイン継承戦争の最後の年である〕一七一三年のイギリスの輸出と輸入を合わせた額は、〔この戦争が始まった〕一七〇一年の額と同じである。一九一四年から一八年までの戦争の最初の年の額と最後の年の額、一九三九年から四五年までの戦争の最初の年の額と最後の年の額、これらと比べてみると、驚くべき事実であったことが分かるだろう。スペイン継承戦争がなかったならば、自分たちはもっと良い数字を出していたはずだという商人たちの主張は、あるいは、正しいものに見えるかもしれない。だが、ここでも、より重要なのは、絶対的な数字よりも、相対的な数字なのである。世界の強国という観点で述べる場合、一七一五年時点、あるいは一七六三年時点のイギリスの発展度合いを述べる上で規準となるものは、戦争がなかったならば、という仮定ではなく、他の国々との比較におけるイギリスの経済力、海軍力、海外植民地なのである。フランス、スペイン、オランダなどのライバル国との比較が、基準となるのだ。このような比較を行った場合にのみ、われわれは、この時代のイギリスの海上覇権のたしかなる勃興について、しっかりとした認識を得ることができるのである。[*7]

　それゆえ、クロムウェルの時代と後期スチュアート朝の下で見られた、国内産業、海外貿易、植民地の拡大、海上における力の相互支援関係は、その後の時代においても、観察できるのである。それがもっとも具体的に現れたのは、軍事的勝利の結果として、新たな領土を確実に獲得していったことである。イギリスは、ユトレヒト条約（一七一三年）で、ジブラルタル、ミノルカ島、ハドソン湾、ニューファンドランド、ノヴァ・スコーシアを獲得した。エクス・ラ・シャペルの和約（一七四八年）〔アーヘンの和約〕は、現状維持にとどまるものであったが、次の章において扱う七年戦争の後、イギリスは、カナダ、〔カナダ沖の〕ケープ・ブレトン島、フロリダ、〔カリブ海の〕セントビンセント、トバゴ島、ドミニカ、グレナダという「大当たり」の入植地を手にし、さらにはインドの事実上の政治的支配も獲得したのであった。拡大がこの辺で止まりそうな気配は、まったく見られなかった。戦争での勝利と、それによるさらなる領土の獲得によって、イギリスの相対的な海軍力が、ますます強くなり、それによって、世界に対するイギリスの影響力と支配力が、ますます増していったからなのであった。〔イギリスの経済史家チャールズ・〕ウィルソン（Charles Wilson）教授は、次のように観察している。「この時代の経済政策や戦略政策〔軍事政策〕において、愚かさ、欲深さ、無能さ、愚劣さの例には、事欠かないものがある。だが、イギリス人が究極的に成しとげたことは、海軍力における優勢である。海軍力における優勢により、イギリスは、海洋を支配することになったのだ。[*8]」すでに一六世紀の時点で、イギリスは、コロンブスによる海洋革命から多大な恩恵を被ることができる立場にある、とみなされていた。だが、イギリスが、それに先立つ「発見の時代〔大航海時代〕[*9]」の恩恵を最大限に生かすことができるようになったのは、一八世紀に入ってから、なのである。

　イギリスが成しとげたことは、イギリスの主要な敵であったフランスが恐るべき敵であったことを認識することによって、さらに一層際立ってくるだろう。三次に渡った英蘭戦争においては、商業力という一点を除けば、多くの点において、イギリス側が優位に立っていた。だが、今度のフランスとの戦争においては、そういうわけにはいかなかった。フランスは、天然資源が豊富であり、フランスの人口は、ブリテン諸島の人口の三倍を超えていた。フランスの政府は、その非常に恵まれた国の資源とエネルギーを、戦争での勝利という一点に向けて、投入できるように、中央集権化されており、精緻なものであり、専制的なものであった。地理的に、英仏の戦いは、イギリスの政治家たちと提督たちに、様々な大きな問題を突きつけるものであった。フランスの海外貿易を遮断することは、ネーデルランド連邦共和国〔オランダ〕の海外貿易を遮断するようには容易ではなかった。イギリス海峡は、天然の障壁としては機能せず、フランスの海岸線を海上封鎖する物理的な労力、兵站上の労力は、莫大であった。いずれにせよ、フランスは、海外貿易に大きく依存していたわけではなかったので、このような経済的圧力に対して、それほど脆弱ではなかった。反対に、大西洋沿岸と地中海沿岸のブレスト、ダンケルク、サン・マロなどのフランスの港は、通商破壊船の大群に、格好の隠れ家を提供するものであった。それゆえに、名誉革命後のイギリスとフランスの戦略上の関係を、英蘭戦争期におけるオランダとイギリスの戦略上の関係に対比させると、名誉革命後のイギリスは、英蘭戦争期のオランダに相当し、名誉革命後のフランスは、英蘭戦争期のイギリスに相当する、と述べられるであろう。英蘭戦争期におけるオランダと、名誉革命後のイギリスは、自国の主要な貿易航路の斜め横に位置する大国による略奪から、自国の莫大な規模の海外貿易を守らねばならないのであった。そのため、イングランド海軍は、トロンプやデ・ロイテルがそうであったように、敵の海軍力を見つけ出し、殲滅させなければならない、というプレッシャーを、かつてないほどに受けていた。だが、現実としては、海上戦争の行方を左右できるのは、フランス人の方なのであった。戦いの内、どの程度を海上での対決で決着させ、どこの海で戦うかの決定権を持っていたのは、ロンドンではなく、パリだったからである。

しかしながら、フランスの地理的な位置と海上封鎖への強靭性によって、フランスは、イギリスにとって、かつてのオランダに比べて、さらに手ごわい敵であっただろうが、それらと同様に恐ろしかったのは、フランスの陸軍力、そして、フランス王室とフランスの政治家たちの野心なのであった。フランスがナローシーズでの制海権を手にした場合、オランダの場合とは違って、フランスの侵攻の可能性は、現実の脅威となるのであった。さらには、フランスの政策は、次の二点において、西ヨーロッパのバランス・オブ・パワーを脅かすものであった。第一に、フランスは、低地諸国の支配権を窺っていたのである。もし、低地諸国がフランスの手に落ちるようなことでもあれば、イギリスへの脅威が一気に高まっていたことであろう。第二に、フランスは、イベリア半島における影響力を得ようと、同様の努力を行っていた。フランスがイベリア半島における影響力を得た場合、戦略的なバランスがイギリス海軍にとってさらに不利な方に傾き、イギリスの貿易が実質的に地中海から追い出されるだけにとどまらず、フランスが、スペイン植民地の市場を獲得し、さらには、ポルトガル植民地の市場も確保することになるのであった。別のいいかたをするならば、英仏の戦いは、海上と商業をめぐる戦いであったのと同時に、大陸の戦いと陸軍の戦いでもあったのである。このように考えると、英仏の戦いは、それ以降に起こったいかなる戦いよりも、一六世紀のスペインとの戦いに近いものであった、といえるであろう。

このように、英仏の戦いがフェリペ二世のスペインに対する戦いに似ていたという理由によって、一六八九年以降、エリザベス期を二分した戦略上の論争が、ふたたび起こったのであった。英蘭の戦いの特異な性格により、この論争は、下火になっていたが、それが、ふたたび燃え上がったのである。その論争とは、イギリスは、ヨーロッパでの戦争において、大規模な陸軍を大陸に送って同盟諸国を支援すべきか、それとも、植民地の征服、商業上の圧力、海戦での勝利を目標とする、「マリタイム〔海上〕」戦略、あるいは「ブルーウォーター」戦略と呼ばれる戦略を採るべきか、という論争であった。一七世紀の終わりまでに広範な支持を集めたのは、後者の戦略であった。特にトーリーからの支持である。彼らの主張は、当然ながら、植民地貿易と海運の圧倒的な増加によって、ますます勢いづいた（もっとも、この見解を主張する人々は、ヨーロッパとの貿易の方が、ヨーロッパ外との貿易よりも、金額ベースで見た場合、未だにはるかに多い、ということを、執拗に無視していた）。この時期、このような戦略の新しい主唱者たちが、戦争の度ごとに、次々と生まれていた。スウィフトが、そのパンフレット『同盟国の行為（*The Conduct of the Allies*）（一七一一年）』で主張したことは、マサチューセッツの総督によって、事実上、繰りかえされた。総督は、ルイスバーグとセント・ローレンスの漁場を獲得すべきであると、一七四五年に訴えかけたのであった。彼は、このように述べていた。「これらの漁場の価値は、すべて、フランスでの戦争の費用に相当する額であろう。ヨーロッパでの戦争など、どうなろうが、放っておけばよいではないか」[*10]。このような孤立主義の伝統に対して、自らのオランダの領土を当然のことながら防衛することを求めたウィリアム三世ばかりでなく、多くのホイッグの政治家たちも異を唱えた。ホイッグの政治家たちは、フランスが大陸を支配することになるような事態を恐れていたのである。ニューカッスル〔初代ニューカッスル公爵トーマス・ペラム＝ホールズ〕（Thomas Pelham-Holles, 1st Duke of Newcastle）は、一七四二年、このように述べている。

フランスは、陸上において恐れるものがなくなるならば、海上において、わが国を凌駕することとなろう。わたしは、わが国の海兵隊が、大陸において同盟諸国を支援すべきである、と、常日頃から訴えている。このようにして、フランスの支出を増やすことによって、わが国は、海上において、優勢を維持できるようになるはずだ、と、訴えているのである。[*11]

ニューカッスル以前の時代であればエリザベスが、以降であればサー・エドワード・グレイ（Sir Edward Grey）が、賞賛するような見解である。だが、対ヨーロッパ政策と海軍政策の相互関連性が認識されることはあまりなく、また、海軍と陸軍が、それぞれバラバラにではなく、連携させて用いられることも、あまりなかった。通常は、それぞれの陣営は、ライバル陣営を論破することばかりを考えていたので、これにより、調和のとれた、バランスのある政策は、脇に追いやられることとなった。だが、幸運なことに、他の強国も同様の間違いを犯し、しかも、他の強国は、イギリスとは違って、島国であることのメリットを享受できないので、その間違いの結果を負わされることとなるのだった。

アウグスブルク同盟戦争や九年戦争と〔あるいはファルツ継承戦争や大同盟戦争とも〕呼ばれる、これら一連の対仏戦争の最初の戦争において、大陸に大きな注意を向けることは必然となった。ルイ一四世がラインラントに向けて動いたのを受けて、この戦争は、一六八八年に実際に開戦した。ルイ一四世の動きが、ほとんどのヨーロッパ諸国を、彼に立ち向かわせ、イングランドに向かって航海をするというウィリアム〔オラニエ公ウィレム〕の決断にも影響を与えた。〔ウィレムの動きは名誉革命につながり、彼は、ウィリアム三世として、イングランド国王ともなった。〕彼の動き〔名誉革命〕は、王権「神授」説に対する挑戦であり、二つのシーパワーがウィリアムの下で統合されるのを見たフランス国王は、ジェームズ二世のアイルランドでの企てを支援することに乗り出した。このことによって、イングランドは戦いに巻きこまれることになり、また、このことによって、この戦争は、陸軍の戦争であったことに加え、海軍の戦争ともなった。ウィリアムとホイッグは、最初の内、ブリテン諸島の安全を図ることに集中していた。だが、しばらくすると、大規模な遠征軍――一六九三年の時点で一万七〇〇〇を超える兵力であり、後にはもっと増えた――を低地諸国での戦いに投入することを図り、デンマークとドイツの同盟諸国に向けたオランダの助成金まで補助することを取り計らうようになった。実際、この戦争の終盤までには、議会は、八万の陸軍を維持するための年次予算を通し、イングランドは、対仏大同盟の主柱となっていた。凡庸な戦闘指揮と戦場の性格から、攻撃よりも防衛が重視されることとなり、結果として、陸上での戦争は膠着状態となり、両陣営とも、しだいに、消耗していった。海上での戦争に言及を移す前に、ここで述べておきたい点は、ルイ一四世を一六八七年に講和に導いたのは、何よりも、大陸で長期に渡って延々つづいたフランスの国力の消耗だった、という点である。*12

海上での戦争は、大きな流れとしては、陸上での戦争に、驚くほど似かよったものであった。当初フランスは、決定的な勝利を得るべく打って出たが、これは跳ね返された。その後、両陣営とも、戦略上の膠着状態を打開するための様々な試みを行ってみたものの、戦争の終盤は、決定打のない、拍子外れなものとなった。フランスが一六八九年に海上においてすばやい攻撃に打って出ることができたのは、ある部分、フランスがすでに戦時体制になっており、それゆえに、フランスの集権化された行政組織が、一〇年以上に渡って平和に浸っていたイングランド海軍本部よりも、迅速に機能したからなのであり、別の部分、〔海軍大臣のジャン＝バティスト・〕コルベール（Jean-Baptiste Colbert）が、海上戦力を構築する才に長けていたからなのであった。たしかに数字だけを見れば、英蘭連合艦隊は、二倍の戦力であったが、実際には、英蘭艦隊には、人的ならびに兵站上の脆弱性があり、多くの船が修繕を必要とする状態であった。また、二国の連合艦隊であったために、艦隊同士の行動を調整するのに問題が生じている状況であった。一方で、フランスは、開戦当初のより優れた機能性と、単一の指揮系統によって、優位にあった。長期的に見た場合は、より優れた英蘭の資源――特に、バルト海の造船資材に関してはそうであった――によって、状況は、英蘭にとって有利な側に傾くはずであったが、本当にそうなるかは、彼らがフランスの攻撃をどれだけ抑えられるかどうかに、かかっていた。

このように、海上においてフランスが初期に優位を得たことによって、ジェームズ二世が一六八九年三月にアイルランドに上陸することが可能になり、アイルランドは〔イングランドの〕プロテスタントによる王位継承に対して立ち上がることとなった。また、イングランド海軍は、ジャコバイトのフランスへの補給路を遮断しようと試みたのであったが、この試みは、バントリー湾の海戦という勝ち負けのはっきりしない海戦を惹起しただけに終わった。さらには、このようにブリテン諸島が脅威を受けたことによって、ウィリアムは、軍勢を、アイルランドとオランダに分割せざるを得なくなり、ウィリアム自身は、その後の二年間、かなりのエネルギーと時間を、大陸に向けて用いるのでなく、本国〔ブリテン諸島〕の防衛に割くこととなった——進取の気性に富んだ軍勢による側面への攻撃によって、敵の関心を主戦場から逸らすことができるという、好例の一つである。しかしながら、ルイにとって残念なことに、ジェームズの軍勢は、そこまで進取の気性には富んでいなかった。少なくとも、〔アイルランドの〕ロンドンデリーとエニスキレンのプロテスタントの拠点を切り崩すことには成功しなかったのである。フランス海軍もまた、イギリス海峡海域において、未だに数の上では優勢であったにもかかわらず、主導権を維持できなかった。イングランド艦隊を見つけ出すことに失敗し、二万七〇〇〇人から成るイングランド陸軍の軍勢がアイルランドに渡ることを防ぐことに失敗したのである。軍勢は、一六九〇年アルスターに到着し、ジャコバイトの蜂起を最終的に終息させた。[*13] その間に、ビーチーヘッド沖では、七五隻のフランス艦隊が、半分の規模のイングランド海峡艦隊の攻撃を受けた〔一六九〇年の「ビーチーヘッドの海戦」〕。フランス艦隊の指揮官はトゥルヴィル（Anne Hilarion de Cotentin de Tourville）、イングランド艦隊の指揮官は、ためらいがちのトリントン〔初代トリントン伯爵アーサー・ハーバート〕（Arthur Herbert, 1st Earl of Torrington）であった。〔劣勢にあった〕トリントンは、自身、交戦を避けたいとの気持ちが強かったが、〔アイルランドに遠征中のウィリアムに代わって最高指揮官を担っていたメアリー〕女王とその顧問団から交戦を促されたのであった。この海戦において、イングランド船とオランダ船の一五隻が失われ、英蘭の希望にとっては、手痛いしっぺ返しとなった。しかしながら、フランスは、またしても好機を生かすことに失敗したのである。一六九〇年末までには、英蘭艦隊が、イギリス海峡で優勢となり、この状況が、一六九一年を通してつづいたので、トゥルヴィルは、思慮分別を勇気に優先させざるを得ないと判断するしかなかった。

翌年の一六九二年は、海上戦という観点においては、もっとも決定的な年であった。この年、ルイが、敵の準備はまだであるが、自国の陸軍と海軍は、夏までに準備が整うと判断し、二万四〇〇〇の軍勢で、イングランドに対して奇襲攻撃を仕かけることを決断したからである。だが、ルイは、ここでも失望を味わうこととなるのだ。ルイの意図を読み取った英蘭側が、トゥルヴィル艦隊を迎え撃つべく、より強力な艦隊を送り出し、バルフルー（Barfleur）沖とラ・オーグ湾（La Hougue）で、フランスの軍艦一五隻を撃破し、多くの上陸艇を破壊することで、鮮やかな撃退劇を演じたからである。この頃までに、フランスの国力資源〔財政力、軍事力〕は、低地諸国、ラインラント、イタリアにおける陸上での戦いによって、かなり厳しいものとなっていた。そして、フランスは、自国の艦隊を維持し、増強させるために必要な、シーパワーとしての広範な商業基盤や海運力を持たなかったのである。そのため、コルベールの偉大な創造物であったフランス艦隊は、その機能を低下させていた。その後のフランス艦隊による攻撃で特記すべきことは、一六九三年のスミュルナ船団に対する攻撃[*14]の成功だけである。こうして、イングランド海軍が守勢にあった戦争の第一段階は、終了したのであった。

イングランドの戦略家たちに残された課題は、一九一四年から一八年までの戦争での課題と、驚くほどに似かよったものであった、つまり、海上で大規模な海戦を行わずに、敵が講和を請わずにはいられなくなるような一撃をどのように喰らわせられるのか、ということであった。ウィリアムとその取り巻きのオランダ人たちにとって、答えは、明白であった。フランスの北部国境地帯への圧力を増加させる、というのが、その答えである。だが、議会が大陸関与のための予算を供給しつづけたにもかかわらず、低地諸国での陸軍戦の手詰まりは解消できなかった。そして、多くの者が、今や拡大されて大規模なものとなっていたイングランド海軍が、何の成果も挙げずに国の資源を浪費しているとして、文句を唱えるようになっていた。「ブルーウォーター」派の人々は、このような状況に、大きく動揺させられた。海軍主義派の者たちの答えは、ここでも、一九一四年から一八年の戦争の際と似たものであった。ブレスト〔のフランス〕小艦隊の出撃に備えて、自国の戦闘艦隊を即応体制に保ち、同時に、フランスの海外貿易に対して締め付けを行う、というのがその答えである。実際、この戦争の開戦直後、ウィリアムが、英蘭両海軍に、フランスの商業に対して共同して攻撃を行うよう、促したことがあった。ウィリアムの政策は、重商主義的な考え方に沿ったものであったし、ロンドンのシティ〔商業界、金融界〕からも、温かく支持されたものであった。フランスにさらなる経済的なプレッシャーをかけるため、中立国は、フランスとの貿易を控えるよう促された。フランスの野心が戦争を招き、ヨーロッパの安定を損なった、というのがその理屈であった。だが、いうまでもないが、中立国が、自分のポケットを直撃するようなこのような誘いに、簡単に応じることはなかった。その結果、長い外交的やり取りが行われることとなった。特に、スウェーデン、デンマークとのやり取りである。だが、フランスの商業を〔海上から〕封鎖することは、すでに述べたような理由により、失敗であった。フランスへのすべての海路を支配することは、物理的に不可能だったからである。また、フランスは、いずれにせよ、海外貿易に依存してはいなかった。さらには、イングランドの一部の商人と、さらに多くのオランダの商人たちは、敵国との貿易に、良心の痛みは感じないのであった。自国と同盟国が持つありとあらゆる手段を尽くしてルイに圧力をかけようとすることは、それ自体は、間違いなく正しいことであっただろう。だが、これを、海上だけで行うのには、状況が適していなかったのである。陸上戦や外交を用いたならば、さらなる大きな効果が得られそうであった。その結果、「フランス貿易に対する戦争」は、イングランドの戦略の中で、あまり重きを置かれないこととなった。そして、これにつづく一七〇二年から一三年の戦争では、同盟国の海軍やプライヴェティーアを協調させようとする試みは、何も行われなくなるのであった。[*15]

　だが、フランスの海運に対するこうした作戦が、効果がないものであったとしても、九年戦争期間中の英蘭の貿易に対する攻撃については、同じことは、いえないであろう。ルイ一四世は、戦闘艦隊戦略をあきらめたのだが、このことは、通商破壊にますます重きを置くということであった。フランスは、開戦当初から、通商破壊を重視しており、これまで書いてきたような理由で、フランスは、通商破壊で多くの優位を得ていたのである。地理的に優位な場所に位置しており、攻撃目標がたくさんあり、費用対効果に優れ（ほとんどのプライヴェティーアは、個人営業で、個人の費用で賄われていたので、王室財政には負担とはならなかったのである）、幾人かの並外れて優れた船乗りたちがいた、のである。なかんずくジャン・バール(Jean Bart) だ。フランスは、個別の船を攻撃したり、「狼〔プライヴェティーア〕の群れ（wolf packs）」に船団を襲わせたり、さらには、（スミュルナ船団に対する攻撃のように）トゥルヴィル艦隊を派遣したりして、英蘭連合の貿易に対して、打撃となる攻撃をひっきりなしに加えつづけたのであった。*16

　マハンが、通商破壊戦略が決定打となることは決してなく、現実には、海軍力の無駄遣いにしかならない、と唱えて以降、このことは、多くの海軍理論家たちの間で、基本原理だとされているので、フランスのプライヴェティーアの作戦について、ここで、ある程度詳しく述べることは、意味があるだろう。ルイが、通商破壊戦略を促進させようと決めた背景となる動機は、自らの戦闘艦隊を犠牲にせずに英蘭連合による海上支配に対抗しようという点は、たしかに虫の良い望みではあったものの、その点を除けば、決して、根拠のない考えでもなければ、思慮の足りない考えでもなかった。両陣営とも、西ヨーロッパ中で長くつづいていた戦いのなかで、膠着状態に陥っており、より長く耐え抜いた側が、勝利を得そうな状況となっていたからである。フランスは、自国の大きな国内資源に依存している状態であり、他方、英蘭連合は、それだけに頼っていたとまではいえないにしても、イングランドとオランダの海外貿易からの収益に、かなり大きく依存している状態であった。フランスは、敵の貿易路を遮断したならば、敵は、まもなく、和を請うことになるだろう、と考えたのだ。偉大な軍事専門家であった〔セバスチャン・ル・プレストル・ドゥ・〕ヴォバン(Sébastien Le Prestre de Vauban) が、一六九五年にこの作戦を唱えた際に述べていたように、この作戦は、英蘭連合にとって、「困難で不都合な」作戦となるだろう、とみこまれていたのである。

　ブレストは、まるで、これら二国の通商を破壊する目的のために神様が特別にお創り下さったかのように、絶妙な場所に位置している。もっとも賢いやり方とは、賢く広範に及ぶ戦争方式〔つまりは、通商破壊戦(ゲール・ド・コース)〕で、〔英蘭〕連合の控え壁(バットレス)を揺さぶることである。[*17]

ヴォバンの主張は〔戦闘艦隊ではなく〕無制限潜水艦作戦を選択した一九一七年のドイツの軍事指導者たちの主張に似たものであった。もっとも、ヴォバンの場合は、アメリカのような強力な第三国の介入を考慮に入れる必要はなかったので、この点、いろいろと述べる余地はあろう。だが、フランスのプライヴェティーア作戦の効果は、実戦によって証明されたのであった。四〇〇〇隻以上という圧倒的な数の船が、囚われるか、人質となったのである。その大部分は、一六九三年以降であった。スミュルナ船団への攻撃は、レヴァント会社にとって、大きな痛手となり、地中海貿易は、戦争の間、損害をずっと被り、一六九七年までには、イングランドとオランダの商人たちは、平和を渇望するようになった。ところが、この頃までに、陸上戦の多額の費用をフランスが賄いきれなくなり、ルイ自身も、和解を渇望するようになっていたのである。つまり、この戦争は、こうした大きな損害にもかかわらず戦争をつづけることができたイングランドの経済力（そしてまた、社会の力と政治の力）を証明するものであったのであるが、そうはいうものの、ある一定の条件の下では、通商破壊戦(ゲール・ド・コース)戦略もそうバカにはできない、ということを示してもいたのである。マハンですら、次のように認めているのだ。「通商に対する攻撃が、この時期以上に大規模に行われ、大きな成果を挙げたことは、これまでない。フランスが通商破壊作戦をもっとも広範囲に、もっとも徹底して行ったのは、まさにフランスの大艦隊が姿を消したラ・オーグ湾の海戦後の数年間であった。このことは、通商破壊攻撃は、強力な艦隊を基盤にして行われるか、付近の湾港を基盤にして行われるはずだ、という主張とは明らかに相反するものである。[*18]」

フランスに経済的圧力を加え、イングランドの海運を守るに際して、イングランド海軍が役割を果たさなかったとすれば、これらを補うための海上作戦においても、イングランド海軍は、たいしたことはできなかったはずである。当時、多くの〔政治的〕パンフレットが、フランスの海外領土に激しい攻撃を加える必要性を叫んでいた。これがうまく行っていれば、シーパワーの効果的な使用であったということはもちろん、かなりの経済的恩恵をもたらしたはずである。だが、この戦争の間に行った植民地での数少ない作戦は、どれも失敗に終わるのだ。そうなった主な理由は、北アメリカにおいても、西インド諸島においても、準備がまったくといっていいほど不足していたのと、組織が、まったく機能しなかったからなのであった。これらの地域での戦いは、ある研究者が「中世に逆戻りしたような場当たり的な破壊」と名づけた状態にまで、堕落したものとなった。[*19] 後に遠征がしっかりと準備をして行われるようになるまでは、遠征が、財政上の利益も、戦略上の利益も生むことはなかったのである。「〔陸海軍〕統合作戦」と後に呼ばれるような試みも、わずかな数が行われたが、同様に、成果はなかった。敵が〔アイルランド南部の〕コークとキンセールに成功裡に侵攻してきたのに刺激を受けて、一六九一年から九二年にかけて〔フランスの〕ブレストを獲得することが試みられたが、フランスのイングランド侵攻計画が判明すると、取りやめとなった。別の侵攻作戦は、一六九四年に実際に実行に移されたのであったが、秘匿性に欠け、戦力も乏しいものであったために、カマレ湾に上陸はしたものの、フランスに簡単に撃退された。このことが、陰鬱な前例ともなり、このような試みは、これ以上行われなかった。これ以降、陸軍は、大陸での作戦に集中することになり、他方、海軍は、この戦争の残りの期間、フランスのプライヴェティーアが拠点としていた港を海上から抑えこむという作戦を選択したのであったが、あまりうまくはゆかなかった。艦隊を国家政策のための道具として有効に用いることができたのは、地中海においてのみ、であった。ラッセル提督〔初代オーフォード伯爵エドワード・ラッセル〕（Edward Russell, 1st Earl of Orford）の小艦隊が、一六九四年、リオン湾に到着し、三つの役割を果たしたのである。三つの役割とは、レヴァント貿易を護衛すること、〔フランスの〕ブレスト艦隊とトゥーロン艦隊を分断すること、フランスがバルセロナを攻撃しないための抑止力となること、の三つである。実際、地中海に英蘭連合の海軍戦力を食いこませることについては、ウィリアム三世が、地中海の制海権を維持するために、艦隊に、カディスでの越冬を命じるほど、うまくいったのであった。だが、一六九六年、フランスがふたたび侵攻を試みているとの噂が広まると、軍艦は、イギリス海峡へと呼び戻され、地中海におけるイングランドのプレゼンスはしだいに低下していった。この戦争は、一六九七年九月、レイスウェイク条約によって終結した。この条約は、実質的には、戦前の状態の回復を謳ったものであった。この時、陸上での戦いは、膠着状態にあったが、海上での戦いもまた、同じように膠着状態にあった。

一六九七年の終戦は、イングランドに、何らの大きな成果ももたらさなかったので、この戦争は期待はずれなものであり無駄であったという当時のトーリーの批判に同調することは、まったく簡単なことだ。だが、この戦いからは、多くの戦略上の利益が得られたのである。一六八八年の名誉革命は、支持が確認された。アイルランドは、確保された。ルイ一四世の大陸への野心は、断念させられ、フランスは、疲弊した状態となった。イングランド陸軍は、再興され、近代の戦争に必要な武器で装備された。最後に、イングランド海軍は、自ら望んだだけの成果は達成できなかったものの、一六九二年以降、戦略上の制海権を取り戻したのであった。イングランド海軍は、当然ながら、英蘭戦争以降、実戦経験を欠いていたが、この戦争で拡大され、貴重な経験を多く積んだのである。海軍は、イングランドの生産力によって、一六九七年までに、三二三隻あまりの艦艇を擁する壮大な規模のものとなり、その総トン数は、一六万トンを超えた。プライヴェティーアの成功により、護送船団方式の重要性は、誰が見ても明らかなものとみなされるようになり、商船の護衛に、高い優先度が置かれることとなった。これまで示されてきたように、敵の主要な艦隊基地に対して海上封鎖を維持するという考え方は、この戦争の最中に進化したものであった。[*20] 地中海に強力な海軍力を置き、フランスの地中海における目標に対抗する必要性が認識されるようになった。これらすべては、英仏対決の次のラウンドが始まると、大きな価値が証明されることになるのである。[*21]

一六九七年から一七〇二年までの平和の期間が、イギリスの商人たちにとって、通常の貿易へと回帰する歓迎すべき機会であったとすれば、この期間は、同時に、フランスにとっても回復期であった。一七〇〇年にスペイン国王が跡継ぎを残さずに死去したことは、ルイ一四世に、自身の孫がその広大な領土を受け継ぐ権利を有すると主張することによって、ヨーロッパと他の地域における影響力を高めるための機会を提供した。一八世紀の最初の二年間にルイ一四世が起こした一連の行動は、イングランド政治の様々なグループが一つにまとまるための触媒となった。ホイッグとトーリー、そして「大陸派」と「孤立派」である。陸海軍がかなり小さなレベルにまで縮小されたこともあり、イギリスは、経済的な「好況」に浸っており、イングランド人たちの間で、ウィリアム三世の人気は今もってそれほど高いものではなかったので、フランス国王があれほど好戦的でなかったとすれば、少なくとも庶民院が戦争に同意することは、難しかったことであろう。だが、ルイが、国王の神聖なる権利によって将来のフランスとスペインの統合は可能であると主張し、これに〔名誉革命でフランスに亡命中に死去したジェームズ二世の息子でカトリックの〕ジェームズ三世をイングランド国王としてルイが承認したことが加わり、プロテスタントの王位継承を支持するすべての人を警戒させたのであった。フランスの軍隊がスペイン領ネーデルランドへと侵攻したことは、オランダ人ばかりでなく、多くのイングランド人を恐れさせたのであった。西ヨーロッパの大半と地中海が今やヴェルサイユの支配の下に入ろうかという見こみが意味していたこととは、大陸のパワー・バランスが決定的に崩れるということであり、イングランド自身の安全も、影響を受けるということであった。シシリー島、ナポリ、西インド諸島、そしてラテン・アメリカの大半をブルボン王朝が支配するということは、イングランドの貿易にとっての脅威であり、イングランド人の神経を刺激することなのであった。[*22] この経済的な挑戦は、それまでバランス・オブ・パワー政治などに関心を持っていなかった商業人の集団を目覚めさせ、彼らの懸念は、〔ダニエ(ル・)〕デフォーなどの揺動家たちの主張によってさらに高められた。

貿易のないイングランドとは、何であろうか？　プランテーション貿易がなく、トルコ貿易もスペイン貿易もない状態で、フランスの駐屯隊がキューバに駐屯し、フランス艦隊が銀の皿をハバナから国に持ち帰ったら、どうなるのであろうか？　フランスが、その背後で、ケベックからメキシコへと自由に貿易を行うようになるならば、ヴァジニア植民地に何の価値があるだろうか？　戦争が起こり、オーステンデ（Ostend）やニーウポールト（Nieuport）がダンケルクやサン・マロのように海賊でいっぱいになったら、わが国の北方との貿易はどうなるのであろうか？[*23]

ほんとに、どうなったのであろうか？　ともあれ、もっとも平和的な商人たちが、フランス国王の壮大な野望を力で挫くことを渇望するようになるには、これで十分なのであった。

これにつづいたスペイン継承戦争は、多くの点において、九年戦争に似かよったものであった。異なる点はといえば、今回の戦争は、フランスを完全に疲弊させるのに十分な期間つづき、これによって、イギリス人（イングランド人は、一七〇七年、合同法によってスコットランドと合同したことにより、イギリス人となった）が、二五年近くつづいたルイ一四世との闘争から利益を摘み取ることができた、という点である。最初の頃、中心的な関心は、またもや、陸上での作戦に注がれていた。違った点といえば、墺英蘭連合が、マールバラ公やオイゲン公子といったリーダーたちの卓越した統率力を味わえることになった、という点である。戦争の直前、アン女王が王位を引き継ぎ、彼らと比べれば凡庸なウィリアム三世に、彼らがとって代わっていたのであった。[*24]　ここから、ブレンハイムの戦い、ラミイの戦い、アウデナールデの戦いでの成功が生まれた（マルプラケの戦いは、成功とはいいがたい）。これらの戦いによって示されたことは、イギリスが、控え目に見ても、ヨーロッパで最上の陸軍指導者や戦略家に匹敵するだけの陸軍指導者や戦略家を擁していたというだけにとどまらず、フランスによる覇権を阻止するために、彼らが最大限の能力を発揮できる環境がイギリスにあった、ということなのである。一方で、フランスは、終戦までに破産状態に陥っており、墺英蘭連合の過大な要求がなかったならば、ルイは、実際よりも数年早く講和を申し出ていたであろうが、フランスは、国土を蹂躙されることもなく、一七一〇年以降は、しだいに、イギリスの選挙でのトーリーの勝利と、スペインでのブルボン〔フランス〕の陸軍の成功に助けられるようになった。いいかたを変えれば、ユトレヒト条約でのフランスは、いくつかの点において、一九一八年のドイツと似たものであったかもしれないが、一九四五年のドイツとは、まったく類似点のないものであった。つまり、ヨーロッパのパワー・バランスが墺英蘭連合の側に劇的に傾くことはなかった、ということである。[25] このことは、イギリス政府にとっては、もちろん、良いことであった。イギリスがヨーロッパ外において多くの獲得を行う間、これによって、大陸の均衡が確保されたからである――この状況も、一九一八年に似ている。ホイッグの大陸関与の政策をひっくり返してトーリーが行ったフランスとの講和のやり方は、代名詞ともなる「不実なアルビオン〔「狡賢い（ずるがしこい）イギリス人」というような意味〕」の最初の例だとみなされているが、ロンドンの新政府からは、重みのある政策転換とはみなされていなかったのである。彼らは、長い間、イギリスは戦争の過大な負担を負っている、と感じていたのだ。

　フランスを打ち破るにあたって、海での戦いが陸上での戦いに従属するものであったとすれば――陸軍への年次予算と大陸の同盟国への支援金が、この説明を、裏付けている――この傾向は、フランスの戦闘艦隊が実質的に消滅したことにより、一層加速された。その後、通商破壊は、ふたたび盛んになったかもしれないが、海上の全体的な戦略的支配は、イギリスによって、しっかり握られていた。九年戦争は、イギリス海軍を拡張させ、ライバル国の海軍を縮小させたのであったが、その果実が、今や、実ったのである。だが、この海上支配によって、一六九四年以降と同様に、古くからの問題が、浮かび上がってきたのである。その問題とは、海上覇権を求めているわけでもなく、海外通商に依存しているわけでもない敵国を倒すにあたって、イギリスのシーパワーは、どうしたら決定的な役割を演じられるのか、ということであった。それまでの海上作戦の主な特徴――陸海共同作戦、植民地での戦い、同盟国の通商を守るための戦い、地中海への海軍力の展開――は、驚くべきことではないが、ふたたび見られたし、後になってようやく、顕著な改善が見られるようになった。

フランスに対する陸海軍共同作戦は、陸軍が大陸において大きな勝利を重ねている限りは、たしかに、ロンドンにおいて真剣に検討される見こみはなかっただろう。そして、陸海軍のどちらも、敵の海岸線に対して戦略上の側面攻撃を仕かけるための、装備も持たなければ、能力も持っていなかった。このような攻撃のやり方を支持したのは、トーリーのノッティンガム〔第二代ノッティンガム伯爵ダニエル・フィンチ〕(Daniel Finch, 2nd Earl of Nottingham) だけであり、実行に移された数少ない襲撃――一七〇八年、イギリス海峡において、そして、その少し後にシャラント川の河口で――は、フランスの経済にも、フランスの兵力の配置にも、影響を与えることはなかった。もっとも、地中海においては、この後見てゆくように、結果は異なるものとなるのだった。フランスの海外との海路を遮断するための海上封鎖は、同様に、効果がなかった。そうなったのは、すでに述べた理由もあったのだが、それだけではなく、これが効果を生むためには、スペインの海岸線も、全線に渡って監視する必要があったからである。さらには、オランダ人は、いつものように、敵との貿易を求めていた。オランダ人は、イギリス人がフランスの海外通商を絞め殺そうとしていたのは、イギリスの商人たちがフランスとの貿易にありついていないからだという、(正確な) 疑念を持っていたからである。

だが、フランスの海運全般を止めようという試みが、無駄な努力であったとして、では、そこを突けばもっと大きな成果が得られたような、敵の弱点のようなものは、どこかにあったのであろうか？　この点について、いくつかの可能性があっただろう。一七〇九年のひどい冬の寒さと、それにつづいてフランスで飢饉が起こった際、イギリス政府は、「敵を最大限に追いこむため」、フランスに向かう穀物を載せた船をすべて捕えよ、という命令を出した。この命令を受けて、イギリス海軍は、それまででもっとも厳しい海上封鎖作戦を行った。だが、それにもかかわらず、フランスは、翌年の収穫時期まで、この海上封鎖を耐え抜いたのであった。イギリスは、スペインの海路を遮断する計画に対して、さらに大きな期待をかけていた。スペインの船団が、今や、ラテン・アメリカから銀塊（ブリオン）を運搬することによってブルボン王朝の戦争努力を支援するようになっており、一七〇一年以降は、フランス海軍が、これをカディスまで護衛するようになっていたのである。かつてのドレイクやホーキンスらと同様に、アン女王の下での海洋派の人々は、おなじみのやり方での襲撃は、低地諸国での陸軍作戦よりも、より多くの利益をもたらすはずであり、より負担が小さく、究極的には、より効率的なはずだ、と主張していた。このようなやり方は、二回、成功した。一七〇二年、〔ジョージ・〕ルーク（George Rooke）に率いられた遠征艦隊は、カディスを奪還することにみじめに失敗した帰り道、ヴィーゴ湾に殴りこみをかけ、敗北を勝利に変えたのであった。この湾で、スペイン船団を沈め、フランスの戦列艦一五隻を撃沈したのである。また、一七〇八年、〔チャールズ・〕ウェーガー（Charles Wager）に率いられた小さな小艦隊が、西インド諸島で、スペインの宝船船団に攻撃をかけ、一四〇〇万から一五〇〇万ポンドに相当する財宝を沈めるか、獲得したのであった。だが、サンダーランド〔第三代サンダーランド伯爵チャールズ・スペンサー〕（Charles Spencer, 3rd Earl of Sunderland）が、これは「フランスにとって致命的な打撃となるであろう、わたしが信じるところによれば、これがフランスが戦争をつづけるための最後の手段の一つだからである」と見こんでいたにもかかわらず、これは、ルイの決意をほとんど揺るがさないのであった。[*26] 一カ月後、別のスペイン船団が、無事に大西洋を横断した。だが、いずれにしろ、フランスは、スイフトやトーリーの揺動家たちが想像していたほど、この種の財源に依存していなかったのであった。銀塊（ブリオン）は、タイユ〔人頭税〕やギャベール〔塩税〕といった、より規模が大きく、より確実な財源に対してのボーナスにしか過ぎなかったのである。そして、フランスのような強敵であろうともどこかに弱点があるはずだという、イギリス側の虫のよい考え方が、イギリス人の注意を、この戦争の主戦場から逸らすことになったのである。

植民地での作戦も、同様に、余興として分類されがちであった。もっとも、植民地での作戦を支持する者たちは、マールバラ公の陸軍に費やされている費用の四分の一でもアメリカや西インド諸島での戦いに充てられていたならば、結果は違ったはずだ、と後に主張するようになる。この主張は、かなり、疑問符が付くものである。互いの通商破壊や通商の護衛といった純粋な海軍戦を別とすれば、この戦争の植民地での作戦のなかで目につく作戦といえば、一七一〇年にノヴァ・スコーシアのポート・ロイヤルを獲得した作戦ただ一つである。たしかに、この作戦で、植民地の部隊は、主要な役割を果たした。だが、これを書くならば、翌年にケベックを獲得することに失敗したことも書かなければならないだろう。西インド諸島では、島同士の襲撃は、頻繁であったが、この戦争にとって、重要性はほとんどないものであった。イギリスが重要な植民地を獲得するのは、後の英仏の戦いのなかで、なのだ。

通商破壊戦（ゲール・ド・コース）による惨禍からイギリスの海運を守ることは、これまでと同様に、イングランド海軍にとって、もっとも難しい任務であった。そして、戦争が勃発するや否や、フランスのプライヴェティーアたちは、進取の気性も、攻撃性も、まったく失っていないことを示したのであった。さらにフランスの側は、政府も、艦隊決戦を行おうという意志をまったく持ち合わせていなかったので、数多くの国王船〔フランス海軍艦船〕を、墺英蘭連合の商船を襲撃することに、用いることができたのである。フランスのフリゲート

〔小型の軍艦〕は、四隻ないしは六隻で艦隊を構成し、作戦に従事していた。この規模は、イギリスの戦列艦〔大型艦船〕による監視を逃れられるほどに小さな規模であり、それでいながら、各々の商船団の護衛にあたっていた〔小型〕艦船を圧倒するには十分な規模なのであった。この間も、常に十分な数のプライヴェティーアが好機を窺っており、イギリスの護衛艦が交戦に入るや否や、次々に獲物に飛びついていった。フランス人は、大胆で熟達した指揮官であった〔ルネ・〕デュギュエ〔＝トロワン〕（René Duguay-Trouin）、〔クロード・ドゥ・〕フォルバン（Claude de Forbin）、〔マールク＝オントワ・ドゥ・〕サン・ポル〔・エクール〕（Marc-Antoine de Saint Pol Hécourt）らの下で、目覚ましい成果を次々に挙げていった。ダンケルクのプライヴェティーアたちが先導役となり、ダンケルクに九五九隻の戦利品をもたらしたのである。これに対して、イギリスの海軍本部は、一七〇八年、船を沈めてダンケルクを封鎖することまで考えたのであったが、現実的に実行することができないことが判明して、この計画をあきらめるしかなかった。

〔フランスの〕通商破壊戦（ゲール・ド・コース）による被害があまりにも大きくなり、ロンドンの商人たちが、海軍力による効果的な防衛力に欠けている、と悲鳴を上げたことによって、一七〇七年、議会での審議が始まり、翌年、「護衛艦艇・船団条例（Cruisers and Convoys Act）」が制定され、貿易の保護に、定められた数の軍艦が割りあてられることになった。[*27] 船団に対する護衛はそれまでよりも増強され、重要な航路をカバーするために、主要な港の沖やウェスタンアプローチ〔大西洋上、ブリテン諸島の西側の海域〕にはクルーザー〔艦隊の中で役割を担うのではなく、単独で任務を行う艦艇〕が控えるようになった。その結果、状況は、徐々に改善されていった。一七一〇年には、三五五〇隻がイギリスの港を出港し、その数は、一七一二年には、四二六七隻になり、平和が回復した一七一三年には五八〇七隻となった。しかしながら、ブリテン諸島周辺により強固な対策が行われるようになったことにより、プライヴェティーアたちはより遠方の地に目を向けるようになり、植民地との海運は、戦争の後半、繰りかえし妨害を受けることとなった。さらには、英仏の戦闘停止（一七一二年の秋）の後には、たとえ改善された船団護衛のシステムがなかったとしても、貿易量が増加したであろうことが想定できるので、この条例に対するイギリスの海軍史家たちの評価は、過大であるかもしれない。イギリスが失ったとされる船舶の合計数三二五〇隻（その内のおよそ三分の一は、ロンドンを母港とする船舶であった）は、おそらく、かなり正確な数であろうし、フランスは、このような攻撃のやり方でダメージを与えられる、ということを、ふたたび示したのであった。[*28] この作戦が、また同様に示していたこととは、イギリスの海運が大きく拡大した結果、イギリス海軍が直面していた貿易の保護という問題が、今や巨大な規模のものになった、ということである。すべての商船に保護を与えるには、海軍の持っているクルーザーでは、明らかに数が不足していた。そのためか、二〇世紀に入っても（少なくとも、一九三〇年までは）、イギリス海軍は、この種の軍艦〔巡洋艦、クルーザー〕の数に制限を加えることを頑なに拒否することになるのである。[*29] 巨大な海洋帝国は、利益とともに、問題ももたらしたのである。

スペイン継承戦争の間、イギリスがシーパワーをもっとも有効に投射することができた場所は、地中海である。[*30] これもまた、ウィリアム三世の戦略の再現なのであったが、マールバラ公の下では、より高い優先度が与えられるようになっていた。というのは、アン女王の下において、大陸での戦いは、イギリスの関心の中心にあったが、マールバラ公は、トーリーの「海洋」派に属していた多くの者たちよりも、イギリスが地中海の制海権を握ることから得られる利点を、よりはっきりと認識することができたからだ。地中海の制海権を握ることによって、レヴァント貿易を保護できるようになり、サヴォイ王国へ支援を申し出ることができるようになり、スペインでの作戦が遂行可能となるのである。また、イギリスが地中海の制海権を握ることによって、フランスは自国の南岸を防御しなければならなくなるので、フランスは、北から南へと戦力を向けなければならなくなるのであった。簡単にいえば、地中海艦隊は、戦略上のハサミの「刃」のもう一枚となることが期待されていたのだ。マールバラ公がフランスに対して用いたいと望んだ、もう一枚の「刃」となる、ことである。

この戦略は、かなりの程度、うまくいった。カディスを獲得しようとして失敗に終わった一七〇二年の遠征は、ヴィーゴ湾でスペイン船団を沈めたことによって、ある程度補われ、二年後には、ジブラルタルの獲得がつづいた。ジブラルタルは、当時、港としてまだそれほど開発されていなかったが、敵の海岸線への上陸攻撃に必然的につづくことになる陸側からの攻撃に対しては、かなり防御しやすいのであった。この二つの攻撃の間、イギリスは、一七〇三年に、ポルトガルと有名なメシュエン条約を結んだ。この条約は、大同盟〔墺英蘭連合〕にとって、イベリア半島への足がかりとなり、イギリス製品のための価値ある市場を提供し、（ブラジルからの）金塊の供給元となり、この条約によってリスボンは、ジブラルタルへの補給にとって欠かせない、冬場の拠点となるのであった。陸と海の両方からジブラルタルの岩を取り返そうとした仏西の試みが失敗した後、ジブラルタルという新たな獲得物は、確固たるものとなり、イギリス海軍にとっての戦略上の武器となるのであった。イギリス海軍は、ジブラルタルを押さえていることにより、その後の将来、フランス海軍の北洋〔大西洋〕艦隊と地中海艦隊の合流を妨害することができるようになるのだ。しかしながら、この地域においても、シーパワーの有効性には、自然の限界が存在したのである。より優位に立ったイギリス海軍は、一七〇五年、カタロニアへの墺英蘭葡連合の上陸を支援することができ、翌年には、フランスによる海岸線への反撃の撃退に成功した。そして、一七〇八年には、イギリス海軍は、サルディニア島と、ポート・マホン〔英語風表記。スペイン語風表記では「ポルト・マオン」〕という最上の停泊地を持つミノルカ島、両島の獲得を確実なこととすることができ、これによって、トゥーロン艦隊を無力化し、地中海におけるイギリスの同盟国を励まし、レヴァント貿易を保護することができるようになった。だが、イギリス海軍が、スペイン中央部の支配権を得るための長期の戦いに影響を与えることは、ほとんどなかった。また、トゥーロンの海軍基地を獲得することもできなかったのである。トゥーロンへの砲撃によって、フランスは、軍艦を散らすことを余儀なくされたにもかかわらず、だ。両方のケースとも、これを行うには、規模が大きく強い意志を持った陸軍と、効率的な兵站が必要であったが、イギリスには、どちらも不足していたのである。だが、こうした失敗にもかかわらず、戦争の終盤までには、イギリスは、地中海における第一級の強国として浮かび上がってきた。そして、このことにより、フランスとの戦争の度に直面していた地理的な不利をいくらか相殺することができるようになったのである。

ユトレヒト条約の条文内容は、戦争を早く終わらせたいと強く願っていたトーリーの内閣によって交渉されたものである。それにもかかわらず、イギリスがスペイン継承戦争の真の勝者であることを示す内容となっていた。[*31]〔ユトレヒト条約について論じる際〕帝国史を研究する歴史家たちは、海洋に関する条文と、ヨーロッパ外に関する条文に重きを置く傾向がある。ハドソン湾、ノヴァ・スコーシア、ニューファンドランドならびに、その周辺の領土を獲得したこと、〔南海会社が〕アシエント〔スペイン領アメリカ植民地への奴隷供給権〕[*32]――スペイン領アメリカへと奴隷を送る、うまみはあるが、ひどい貿易――を獲得したこと、そして、ジブラルタルとミノルカ島の征服を通じてイギリスの力が地中海にまで拡大されたこと、に重きを置く傾向があるのだ。だが、当時のイギリスの政治家たちにとっては、大陸に関することも、まったく同様に重要だったのである。フランスとスペインの、両国が一つの王冠の下で合同することはない、とする約束は、フランスが西ヨーロッパを支配することはない、という保証を〔イギリスが〕取り付けた、ということを意味するのであった。スペイン領ネーデルランド、ナポリ王国、サルディニアを、海洋国ではない強国であったオーストリアに割譲させたことは、イギリスの「ディーウィデ・エト・インペラー（divide et impera）〔分断統治〕」の典型的な事例であった。こうすることによって、ロンドンは、これらの場所をブルボン〔フランス〕の手から守る役割を、オーストリア皇帝に押しつけたのであった。ポルトガルやサヴォイ王国といったイギリスの衛星国とは友好関係を保ち、後者には、シシリー島を引き渡し、オランダには、障壁となる要塞をいくつか与えた（ただし、全部は与えていない）。これらすべてによって、ヨーロッパの国々が互いに牽制し合い、それによってヨーロッパのバランスが確保されるシステムを作り上げたのである。ダンケルクのプライヴェティーアの基地を破壊したことと、ルイ一四世がイギリスのプロテスタントによる王位継承を認めたことは、このシステムに花を添えるものであった。マハンは、和平会談においてイギリスが要求したことを見れば、イギリスが、「単に事実において、真のシーパワーとなったのみならず、イギリス人の意識においても真のシーパワー」となったことが分かるはずだ[*33]、などと書いているが、マハンの見解にとらわれすぎると、イギリスが大陸の均衡にも意識を割いていたという、重要な点を見のがすことになるので、気をつけなければならない。

マハンの見解でさらに疑わしいのは、彼が、海軍の戦いを、イギリスが一六九七年と一七一三年に勝利を挙げた直接的な理由とみなしていることである。何の保留や条件もなしに、シーパワーの「静かで確実なる圧力」について記述したり、フランスは「外部での活動や外部からの資源」を必要としていた、などと書くことは、単純に、正しくないのである。〔イギリスの歴史家J・R・〕ジョーンズ（J. R. Jones）教授は、次のように指摘している。

侵略を防ぎ、貿易を継続するためには、ナロー・シーズの制海権を維持することが不可欠であった、というのは、たしかにその通りである。だが、九年戦争とスペイン継承戦争という二つの戦争によって示されたことは、シーパワーを用いるだけでは、フランスを打ち倒すことはできないし、フランスにそれなりの講和条件を呑ませることもできない、ということなのである。フランスは、本質的には、陸上を国力の基盤とする国だったからである。[*34]

フランスが疲弊した真の理由は、海上封鎖ではない。陸上作戦のコストに耐えきれなくなったのである。また、墺英蘭連合を最終的に成功へと導いたのは——この点については、マハンは、より安全な見地に立っている——イギリスの経済的な強さであった。イギリス経済が、戦争努力の大半を財政的に賄ったからなのである。[*35] ある研究者は、この点、次のように述べている。「ウィリアムの粘り強さやマールバラ公の才気も、陸軍を支える資金がなかったならば、大して役には立たなかったであろう。陸軍を支える資金が、フランスの将軍たちを打ち負かしたのである。[*36]」この言葉は、シーパワーの影響力について批判しようとしているわけではない。イギリスは、もし制海権を失っていたならば、当然、それに付随して、財政力も失うことになっていたであろう。とはいうものの、われわれは、制海権の効力を考えるにあたって、間接的な要因に対して、直接的な要因を過大に評価し過ぎないよう注意しなければならない、また、防御的要素に対して、攻撃的要素を強調し過ぎないよう気をつけなければならないのである。

しかしながら、この戦争の全体としての結末は、疑問の余地のないものであった。「ウィリアム三世の即位の時点〔一六八九年〕で、イギリスは、三つの代表的なシーパワーの一つであった。ジョージ一世の即位の時点〔一七一四年〕で、イギリスは、ただ一つの代表的なシーパワーとなり、並び立つ国や、比べ得る国は、もはや存在しなかった。[*37]」フランスを疲弊させた陸上での戦争によって、フランスは、また、コルベールの壮大な〔海軍拡張〕計画をないがしろにせざるを得なくなった。そして、墺英蘭連合側のプライヴェティーアは、すでに衰退しつつあったフランスの商船隊に更なるダメージを与えた。一七一三年までに、フランスの商船隊も、フランス海軍も、イギリスに挑戦する力を完全に失った。同じことはオランダについてもいえる（ただし、オランダの商船隊についてはいえない）。理由は、まったく同じである。オランダは、国力に対して大きすぎる割合の資源を、陸上での戦争に注ぎこまなければならない状況となったのであった。オランダのシーパワーにとって何よりも痛手であったことは、オランダが、この期間ずっと一〇万ほどの陸軍を維持しつづけたことであり、オランダ政府が、その後も、大規模な常設軍を維持するよう迫られたという事実である。[*38] イギリスは、島国であるということと、その社会・政治制度によって、はるかに人口が多く、より中央集権化されていたフランスに対抗できたにとどまらず、このことによって、海洋への関心と、大陸への関心の間で、絶妙なバランスを維持できたのであった。そして、この絶妙なバランスは、イギリスが海上覇権国として興隆してゆくために欠かせないものとなるのである。ここに、イギリスは、長期に渡る世界強国となるためのレシピを見つけたのだ。自国の商業力と海軍力を育み、それと同時に、ヨーロッパのパワー・バランスを自ら図る、というのが、そのレシピである。

海上に対する思惑と、大陸に対する思惑が入り交ざっていたことは、また、一七一三年以降のイギリスの政策を理解する上でも鍵となることである。そして、相対的に平和な時期であったという事実は、ロンドンに、「武力外交」への関心を失わせるものではなかった。[*39] この時期イギリスの政治家たちは、戦争を避けることを切望していたものの、彼らの政策は、多くの点において、一六五〇年代のクロムウェルの政策と似たものであった。イギリスにとって、商業上、もしくは戦略上の帰結をもたらしかねないあらゆる事柄に、注意を払っていたのである。このことが意味していることは、あきらかに並び立つ強国であったフランスと、時に緊密に連携するということであり、別の時には対抗する、ということであった。この世紀が全体として示していることとは、後にパーマストンが、イギリスには永遠の同盟国は存在しない、存在するのは永遠の国益だけである、と主張するようになることであった。だが、同盟相手が頻繁に変わる時代、あるいはカビネッツクリーガー（*kabinettskriege*）〔内閣の戦争〕の時代にあっては、他の国々は、イギリスの信頼性のなさについて文句をいえる大義は、ほとんど持たないのであった。

地中海での出来事と、バルト海での出来事は、イギリスのこうした政策の格好の例となるものであった。スペインの力は、アルベローニ枢機卿〔フェリペ五世の下で政務を執っていたイタリア出身のジュリオ・アルベローニ〕（Giulio Alberoni）の下で復活し、これがサルディニアとシシリー島の力ずくでの獲得につながった。アルベローニは、スウェーデン、ロシアとの策謀によってイギリスのジャコバイト〔名誉革命の反革命勢力、ジェームズ二世の系譜〕による王位継承を図り、一七一九年、スペインは〔スコットランドの〕ハイランド地方西部への滑稽な侵攻を行ったが、これらは、二つの段階〔軍事と外交〕において阻止された。一七一八年七月、〔ジョージ・〕ビング（George Byng）率いる〔イギリス〕地中海艦隊は、パッサロ岬沖でスペイン小艦隊を撃破した。同時に、フランス、オーストリアと同盟が結ばれた。両国とも、スペインの行動に対峙する理由を持っていたのである。オーストリア軍が、シシリー島を取り返すべく急派させる一方、フランス陸軍は、実際に、一七一九年に入ると、スペインへと侵攻し、〔アルベローニの〕政府を失脚させた――イギリス海軍史のなかでは、通常、このことは、省略されている。だが、それから数年を経ない内に、イギリス政府は、同盟国であったオーストリアと袂を分かった。オーストリアは、オーステンデ会社[40]を支援し、オーステンデ会社のためにスペイン海外植民地へのアクセスを確保しようとしたのである。このような動きは、アントワープの港の再開港につながるかもしれず、イングランドの声の大きな商人たちの団体を警戒させた。イギリス海峡の反対側に、将来、〔オーストリア〕帝国海軍が誕生するかもしれないというみこみは、イギリスの海洋派を悩ませた。そして、オーストリア皇帝の全体的な態度が、反プロテスタントのスペイン・オーストリア同盟への基盤づくりをしているのではないかとの恐怖心を呼び起こしたのである。この時代の他の多くの事例の場合と同様に、イギリス外交の政治的側面と経済的側面を分けて考えることは困難である。政治的側面と経済的側面を分割する必要性は、おそらくは、まったくないのである。実際のところ、スタノップ、ウォルポール、チャタム〔大ピット〕などの政治家たちの下では、政治と商業、商業と政治は、互いに切り離せない関係で密接に結びついていたので、これらを分けて考えることは、不自然なのだ。これら様々な争点をめぐるイギリスの、スペインとオーストリアとの関係は、きわどい状態にあったので、一七二五年から一七二七年までの間、戦争布告のない戦争状態がつづいた。この間、ジブラルタルはスペインによって包囲され、イギリス海軍は、スペイン船団の航海を阻止しようとしていた。しかしながら、一七二七年夏までには、オーストリアは、自らの意図を放棄し、墺英の敵対関係は、しだいに弱まっていった。だが、ロンドンとマドリードの関係は、一七二九年まで回復することはなかった。

バルト海においても、イギリス人は、自国の国益を守るために、外交力と海軍力を組み合わせて行使していた。イギリス人のバルト海における主要な関心事は、木材貿易と、北欧各国のバランス・オブ・パワーを保つことにあった。一七一五年から一七一八年まで、スウェーデンを牽制するために、強力な艦隊がバルト海へ派遣された。スウェーデンは、海上商業を阻害し、ノルウェーを脅かし、ジャコバイトを支援することによってイギリス政府の感情を害したのであった。だが、一七一九年から一七二一年にかけて、そしてふたたび一七二五年から一七二七年にかけて、イギリス海軍は、今度は、スウェーデンを支援するためにバルト海を航海したのであった。特に興隆しつつあったピョートル大帝のロシアに対抗するためである。ピョートル大帝の野心に対して、ロンドンでは、警戒心が高まりつつあったのだ。この時期イギリス政府が直面していたことがあったとすれば、それは、シーパワーの有効性ではなく、シーパワーの限界なのであった。〔海軍提督ジョン・〕ノリス（John Norris）率いるギャリオン船団は、ロシアの軍勢が頻繁に繰り出してくるギャレー船によるスウェーデン沿岸部への襲撃を防ぐことができなかったのである。着々と進むロシア・ツァーリーによる領土拡大も、イギリスは、盾になってもらえる大陸の大国を見つけられない限り、防ぎようがないのであった。だが、オーストリアも、フランスも、プロイセンも、そのような困難な役割は担いたくはないのであった。結局のところ、イギリス政府は、スウェーデンの力がだんだんと弱まってゆくことと、それに付随してロシアの力が増してゆくことを傍観するしかなかったのである。イギリスの将来に対する悲観は、バルト海からの造船資材を失うであろうことへの保険として、アメリカでの造船資材の開発を奨励したことに表れている。

一七一三年以降は相対的に平和な時期となるのだが、そうなった理由は、ウォルポールや〔フランスのアンドレ・エルキュール・〕フルーリ（André Hercule de Fleury）といった政治家たちの影響力によるものばかりではなく、イギリスと、その最大のライバルであったフランスの間に、深刻な国家間の相違がなかったからなのであった。だが、一七三〇年代までには、このような状況がこの先もつづくことはないだろう、と見こまれるまでになった。当時、フランスの植民地貿易は、北アメリカ、西インド諸島、インドで、急速に拡大しつつあった。フランスとスペインが、互いに接近し、この二国とイギリスの間の政治上、商業上のライバル関係が、国民の嫉妬心に火をつけ、宥和的な政治家たちといえども、こうした状況を克服することは難しい、と感じるまでの事態となっていた。スペインとイギリスはふたたび戦うことになるのであったが、その第一段階は、一七三九年、ジェンキンズ船長の耳事件から始まった。この事件は、かつてであれば、〔イギリスの〕学童たちの誰もが知っている事件であった。スペインの沿岸警備隊が、ジェンキンズ船長の耳をそぎ落とすという非道な行為を行い、そこから戦争が始まったのである。〔一七一三年の〕ユトレヒト条約以降、カリブ海では小さな衝突がたくさん起こっていたが、この事件は、その一つであった。事件の根本原因は、うまみの多いラテン・アメリカとの貿易にありつきたいイギリスの商人たちと、この海域の支配権と、そこでの独占を断固として守り抜こうとするスペイン当局の、互いに排除し合う関係にあった。一七一八年と一七二七年に英西間で短い戦争があったが、これらは、こうした敵意をさらけ出すものであり、また、英西間の戦争がどのように戦われるかについて、先例となるものであった。とはいうものの、ほとんどの歴史家たちは、次のような見解に立っている。「このような〔英西間の〕小さな戦いは、戦争を不可避とするほど深刻なものではなかった。戦争が避けられないものとなったのは、イギリスで『貿易に携わる者たち』の好戦性と叫び声のためであり、なかんずく、南海会社の断固さのため、であった。[*41]」南海会社が、スペイン政府がとうてい容認することのないような額の賠償を求めたのであった。野党が、この商業界の憤りを利用して、戦争を求める世論を煽り立て、この騒動に、一七三九年一〇月、ウォルポール内閣は屈した〔戦争に同意した〕のである。[42]

だが、この戦争は、植民地と商業をめぐっての争いとして始まったものであったとしても、翌年には、まったく性格が異なる戦争となった。神聖ローマ皇帝カール六世が死去し、マリア・テレジアが後を継いだことが、プロイセン、ザクセン、バイエルン、スペインを刺激したのだ。これらの国々がすべて、フランスにそそのかされて、オーストリアの国土分割を図るようになったのである。これらの国々による企ては、イギリスの国益にも影響を与えることになるのだが、そうなったのは、〔ハノーヴァー出身のイギリス国王〕ジョージ二世の立場のせいばかりではない——この時期、国王のハノーヴァーとのつながりは、政府の大陸政策にとって、どちらかといえば、障害であった——イギリスにとってより重要だったことは、これらの国々の企てが、ヨーロッパのパワー・バランスにとってどのような影響を与えるか、という点であった。イギリスの視点から見れば、オーストリアは、フランスの覇権に対する、伝統的な対抗勢力なのであった。加えて、オーストリアが領有する低地諸国〔オーストリア領ネーデルランド〕とイタリアがこの先どうなるのかを、イギリスの政治家たちは、常に計算に入れなければならないのであった。その結果、オーストリアに支援金を出すことが可決された。さらに、一七三一年に、国事詔書（こくじしょうしょ）〔これに従えば、ハプスブルク家の領土はマリア・テレジアが相続することになる〕を守るため一万二〇〇〇の陸軍を派遣する用意があるという約束が交わされていたのであるが、この約束は有効である、ということが伝えられた。実際、一七四二年までには、〔戦争に消極的であった〕ウォルポールは退陣し、より積極的な軍事介入が行われるようになった。この傾向は、一七四四年、フランスが公然と介入し、低地諸国〔オーストリア領ネーデルランド〕を窺おうという姿勢を見せると、さらに加速した。アン女王戦争が、再開されたのである。だが、前回とは異なり、今度の戦争では、フランスには、より多くの同盟国があった。[43]

元々、〔ジェンキンズ船長の耳事件から始まった〕英西間の争いであったものに、ヨーロッパ大陸での要素が加わり、その結果、必然的に、イギリスの戦略をめぐる議論が、ふたたび始まったのである。[*44] ヨーロッパを窺うフランスに対しての大きな恐怖が、植民地を獲得できるかもしれないという期待を上回っていたので、大陸派が、常に優位に立っていた。もっとも、この戦争におけるイギリスの陸上での戦いへの集中は、皮肉なことに、イギリスの海上への優勢にフランスが挑戦することをためらったことによって、一層深まったのであった。フランダース地方への介入は正解であったのか、それとも、これを批判する人たちが述べているように、戦費は、別の場所で用いた方がよかったのか、時間を経た今、これを評価することは難しい。イギリス・ハノーヴァー・オーストリア連合軍はデッティンゲンの戦いで勝利を収めたのであったが、この勝利は、フォントノワの戦いで敗北し、フランスがフランダース地方を獲得したことによって帳消しになってしまった。この敗北は、一七四五年のジャコバイトの反乱で、さらに追い打ちがかけられたのである。ジャコバイトの反乱は、フランス国王が、イギリスのケルトの周縁部〔アイルランドやスコットランドのこと〕において、イギリスが困るような問題を引き起こすことがいかに簡単であるのかを示すものであり、イギリスは、パニックをきたしてカンバーランド公〔カンバーランド公爵ウィリアム・オーガスタス〕(William Augustus, Duke of Cumberland) の軍勢を低地諸国から呼び戻すほどであった。だが、ジャコバイトの反乱は、イギリスにとって、戦争を継続するための、さらなる大義――プロテスタントによる王位継承――ともなったのである。〔フランスの〕サックス元帥〔エルマン・モーリス・ドゥ・サックス〕(Herman Maurice de Saxe) がフランダース地方において、一七四六年から四七年にかけてさらに勝利を重ねていたにもかかわらず、イギリスは、戦争を継続する意志と能力を示しつづけていた。これを感じ取ったフランスが、〔国王〕ルイ一五世に、和平交渉を始めることを促し、この和平交渉が、一七四八年のエクス・ラ・シャペルの和約〔「アーヘンの和約」とも呼ぶ〕に結びついたのである。この頃までには、英仏ともに、妥協への心構えが出来上がっていた。とはいえ、経済的により疲弊していたのはフランスであり、フランスは、戦争を継続した場合、より多くを失うのは自分の方であろう――特に、植民地――と認識していたのであった。

今述べたフランスの陸上における成功の度合いは、イギリスの海上における成功の度合いと、対置させることができるであろう。西インド諸島そのものにおいては、両陣営とも、状況は一進一退であった。ヴァーナン提督〔エドワード・ヴァーナン〕（Edward Vernon）が、ポルトベロを奇襲して獲得し、アンソン〔ジョージ・アンソン〕（George Anson）は勇壮な世界一周航海を成しとげたのであったが[*45]、これらは、イギリス側にひどい失敗が重なることによって帳消しとなってしまった。カルタヘーナへの陸海軍共同攻撃に失敗し、西インド諸島でのイギリスとフランスの戦いが的外れなものとなり、フランス、スペイン両国とこの地域の連絡線を遮断することにイギリス海軍が失敗していたことによって、帳消しとなったのである。インドにおいても、英仏両国は、断続的な決闘を行っていた。イギリスは、最終的には、インドの海域において優勢を築いたのであったが、フランスは、〔イギリスが拠点としていた〕[*46]マドラスを獲得し、ポンディチェリ〔英語風表記、フランス語風では「ポンディシェリー」〕を中心にして〕フランスが拠点としていたカルナティック地方をしっかりと握りつづけていた。それなりの成功があったのは、北アメリカにおいてだけであった。ニューイングランドの植民地陸軍が、海軍小艦隊と共同し、フランスの大規模な拠点であったルイスバーグ要塞〔フランス語風表記では「ルイブール」〕を獲得したのである。ルイスバーグの獲得は、戦略上の観点においても、商業上の観点においても、成功であった。[*47]

しかしながら、和平条約において、ルイスバーグは、フランスへと返還された。一方、それと交換に、フランスは、マドラスとフランダース地方において獲得した地域を返還した。ニューイングランドの植民地住民たちと、イギリス本国の海上戦争の主唱者たちにとって、「セント・ローレンスへの鍵」を恐るべき敵に返すことは、大きな痛手であった。彼らの考えによれば、そんなことになってしまったのは、イギリスが、オランダや他の同盟国に、愚かな関与をしたからなのであった。この種の批判に対しては、二つの反論が寄せられた。第一の反論は、オーストリアの皇位継承問題があろうがなかろうが、英西間の争いにおいて、フランスは、どっちみちスペイン側についたであろう、という反論である。その場合、ブルボン〔フランスとスペイン〕の力が合わさり、その力が大陸での問題によって弱まることがなかったとすれば、ヨーロッパの外での戦争は、さらに困難なものとなっていたはずであり、おそらくは、もっとうまくいかなかったことであろう、という反論であった。この種の反論を行っていた者たちの考えによれば、〔ヨーロッパ内とヨーロッパ外〕双方の戦域での戦いは、イギリスにとって、より有利なのであった。イギリス以上に、フランスにとって、戦略がより曖昧なものとなり、資源が分散するから、というのがその理由であった。第二の反論は、植民地で勝利を得たことが、フランスがせっかくフランダース地方を獲得したにもかかわらず、この地方を明け渡した主要な理由である、というのは、その通りかもしれないが、海外〔ヨーロッパ外〕と〔ヨーロッパ〕大陸の両方で勝利を目指すというのが、正しいあるべき政策なのではないか、という反論であった。両方で勝利を得ていた場合、イギリスは、ヨーロッパのバランス・オブ・パワーを保つことができていたであろうし、ヨーロッパでの喪失を取り戻すために、植民地で獲得したものを明け渡す、などということには絶対にならなかったはずだ、というのがその理由であった。ピットが一七六〇年以降に認識するように、イギリスは、世界強国であると同時に、ヨーロッパの強国でもあるので、ある方面の作戦で獲得した利益が、別の方面での作戦での喪失によって帳消しになることは、無駄なのであった。だが、このことが意味していることは、両方で勝つ、ということであり、そうなると、どちらをとるか、という選択ではなくなるのだ。[*48]

他のあらゆる点において、この戦争は、イギリスの海上支配力が高まりつつある、ということを証明するものであった。もっとも、このことが明白になっていったのは、戦争が後半に入ってからようやく、なのであった。開戦の時点においては艦隊の準備が整っておらず、一貫性のある戦略も存在しなかったからである。[*49] 地中海の支配は、かなり早い段階で達成することができた。これは、サルディニアと、イタリアに存在したオーストリア領を、仏西連合軍の上陸攻撃から防衛する必要性を、イギリス政府がしっかり認識していたからである。一七四四年のトゥーロン海戦は、〔両軍痛み分けの〕大混戦となったが、〔トーマス・〕マシューズ提督（Admiral Thomas Mathews）によって、仏西連合艦隊は追い散らされ、その後、地中海は、事実上「イギリスの池」となった。しかしながら、大西洋において海上覇権を打ち建てることは、さらに困難なことであった。イギリス海軍が、他の場所で行わなければならない任務を、様々にかかえていたからである。だが、イギリスと〔ヨーロッパ〕大陸を結ぶ死活的に重要な補給線は、途切れることはなかった。そして、一七四五年から四六年にかけて、ジャコバイトの反乱にフランスが援軍を送ることを、艦船を展開させることによって防いだ後、イギリス海軍は、いよいよ、攻撃に移る準備を整えた。アンソンの下、強力な西方小艦隊（Western Squadron）が編成された。この小艦隊の任務は、フランスの大西洋貿易を遮断することであり、フランスが、北アメリカや西インド諸島に援軍を送ることを防ぐことであった。北アメリカや西インド諸島に援軍が送られると、これらの場所での陸上の戦いに、影響を与えることになるからなのであった。一七四七年五月、アンソンの小艦隊は、ケベックの増援に向かうラ・ジョンキエール〔侯爵〕（Marquise de La Jonquière）率いる護送船団を徹底的に痛めつけた。一〇月、〔エドワード・〕ホーク（Edward Hawke）が、西インド船団に対してさらに決定的な勝利を収めた。「総追撃戦（The general chase）」という戦術を用いることでフランスの船団を圧倒したのであるが、この戦術は、後に、イギリスの小艦隊が、たくさんのフランスの商船を拿捕することによって補完されることになるのであった。警戒状態にあった小艦隊が〔カリブ海の〕リーワード諸島から出航し、フランスの商船を捕らえることになるのである。[*50]

　イギリスの海運は、仏西の通商破壊戦（ゲール・ド・コース）による避けがたい破壊に、悩まされていたが、これ以降、イギリス海軍は、海運の保護に最大限の注意を向けることが可能となった。もっとも、イギリスの海運業界は、全体としては、この試練に耐えることができ、終戦の時点では、開戦時よりも、実際に、規模を拡大させることができた。イギリスの海運業界がこの戦争で失った船舶の数の総計は三二三八隻であり、敵の海運業が失った、合計三四三四隻よりも、わずかではあるが少ない数であり、イギリスの海運業全体の規模から見れば、かなり少ない割合なのであった。イギリスとは対照的に、フランスの海外貿易は、一七四八年までには、完全に縮小してしまっていた。ニューファンドランドの漁場を失い、イギリスの軍艦やプライヴェティーアの攻撃を受けていたからなのであるが、海上保険の保険料が跳ね上がったことが、おそらくは、フランスの海外貿易にとって、最大の痛手であっただろう。[51] また、〔イギリスの歴史家、ジェラルド・S・〕グラハム教授(Gerald S. Graham) が述べた「フランスの真の強みと活力は、ヨーロッパ大陸が自給自足できることに存する」[52] という言葉は、たしかに正しいものの、パリを和平交渉へと向かわせたのは、海上におけるイギリスの優勢と、フランス植民地へのイギリスからの脅威であったように思われる。同様に、ロンドンが、得るところのほとんどない和平合意を受け入れたのは、陸上におけるフランスの優勢と、フランスからの脅威によって恐怖にさらされたオランダが、そうするよう、ロンドンを説得したからなのであった。一七四七年の時点で、イギリスは、戦列艦の数で圧倒していた。（フランスの三一隻、スペインの二二隻に対して）一三六隻を数えたのである。同じ年、サックス率いるフランス陸軍は、〔オランダの都市〕ベルヘン・オプ・ゾームの大要塞を獲得したのであった。これらによって、双方は、相手との妥協〔和平〕へと引き寄せられたのである。

　エクス・ラ・シャペルの和約が、妥協であるということは、この当時を生きていた人々も、後世の歴史家たちも、皆が認めるところである。プロイセンがシュレージエン地方を獲得したことを除けば、結果は、実質的には、戦前の状態の回復であった。そのため、次のような評価が生まれた。「これだけ多くの大きな出来事があり、たくさんの血が流され、多大な財産が破壊されたにもかかわらず、参戦国は、きちんと、ほぼ戦争前の状態に戻った。このような終わり方をした戦争は、おそらく、他にないであろう。[53]」さらには、和平が結ばれたのは、全体として、戦争疲れがあり、主要な参戦国の二つが、双方ともに、相手を降伏させることは不可能、と認識していたからなのであった。このような事実があったので、戦争のそもそもの原因であった国家間の相違が、エクス・ラ・シャペルの和約によって、満足ゆくように解決されることはなかった。たとえば、戦争の直接のきっかけであった、カリブ海でスペインの沿岸警備隊が臨検を行う権利は、この和約の中で、言及すらされていない。中でももっとも重要な点は、英仏の敵対関係が、それまで同様に深いままにとどまった、という点である。植民地世界をめぐってもそうであったし、ヨーロッパのパワー・バランスをめぐってもそうであった。つまりは、一七四八年の和約は、妥協であったことに加え、休戦協定でもあったのだ。次の戦争でのフランスの明確な目標は、海外〔ヨーロッパ外〕で成功を収めることであった。次の戦争でヨーロッパを征服することは、十分期待できたので、これを補うようなヨーロッパ外での成功である。一方イギリスの側は、海上での勝利は十分期待できたので、海上での勝利を大陸での敗北によって帳消しにしないようにする、ということが目標であった。英仏両国とも、戦いの次のラウンドに向けては、部分的な勝利ではなく、決定的な勝利を、目標にしていたのだ。

第二部　絶頂

この時期、五つの大きな戦争がつづいたが、その中でイギリスが、明確に守勢的であったのは、たった一つの戦争においてのみである。戦争がつづいたこの世紀の結末は、それまでいかなる国も成しとげられなかったほどの、最大級の勝利であった。また、ヨーロッパの諸強国による海外植民地の実質的な独占であり、世界の海軍力の実質的な独占であった。

エリック・ホブズボーム（E. J. Hobsbawm）〔イギリスの歴史家〕『産業と帝国（*Industry and Empire*）』(Harmondsworth, Middleesex, 1969), pp. 49—50.

〔訳文は訳者に拠る。この本は、入手しやすいペーパーバックの新版が出版されている。Eric Hobsbawm, *Industry and Empire: From 1750 to the Present Day* (London, Penguin Books, 1999), pp. 27—8. また、日本語訳も出版されている。日本語版での該当箇所はE・J・ホブズボーム（浜林正夫・神武庸四郎・和田一夫訳）『産業と帝国』未来社、１９８４年、58頁。なお、五つの戦争とは、スペイン継承戦争、オーストリア継承戦争、七年戦争、アメリカ独立戦争、ナポレオン戦争を指す。〕

第四章　勝利と躓き（一七五六―九三年）

敵は、わが国に勝っている。どうやったら、そして、いつになったら、わが国は、かつて以上とはいわないまでも、かつてのような軍を持てるようになるのであろうか、と聞かれることだろう。この質問には、こう答えよう。イングランドは、今の今まで、完全に一体となったブルボン王朝と海戦を戦ったことはないのである。海軍が分割されておらず、他の戦争を抱えておらず、王朝の関心や資源を引きつける戦争や目標が他にない状態のブルボンである。不幸なことに、わが国は、余分な戦争を抱えこんでいる。この戦争が、実際に、わが国の資源を消費し、この戦争には、わが国の陸軍と海軍のかなりの部分が投入されている。わが国には、ただ一つの友好国もなく、わが国を支援してくれる同盟国は一つもない。それどころか、かつてのわが国の同盟国は、ポルトガルを除いて、すべてわが国と対峙しているのである。わが国の敵が、その艦隊を装備するのに必要なものを提供している状況なのである。

サンドイッチ伯爵ジョン（John, Earl of Sandwich）

The Private Papers of John, Earl of Sandwich, edited by G. R. Barnes and J. H. Owen, 4 vols.（London 1932-8; Navy Records Society）, iii, p. 170.

歴史家がイギリスの海上覇権の興隆について研究するにあたって、七年戦争〔一七五六―六三年〕からアメリカ独立戦争〔一七七六―八三年〕にかけての時期は、最高の研究対象である。一見では、一七六三年の和平調停と一七八三年の和平調停は、まったく異なったものに見える。イギリスは、一七六三年の和平調停で、その国民国家としての歴史において、おそらく、もっとも決定的な勝利を得た。他方、一七八三年の和平調停は、第二次英蘭戦争とボーア戦争の間にイギリスが経験した、唯一の深刻な敗北であった。だが、この二つの戦いのそれぞれの結末は、シーパワーの機能――そしてまた、シーパワーの限界――について、その根本原理を再確認するものなのである。このことは、本書でこれまで検証してきたような「海上での」戦争と「大陸での」戦争の重要な関係については、特に当てはまる。さらにいえば、イギリスは、アメリカ独立戦争で大きな喪失を被ったものの、だからといって、イギリスの海洋大国としての拡大は、それによって大きな影響を受けることはなかった。この点は明白である。海軍は、一七八三年以降も、戦力を維持していた。海外貿易は活発でありつづけた。そして、もっとも重要なことに、イギリスは、この頃までに、産業革命の第一段階に確実に突入したのであった。イギリスは、これによって、他のライバル国を大きく引き離すことになり、かなり長い期間に渡って、唯一の真の世界大国としての地位を維持することになるのである。

一七五六―六三年戦争と一七七六―八三年戦争の二つの戦争の間には、おおまかな類似性が、さらに思い浮かぶ。二つの戦争はともに、膠着状態にあったオーストリア継承戦争と同様に、一八世紀を通してつづいた英仏の死闘の舞台となるものであった。二つの戦争とも、結果として、大陸のバランス・オブ・パワーについての計算を組み入れたものとなり、また、二つの戦争では、ライバルである両陣営は、ともに、敵を牽制するために、ヨーロッパの同盟国を必要としていた。また、二つの戦争とも、その起源は、偶然にも、西半球での現地闘争の中に求めることができるのだ。この現地闘争が、やがて、大西洋の反対側に飛び火し、すでに存在していたライバル関係に吸収されたのである。すでに述べたように、イギリスが成功できるかどうかは、イギリスが、大陸の同盟国を見つけられるかどうかにかかっていた。フランスの資源を、陸上での戦争にくぎ付けにするほど活動的で、イギリスがフランスの海軍力と植民地軍の破壊を行っている間にフランスの「人質」にならない程度の強さを備えた同盟国を見つけられるか、にである。七年戦争の際には、これは非常にうまくいった。〔大〕ピットのリーダーシップと〔イギリスの同盟国であったプロイセンの〕フリードリヒ大王の軍事的才能のおかげである。対照的に、フランスの成功は、ヨーロッパを、最低でも、中立的に保っておくことができるかにかかっており、望むらくは、反イギリスに傾けることであった。また、これより優先度が低いものとしては、イギリスの海上におけるいつもの優勢が弱体化するか、他に転用された際に、これをフランスが活用できるような環境がヨーロッパ外に存在するかどうかにかかっていた。アメリカ独立戦争では、これはうまくいった。フランス外交と、アメリカの反逆者たち〔独立派〕の軍事的成功のおかげである。だが、後から振り返ってみると、この時期に、イギリスの政治的基盤がさらに一層強化された、ということが分かってくるのだ。どちらの戦争も、この英仏間の闘争に、永続的な決着をつけることはできなかった。また、イギリスの政治家たちは、不成功に終わった一七七六―八三年戦争から、正しい政略上の諸原則を教えられた。このことによって、イギリスは、最大のライバルとその後戦うにあたって、より優位な位置に立つことになるのだ。

それまでの戦争においても、大国は、ヨーロッパと海外〔ヨーロッパ外、という意味〕で戦ってきたが、七年戦争は、それ以前やその後の多くの戦争と比べて、「最初の世界大戦（The First *World* War）」という名称を付けるのに、はるかにふさわしいものであった。なぜなら、長期間つづいた重要な戦いが、〔ヨーロッパ、北アメリカ、アジアと〕三つの大陸で行われ、また、二つの主要な参戦国が、植民地での作戦を非常に重視していたからである。[*1] 一九一四―一八年の第一次世界大戦と比べてもはるかに重視されていた、とも、追記できるかもしれない。イギリスの側では、海外領土を保有していることから発生する経済上の優位、戦略上の優位を正しく尊重することは、何ら新しいことではなかった。しかしながら、フランスの側では、一七三九―四八年の戦争が、それまでフルーリの下で育まれていたヨーロッパ外の要因への関心を大きくする上で、大きな刺激となったのであった。フランスの海外貿易は、過度に中央集権化された行政というハンディキャップがあったにもかかわらず、拡大していた。西インド諸島では、イギリスとのライバル関係が再び高まっていた。

西インド諸島の「中立的な〔帰属先の決まっていない〕」島々の将来をめぐる不確かさと、フランス領に属する島々での低価格の砂糖生産によって、高まっていたのである。低価格の砂糖は、北アメリカの植民地住民を引きつける一方、ロンドンの西インド「派の人々」を怒らせ、古くからの入植制度を支持する人々を怒らせたのであった。[*2] インドでは、一七四八年以降、支配的な影響力を得ようとする二つの大国の争いは、さらにあからさまで、容赦のないものとなった。それぞれの東インド会社が、現地人の間での反目から利益を得ようと、現地人の争いに、繰り返し介入したのである。[*3] だが、もっとも重要な戦いが行われたのは、北アメリカにおいて、であった。西向きに進むイギリス人入植者たちがオハイオに入り、自国のカナダの領土とミシシッピーをつなごうというフランスの計画と衝突したのである。一七五〇年代までには、前線における衝突は深刻なものとなり、英仏ともに、大西洋を越えて、援軍を送り込み、艦隊を、戦時体制においたのであった。[*4] たとえヨーロッパの複雑な状況がなかったとしても、英仏戦争が避けがたいものであったということは、明らかである。ヨーロッパはヨーロッパで、オーストリアとプロイセンのライバル関係という形での火薬の詰まった樽があり、フランス、ロシア、イギリス、他の小国群が、それぞれに反目しあっていたので、当然に、ヨーロッパ大陸での作戦と植民地での作戦が絡みあうことになり、長期の戦争は、ほとんど、必然であった。[*5]

　フランス艦隊は、フランスの貿易とともに、エクス・ラ・シャペル条約以降に再興を果たしており、一七五六年までには、七〇隻近くの戦列艦を数えるまでになっていた。だが、イギリス海軍も、放置されてはおらず、アンソンの下、一〇〇隻を超える戦力を築き上げており、ほぼ同数のフリゲートもあった。両軍ともに、即応体制の整った船の数は、これよりもだいぶ小さなものではあったものの、ライバルに比べ、海軍力においてはイギリスの方が常にだいぶ勝っているという事実はそのままであった。また、戦争が長引けば長引くほど、シーパワーの伝統的な付随要素——より規模の大きな商船隊、数も多く質も良い海軍兵員、より多くの造船所、より強い経済、造船資材を握っていること――が、イギリスに有利なように作用するであろう、というふうに見こまれていた。これに対して、巨大な規模の商船隊を護衛しなければならないということ、また、常時の海上封鎖に伴う確実な消耗、という、いつもの不利が、あるにはあったものの、これは、フランス艦隊の側の士気の低下によって、相殺されることになるのだ。士官たちの間での争いが絶えず、脱走率が慢性的に高く、海での経験が乏しかったことは、海戦での勝利を得るための基盤にはならなかった。〔ピエール・アンドレ・ドゥ・〕シュフラン（Pierre André de Suffren）や幾人かの彼の同輩たちを例外とすれば、一八世紀のフランスの艦隊司令官たちは、概して、攻撃的に行動することに躊躇しがちであった。ある専門家は、次のように述べている。「フランスの海軍史を学べば学ぶほど、フランスの問題は、物理的な問題というよりも、心理的な問題であったということが分かってくる。[*6]」彼のいわんとするところは、明らかである。〔イギリスの側が〕間違った戦略によって、こうした利点を台無しにするか、フランスが、ハノーヴァーもしくはプロイセンを征服することによってイギリスのヨーロッパ外での獲得に対抗することに成功でもしないかぎり、イギリスは、海上での優勢によって、やがては、カナダ、西インド諸島、インドを支配することになるのだった。

戦争の第一段階は、〔イギリスの側に〕リーダーシップと戦略上の洞察が大きく欠けていることを証明するものとなり、その結果、イギリスは一連の敗北を経験した。カナダや西インド諸島への援軍を護衛していたフランスの小艦隊は、イギリスの不完全な海上封鎖を回避することに成功していた。北アメリカでの、フランスの領土に対するイギリスの正規軍と植民地軍の初期の攻撃は、撃退され、まもなくして、フランス・インディアン連合による反撃が行われることとなった。西インド諸島における商業戦争においても、フランスが、優位に立った。インドにおいても、フランスの現地人の同盟相手が、初期の優位な立場に立った。ヨーロッパでは、フランスが海峡越しの侵攻の準備をあからさまに行っていたことが、イギリスを困惑させ、ミノルカ島が奪われた（もっとも、〔ジョン・〕ビング（John Byng）がもっとしっかりと防衛を行っていれば、ミノルカ島の獲得は、もっと困難な作戦になっていたであろう）。より優れたフランス外交と〔イギリスの首相〕ニューカッスル〔初代ニューカッスル公爵トーマス・ペラム＝ホールズ〕（Thomas Pelham-Holles, 1st Duke of Newcastle）の貧弱な政治的手腕は、フランス・オーストリア同盟の締結によって示されており、これによってロンドンは、イギリス・プロイセン同盟という、不満足な対抗手段を採るしか選択肢がなくなったように思われた。フリードリヒ大王は、かなり不利な状況で戦い、カンバーランドの指揮下にあったイギリスが資金を賄っていた軍は、ハノーヴァーを防衛することができず、〔一七五七年〕クローステル・ツェーヴェンにおいて、実質的な敗北に追いこまれた。[*7]

これらの撃退すべての内、大陸での敗北がもっとも深刻なものであった。もっとも、イギリス人の多くはこのことを認識してはいなかった。イギリスでは、政府が厳しく批判され、ビングが銃殺に処せられた。そうなった理由は、ある程度の部分、彼がスケープゴートにされたからであり、ある程度の部分、彼がミスを犯したからであり、ある程度の部分、ヴォルテールが皮肉として述べたように、他のイギリス人たちに奮起を促すためであった。[*8] これら、海上や植民地におけるすべての躓きについて述べるならば、アンソンがより重視していた戦略上の目的についても述べておかねばならないだろう。アンソンは、イギリス海峡で優位を得ることを他よりも優先していたが、そこには、かなりの戦略的整合性があった、と、少なくとも述べることができる。イギリス海峡における優位が、ひとたび、しっかりと確立され、そのことによってフランスの侵攻の可能性が途絶えたならば、海外における戦いは、イギリスの優位に一気に傾くことになるからだ。海軍本部が正しく主張していたように、強力な西方小艦隊（Western Squadron）を保有することは、「わが国の海岸線はもとより、わが国の植民地を防衛するためにも、最善」[*9]なのであった。フランスの艦隊を港に封じこめ、フランスの商船隊を撃滅させるための警備行動が、同時に、フランスからアメリカやアジアへの援軍の派遣を阻止し、イギリスの貿易船や遠征隊が、邪魔立てされることなく海を渡ることを可能にするからである。もちろん、イギリスによる海上封鎖の有効性は、常に、天候や、個々の小艦隊指揮官の判断によっても左右されるのであった。そして、海軍本部が貿易の擁護に熱心であったことによって、地中海のビング艦隊の強化がおろそかにされた、という面もあったことであろう。だが、一七五七年以降の状況は、アンソンの認識が正しいものであったということを証明している。その認識とは、海上戦争において決定的な敗北を喫する可能性があるのは本国海域においてのみである、というものであった。単純に、フランスの侵攻を防ぐのに失敗する、という状況が起こったら、そうなるのであった。だが、この、賢明な「防衛優先、攻勢後回し」戦略も、ヨーロッパ大陸におけるイギリスの同盟国が、恐るべきフランス、オーストリア、ロシア、スウェーデン連合によって打ち負かされてしまったならば、ほとんど役立たないものとなるのだ。フリードリヒ大王とフェルディナント・フォン・ブラウンシュヴァイク（Ferdinand von Brawnschweig）の陸軍が完全に打ち負かされてしまったならば、ハノーヴァーがフランスの人質に取られてしまうばかりでなく、イギリスの敵〔つまり、フランス〕は、イギリスにはるかに勝るその資源と人口を、純粋な海上作戦に集中させることが自由にできるようになるのである。そうなってしまっていたならば、中立国の貿易に対するイギリスの高圧的な態度に常日頃から憤りを感じていたオランダ、デンマーク、スペインの各政府が、イギリスの敵に加わることに、魅力を感じることとなっていたであろう。

チャタム〔大ピット〕の下で達成された驚くべき成功は、単に、彼のインスピレーション、意志、フランスから勝利をもぎ取りたいという断固とした情熱ばかりではなく、彼が戦争全体を一つの大きな戦略の中でとらえることができたというその事実によるものであった。力強い海軍力により、チャタムは、ヨーロッパでの作戦を支援することができた。ヨーロッパ大陸での戦争に十分な重きを置くことによって、彼は、イギリスが、ヨーロッパ外で勝利を得ることを容易にしたのであった。二つの戦域の優先度を賢明にバランスさせることによって、彼は、エクス・ラ・シャペルで締結したような妥協的な和平条約を避けることができ、自国の重要な国益——ヨーロッパのものも、ヨーロッパ外のものも——を、イギリスの敵の計略から、確実に守りぬくことができた。だが、おそらく、こうした戦略以上にさらに印象的なことは、〔大〕ピットが初期の「孤立主義〔ヨーロッパ大陸のことには干渉しない、という意味〕」的な見解から、立場をすばやく転換させ、より洗練され、成熟した見解を持つようになった、ということであろう。戦前の彼は、「バランス・オブ・パワー、ヨーロッパにおける自由、共通の大儀」のような「もっともらしいもの」を厳しく批判していた。彼にいわせれば、これらは、大陸干渉の同意語なのであった。ところが、一七五八年の彼は、支援金を送るのみならず、ドイツで戦うために、大規模な軍勢を送りこんだのである。戦争が終わるまでには、彼は再び野に下り、ビュート〔第三代ビュート伯爵ジョン・スチュアート〕(John Stuart, 3rd Earl of Bute)がプロイセンを見捨てたことを厳しく批判した後、純粋な海上政策派に回帰したのであった。その立場は、七年前、ニューカッスルの想定するヨーロッパ大陸における義務を批判した時のものと、ほとんど変わらないものであった。[*10]

海上〔戦略〕と植民地〔戦略〕の領域においては、〔大〕ピットは、海軍大臣[*11]に呼び戻されたアンソンがすでに築いていた戦略上の基盤を足場とした。数が増えつづける戦列艦とフリゲートからなる戦力によって、イギリスは、フランスの大西洋岸の港を、若干力を抜きながらも「距離」を詰めて「きっちりと」押さえた。海上封鎖は、〔エドワード・〕ホーク(Edward Hawke)、〔エドワード・〕ボスコーエン(Edward Boscawen)、〔リチャード・〕ハウ(Richard Howe)や、他の並はずれた提督たちによって担われた。今や、海軍は、人材に恵まれるようになっていたのだ。同時に、〔大〕ピットは、イギリスのプライヴェティーアが行き過ぎることを抑えようという意志を十分に持っていた。彼らの中立国の海運への行為が、先がどうなるか分からない戦いの中で、新たな敵を生みかねないからであった。さらには、イギリス海軍は、ついに、地中海を支配でき、トゥーロンから出撃しようとするフランスの試みを挫折させるのに十分な規模の艦隊を地中海に置くことができるようになった。一七五八年、カルタヘーナ〔の海戦〕で〔イギリスの提督ヘンリー・〕オズボーン（Henry Osborn）が〔ジャン＝フランソワ・ドゥ・ラ・〕クルー〔＝サブラン〕（Jean-François de La Clue-Sabran）率いる〔フランス〕小艦隊を巧みに抑え、デュケーヌ〔侯爵ミシェル＝アンジュ・デュケン・ドゥ・メヌヴィル〕（Michel-Ange Du Quesne de Menneville, Marquis Du Quesne）率いる援軍を破った。これらに勝る戦果を挙げたのは、翌年ポルトガルのラゴス沖でクルーの船を壊滅させたボスコーエンだけである。この疑問の余地のない海上での優越は、ニューカッスルやイングランドの他の心配性の人々には認められなかったものの、一七五九年、イギリス海峡を越えて侵攻軍を送りこもうとする〔エティエンヌ・フランソワ・ドゥ・〕ショワズール（Étienne-François Choiseul）の熱烈な努力を不可能にしたのであった。もっとも、こうした見解は、この年の一一月のホークの見事な勝利の価値を減ずるものではまったくない。ホークは、悪天候のまっただなかで、〔ウベール・ドゥ・〕コンフラン（Hubert de Conflans）率いるフランス艦隊を追いながら危険な[*12]キーブロン湾に突入し、この湾で、フランス艦隊を徹底的に壊滅させたのであった。[*13]〔海軍軍医としての経験を持つ、イギリスの小説家トバイアス・〕スモレット（Tobias Smollett）は、次のように書いている。ホークの勝利は、「長い期間、懸念事項としてイギリスの上に重くのしかかっていた計画中の〔フランスのイギリスへの〕侵攻作戦を挫折させただけではなかった。フランスの海軍力に止めを刺したのである。[*14]」

しかしながら、キーブロン湾の海戦の前の段階においてすら、勝利の知らせが、海外領土からロンドンに、大量に舞いこんでいたのである。圧倒的な海上覇権を手にした今、それは、まるで熟れた果樹がイギリス人の手の中に落ちてくるようであった。一七五八年、二三隻の戦列艦からなる強力な小艦隊とともにあったボスコーエンは、〔ジェフリー・〕アマースト（Jeffery Amherst）将軍の一万一〇〇〇の軍勢がルイスバーグに侵攻するのを注視し、その間アンソンの海上封鎖が、フランスが大西洋を越えて援軍を送ることを防いでいた。五大湖の支配権は、ふたたび、イギリスと植民地軍のものとなった。そして一七五九年、〔ジェームズ・〕ウルフ将軍（James Wolfe）と〔チャールズ・〕ソンダース（Charles Saunders）提督の陸海合同軍が、有名なケベック制圧作戦に成功し、陸海両軍の協力のすばらしい事例となった。この年とその前の年、つまり一七五八年と一七五九年、セネガルとゴレ〔セネガルのダカール沖の島〕を獲得するための遠征隊が、それぞれ送られた。〔カリブ海の〕グアドループが、一七五九年の別の陸海軍共同作戦によって獲得され、ドミニカ島とマルティニークが、その後の数年間のうちに落ちてきた。インドでは、イギリスの軍勢とフランスの軍勢の間で、優劣が頻繁に入れ替わったが、少なくとも一七六〇年までには、フランスが、これ以上の陸軍と海軍の援軍を送るだけの能力と意志がないことが明らかとなり、このことが、最終的には、フランスに敗北をもたらした。多くのイギリス人たちが、神の御業が働いていると思ったとしても不思議ではないような状況であった。一七五九年、彼らは次から次へと成功を収めたのである。まさに、驚異の年であった。だが、そこには、現実的な理由もあったのである。コーベットは、次のように認めている。「わが国は、徹頭徹尾、敵に比べ、明らかな優位にあった。わが国は、徹頭徹尾、艦隊を、多かれ少なかれ、戦争の隠された目的のために使うことができた……」[*15]別の研究者は「帝国を築くための戦争として」は、「七年戦争は、一方的な戦いであった」と述べている。[*16]

〔大〕ピットの大陸戦略は、フリードリヒ大王が、フランス、オーストリア、ロシア各国に対してロスバッハ、ロイテン、ツォルンドルフで勝利を収めていなければ意味のないものになっていた、という面があることは否定できないものの、同様に、一貫性のあるものであった。その上、フランスの海岸線に対して大規模な攻撃を仕かけるというイギリスの新しい政策は、フリードリヒ大王が反撃を始める前の段階で、フランスをすでに狼狽させていた。失敗に終わった〔一七五七年九月の〕ロシュフォール襲撃ですら、多くの鍛え抜かれたフランスの軍勢を、東向きではなく、西向きに進軍させたのである。[*17]〔イギリスは、一七五七年九月に英仏の間で結ばれた休戦協定である〕クロースター・ツェーヴェン協定を無視し、フェルディナント・フォン・ブラウンシュヴァイクの下に置かれたハノーヴァー陸軍に援助金を送り、ヴェーザー川とエムス川の艦隊がフランスの将軍たちをさらに混

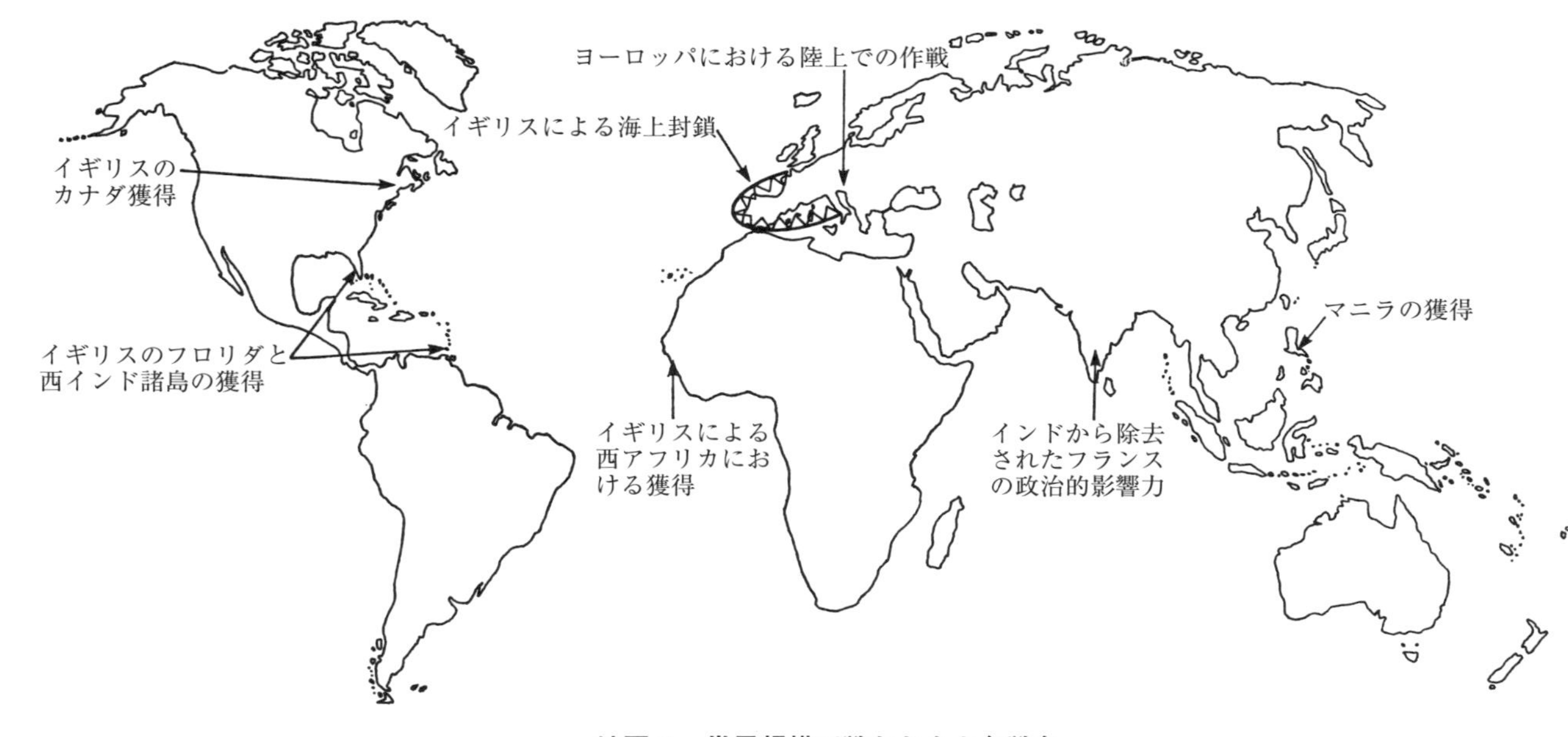

地図4　世界規模で戦われた七年戦争

乱させ、イギリス部隊のエムデンへの駐留を黙認させた。一七五八年を通して、こうした政策は、さらに強化された。この年の四月に結ばれた〔英普〕協定により、イギリスは、五万人からなる「ドイツ」陸軍（この部隊にはこの年だけで一二〇万ポンドの支援が行われていた）を余分に維持するためにかかる六六万ポンドをプロイセンに支払い、フランスの海岸線への襲撃をつづけることでプロイセンと合意した。これらすべてには、プロイセンとハノーヴァーにのしかかっていた恐るべき圧力をやわらげ、フランスが、その三〇万という圧倒的な大きさの陸軍を、イギリス侵攻作戦や海外での作戦に用いることを防ぐという二つの目的があった。一七五八年の六月には、〔イギリス〕内閣は、ドイツで戦闘を行うための部隊を送るという決議まで行ったのであった。

翌年までには、ショワズールは、ロンドンからの資金援助と人的援助の流れによって、フリードリヒ大王とそのドイツの連合相手は、今後数年間、驚くほど柔軟な軍事戦略を維持可能であろうと、認識するようになった。この戦略が、やがて、フランス、オーストリア、ロシアを消耗させる、という認識である。これらの国々の財政基盤が、強くないからである。イギリスの財政支援を受けたフェルディナント・フォン・ブラウンシュヴァイクの四万からなる陸軍が、今や、倍の兵力を持つフランス陸軍の全注目を引きつけているのであった。その結果、「〔フランスは〕ドイツにおいてアメリカを征服しなければならない」というダルジャンソン〔一七四三年から五七年まで陸軍大臣を務めたマルク＝ピエール・ドゥ・ヴォイヤー・ドゥ・ポルミー・ダルジャンソン (Marc-Pierre de Voyer de Paulmy d' Argenson)〕の政策は、立場が逆になった〔イギリスがドイツにおいてアメリカを征服することとなった〕。一方で、この優先順位の変化は、フランスがドイツでの戦争関与と、オーストリアとの関わりを低下させ、その代わりに、イングランド侵攻を選択する、ということを意味した。だが、イギリス海軍の優勢が、ラゴスの海戦やキーブロン湾の海戦で示されたように、フランスのイングランド侵攻を阻止したのである。フランスは、どちらを向いても八方ふさがり、という状態に陥った。その結果、フリードリヒ大王との戦いにおけるフランスの貢献は、ロシアやオーストリアの貢献に比べ、しだいに小さなものとなっていった。イギリスにとっての最大のライバルであったフランスの軍事力の低下は、イギリスにとっては満足すべき状態ではあったものの、それでもなお、フリードリヒ大王の負担を無くすものではなかった。フリードリヒ大王は、一七六二年にロシアのエリザベータが死去するまで、必死の作戦を多く重ねねばならなかったのである。エリザベータが死去したことによって、反プロイセン同盟が崩壊し、戦前の状態の回復という線でヨーロッパの平和を回復するための交渉の開始が、ようやく可能になったのであった。

フランスの力がしだいに弱まり、フリードリヒ大王が、西ヨーロッパの領土や作戦ではなく、中央ヨーロッパの領土や作戦にかかりきりになるのに合わせて、イギリスとプロイセンの結びつきは、弱まっていった。[18]〔大〕ピットが一七六一年に〔ニューカッスル内閣の南部担当大臣[19]――第一大蔵卿はニューカッスルであったが、大ピットが実質上の首相で戦争指導の最高責任者――を〕辞任すると、この傾向は、さらに強くなった。大陸での戦争はイギリスの資源を枯渇させるが、植民地での戦争は、資源を増加させる、と主張した〔イスラエル・〕モードゥイット（Israel Mauduit）のパンフレット『今次のドイツでの戦争についての考察（*Considerations on the Present German War*）（一七六〇年）』は、孤立主義派の人々、王室の取り巻きたち、大衆に広く受け入れられていた。そうではあったものの、〔英普〕同盟は、フランスの勢いを鈍らせ、この先ヨーロッパを支配しようとしたブルボンの試みを挫くと同時に、ハノーヴァーを守り抜くのに十分なだけ、長くつづいた。なので、ロンドンにとって、大陸の同盟諸国に、九〇〇万から一〇〇〇万ポンドの資金提供を支援金の形で行い、[20]自国の部隊を、ドイツで戦うために一七六一年までとどまらせたことは、意味があったのである。〔大〕ピットは、自身そう述べているように、ドイツでの戦いによってカナダを征服し、そのついでに、他の場所も征服したのである。彼がこれを行い得たのは、彼が、フリードリヒ大王やフェルディナントの戦いの、イギリスにとっての政治的重要性、戦略的重要性を、しっかりと認識していたからなのであった。[21]ただ一つ残念なことがあったとすれば、プロイセンとの関係が、一七六一年から六三年の間ぎくしゃくし、それが、この先の将来、互いの関係が離れてゆく原因となったことである。

さらには、イギリスの戦略と戦争努力は、一七六一年まで、政治家たちがそのコストについて愚痴をこぼしていたものの、すべての参戦国のなかでもっとも痛みの小さなものであった。フリードリヒ大王は、この戦争が彼の国にもたらした荒廃について気のめいる調査をなし得たことであろうが、イギリスは、ほとんど無傷であった。実際のところ、イギリスは、この戦争の間、繁栄していたようにも見えるのである。貿易量は、年を追って増加しており、海運量は三万二〇〇〇トン以上増加して五〇万トンを大きく超えるまでに成長し、ヨーロッパ全体の海運量のおよそ三分の一を占めるまでになっていた。[*22] イギリスがこれだけの繁栄を謳歌できた理由の大部分は、単純に、海外市場の確実な拡大と、戦争がなくても起こっていたであろう産業革命の最初の段階の「始まり」に求められるであろうが、戦争需要が産業にもたらした経済刺激効果と、イギリス海軍による商業海運の保護の効果——これは受け身的な理由であるかもしれないが、非常に有効であった——もあったのだ。これは、また、戦争の期間を通してイギリスが維持していた海上覇権と、イギリス貿易の規模の大きさがもたらした成果なのでもあった。イギリスの貿易は、今や、八〇〇〇隻を超える数の商船によって担われ、コーベットが述べるように、フランスの通商破壊によって、〔イギリスがフランスに〕「軍事的優位に結びつくだけの損害を与えることができない」ほどの規模となっていたのである。[*23] 唯一深刻な被害を被った場所は、〔一七六二年にジョージ・〕ロドニー（George Rodney）がマルティニーク島を征服するまでの西インド諸島のみ、であった。そして、イギリス政府が、一二〇隻を超える数の戦列艦（この内の四〇隻は戦争中に建造したものであった）を擁する艦隊の費用を賄い、二〇万人を超える数の兵を養い、そしてフリードリヒ大王に支援金を払い得たのは、もちろん、増えつづける貿易からの収益と、拡大しつづける国富のおかげなのであった。プロイセン駐在イギリス大使への報告の中で述べられていたように、「われわれは、戦士であるとともに商人であるべきなのである……わが国の貿易は、海上戦力の適切な行使によって成り立っているのだ……貿易と海上戦力は、互いが互いを必要とする関係にある……わが国の真の力の源は、金持ちたちであるのだが、その彼らは、わが国の商業によって生計を立てているのである。」[*24]だが、イギリスの財政政策、海軍政策、陸軍政策、植民地政策、ヨーロッパ政策をつなぎ合わせて、一つの大きな塊として捉えることのできた人物は、おそらく、〔大〕ピットただ一人なのであった。

一七六一年までのイギリスの海上支配があまりにも完全なものであったために、〔大〕ピットが退陣し、スペインがこの戦争でフランスの側に加わっても、イギリスの勝利は、さらに重ねられていった。海上封鎖は、すぐに、スペインの各港にまで拡大され、ポルトガルは、侵攻から守られ、西半球におけるスペイン貿易の中心地であったハバナは、一七六二年、たくさんの戦利品や船舶とともに、イギリスに獲得された。そのしばらく後には、フィリピンも落ち、フィリピンと同時に、高価な財宝を載せた二隻の宝船も獲得された。海上にいかなる危険も存在しなくなり、ヨーロッパにおいて反プロイセン同盟が崩壊したことが、ビュート〔ジョン・スチュアート〕の内閣を、さらに和平の方向へと向かわせた。〔大〕ピットが望んでいたように、もしイギリスが、この戦争をさらに引き延ばし、さらに激しいものにしていたならば、その場合、この戦争は、間違いなく、ブルボン〔フランス〕にとって、さらに厳しいものとなっていたであろう。だが、内閣は、国債の発行高が一億二二〇〇万ポンドにまで上昇していたことに危機感を募らせており、戦争の経費が、今では、不必要なものになったように思えてきたのである。イギリスが海上であまりにも強くなってしまうと、他のすべての国々を対英同盟に向かわせてしまうことになる、という考察は、すべての敵が消滅することをあからさまに願っていた〔大〕ピットの願望よりも、あるいは、国際関係が安定するための条件を、鋭く認識していたことの結果であるかもしれない。

イギリスは、フランスに、マルティニーク、グアドループ、マリー＝ガラント島、セントルシア、ゴレ、ベル＝イル＝アン＝メール〔フランス・ブルターニュ沿岸の島〕、セント・ローレンス湾の大部分――ニューファンドランドの漁場――を返却し、スペインにキューバとマニラを返却した後においても、〔七年戦争の講和条約である〕一七六三年のパリ条約が結ばれた時点で、自国の歴史上、最大の戦利品を手にしていたのであった。イギリスは、カナダ、ノヴァ・スコーシア、ケープ・ブレトン島からフランスを追い出し（そして、〔フランスは〕スペインのためにルイジアナからも退出した）、スペインを西フロリダから追い出したことで、北アメリカ大陸という重要な場所の完全なる支配権を、実質上、手にしたのである。また、イギリスは、ミノルカ島を取り返したことで、地中海の支配権を維持し、セネガルを獲得したことで、西アフリカにおける立場を強化し、グレナダ、セントビンセント、トバゴを獲得したことで、西インド諸島における立場を強化したのであった。他方、インドにおけるフランスの政治的影響力は根絶されることとなった。それに加えて、大陸のパワー・バランスは、維持される――イギリスの視点から見れば、ヨーロッパの中心軸が、その後しばらくの間、東の方向に移動することで、自国に有利な方に少し傾いたのであった[*25]――一方で、ハノーヴァーは、独立を保ったのであった。これらイギリスが新たに獲得した場所すべては、一九世紀のイギリス帝国の基盤となるのであるが、この戦争で領土を増やした国が他になかったことを考え合わせると、このことは、さらに一層、きわだってくるのである。フリードリヒ大王さえも、プロイセンがシュレージエンを保有しつづけることを認められただけだったのだ。

　マハンは、次のように観察している。「この戦争で利益を得たただ一つの国」は、「平時に稼ぎを得るために海を活用し、戦時に海を支配した国であった。自らの海軍の大きさ、海に糧を得る自国民の数の多さ、地球各地に無数に散らばる活動のための数多くの拠点によって海を支配したのである。[*26]」彼の言葉は、一言一句、すべて正しい。だが、七年戦争の結果全部を表現するものとしては、それでもいいたりないものがある。ドイツの歴史家ルードヴィッヒ・デヒーオ（Ludwig Dehio）は、さらにうまい表現で、七年戦争の結果をいいあらわしている。デヒーオによれば、イギリスの成功の真の鍵は、イギリスの立場や政策におけるヤヌスのごとき二面性に宿るのである。「その顔の一面を、そこでのバランス・オブ・パワーを調整するために大陸に向け、別の一面を、海上での自らの支配を強めるため海に向けていた」のである。[*27] イギリスは、自らの歴史上における、最大の勝利を得たのであったが、それを成し遂げたのは、一面のみの戦略ではなかったのだ。そうではなく、旧世界〔ヨーロッパ〕における展開と新世界〔アメリカ〕における展開が、相互に影響し合う特性を認識したことによって、そして、海上における経済力の重要性を認識したことによって勝利を獲得したのである。

しかしながら、パリ条約から一五年も経ない内に、イギリス帝国は、どん底まで落ちこんだ。その状況の変わりようは、あまりにもすさまじいものであり、後知恵という歴史家の恩恵をもってしても、なかなか理解するのが難しいものがある。アメリカ独立戦争の期間には、七年戦争の期間にイギリスの助けとなったほとんどすべての要素が、イギリスに逆向きに働くか、あるいは、せいぜい、中立的に働いたのであった。前回の闘争〔七年戦争〕においても、イギリス人は、その初期に、いくつかの手痛い敗北を味わった。だが、大きな戦略的立場では、常に優位な位置にあり、長い目で見れば、勝利が得られそうに思われていた。ところが、今や、イギリスが直面していた不利は圧倒的であり、これに比類し得るのは、一九四〇―四一年の絶望的な日々だけ、というところまで落ちこんでいたのである。

一七五六―六三年戦争と一七七六―八三年戦争の違いのいくつかは、一見で明らかなものである。まず第一に、〔大〕ピットがいない。たしかに、〔大〕ピットをもってしても、異なる状況の下でイギリスの勝利を目指すという環境の中では、天賦の才の限界を露呈する事態となっていたかもしれないし、一七七七―七八年の彼の発言は、アメリカの反乱者たちと妥協するということに関して、彼に問題の重大な思い違いがあったということを明らかにしている。そうはいうものの、それでも、この時期のイギリスのリーダーシップが、政治にしても、軍にしても、並はずれて低いものであったという事実は残るのである。〔一七七〇—八二年の首相〕ノース〔フレデリック・ノース〕（Frederick North）も、〔一七八二—八三年の首相〕シェルバーン〔シェルバーン伯爵ウィリアム・ペティ〕（William Petty, Earl of Shelburne）も、他のいかなる著名な論客たちも、国家を盛り立てることができなかったのである。一八世紀のイギリス政治において、「派閥」は、常に重要な役割を担っていた。また、昔の政治家たちが、自分自身や自分の属する階級の経済的利益、政治的陰謀、政党間のライバル関係、支援者への利益供与に大きな関心を払っていたというのも事実である。そうはいうものの、一七六〇年以降の時期は、こうした傾向が最大限に表れた期間であったように思われる。王室の継続的な干渉、やっつけ仕事、さらには、政治的多数の突然の崩壊、役職を得るための駆け引き、増加していた群衆による暴力、報復的なマスメディア、パンフレットでの論争は、すべて、急速な工業化と農地の変革を背景としたものであったが、挙国一致のための政策の土台ではなかった。海軍も、アンソンの時代には、極端な形の自己利益誘導からは確実に距離を置いていたが、今では、「海軍委員会（The Board of Admiralty）と野党系の艦隊司令官たちの頻発する仲たがい」に影響されるようになっていた。[*28] 海軍士官たちの間には、〔オーガスタス・〕ケッペル（Augustus Keppel）のように、アメリカの反乱を力ずくで押さえつけようというその考え方自体を認めない者たちもいた。ケッペルと〔ヒュー・〕パリサー（Hugh Palliser）に対する軍法会議は、海軍が、政党間の隔たりによって分断されていたことを物語っている。直観によるリーダーシップや大胆さは、ホークやボスコーエンを特徴づけるものであったが、ケンペンフェルト（Richard Kempenfelt）やロドニー（George Rodney）を含めて、こうした特性を示した提督は、〔この時代には〕いなかったようである。また、その軍事的能力において、ウルフやフェルディナント・フォン・ブラウンシュヴァイク、フリードリヒ大王に近づいた陸軍将官もいなかった。提督たちと同様に、その大部分は、それなりの能力を持ち、それなりの知性を備えてはいたが、いかなる基準で考えても極めて難しい状況下において、その状況を克服できるだけの資質には欠けていたのである。

このように、尊敬される国民的政治指導者や才能のある軍事指導者がいなかったことによって、イギリスは、〔アメリカ独立〕戦争の期間を通して、一貫性のある戦略上の原則も、効率性も、一度も持つことはなかった。それ以前の時代には、マールバラやチャタム〔大ピット〕によって担われたものである。その代わりに、国家の労力は、あちらこちらに向けられていた。そのため、一つの戦域において一つの決定的な勝利を得ることが困難だったのである。最初の内こそ、海軍本部は、アメリカ東海岸に、すべての注意を注ぐことができた。だが、一七七八年にフランスが参戦し、翌年スペインが加わると、視点がずれた。〔リチャード・〕ハウは、「最重要目標」について、次のような指示を受けた。「現在のところはフランスを追いこむこと、それから、敵の試みから国王陛下〔イギリス〕の財産〔領土〕をお守りすることである。[*29]」だが、いうは易く行うは難し、なのであった。アンソンの政策がそうであったように、艦隊をイギリス海峡の海域に集中させていたら、フランスの大西洋への出口を確実に押さえられたのではないだろうか？　ケンペルフェルトは、厳しい海上封鎖に反対し、その代わりに、船を臨戦態勢で〔イングランド南西部の〕トーベイに置くことを選んだ。冬の嵐が、船に大きな損害を与える、というのがその理由であった。この戦争の期間中、敵の行動によって失われた戦列艦がわずか一隻であるのに対して、「海難事故」で失われた戦列艦は一五隻に達したという事実から考えると、[*30]この観点だけで考えれば、彼の主張は、合理的なものに見える。だが、これは、フランスのすべての小艦隊が自由に出航し、ワシントンの支援や、西インド諸島での干渉や、インドの海域での襲撃に向かうことができた、ということを意味したのである。いいかたを変えれば、イギリスの軍艦の損傷を一時的に防いだことによって、より遠くの海において海上支配を確立できないことに、問題〔の場所〕を動かしただけなのである。そして、マハンが指摘しているように、「敵の港を監視するのに必要な船の数が何隻であったとしても、その数は、逃げた敵によって危機に晒されるあちらこちらの利益を擁護するのに必要な船の数よりも、少ないはず」[*31]なのであった。

このような労力の分散の実例は、非常に多くあった。〔一七八一年の〕ヨークタウン〔の戦い〕で〔チャールズ・〕コーンウォリス（Charles Cornwallis）が降伏したことは、〔イギリスの〕アメリカ拠点（The American Station）から船がいなくなっていたことの直接的な結末であった。このことによって、より優勢な〔フランスのフランソワ・〕ドゥ・グラス（François de Grase）が、チェサピーク湾を封鎖することが可能となったのである。だが、本国海域に艦船を集中させたからといって、フランス・スペイン艦隊のイギリス海峡へのすばやい侵入を防ぐには、多くの場合、艦船の数が足りておらず、イギリスが侵攻を受ける危険性は、一六九〇―九二年以降で、もっとも高くなったのであった。その一方で、国王と西インド諸島の〔イギリス人〕商人たちが強く主張したことによって、強力な艦隊を、この地域にも送らざるを得なくなった――ジョージ三世〔在位一七六〇―一八二〇年〕は、「この島が侵攻される危機があったとしても」[*32]とまで、書き記していたのである。〔スペインに包囲された〕ジブラルタルは、三度にわたって、多大な努力と、大規模な戦列艦艦隊を派遣することによって、やっとのことで解放することができた。インドについていえば、イギリス人が、他のもっと重要な多くの戦域で窮地に立たされている間、インドは、戦略上の僻地でありつづけなければならなかった。

もちろん、この非効率なその日暮らしの政策は、多くの歴史家たちが、この戦争でイギリスが敗北した主要な理由とみなすものに直結する。その理由とは、十分な海軍力を持たなかったことである。イギリスは、ありとあらゆる場所で優位に立てるだけの力は持たず、イギリス海峡、ジブラルタル、西インド諸島、アメリカ沿岸という四つの主要な戦域のどこからも撤退しようとしなかったため、その結果、イギリスは、これらすべての場所で劣勢となった。〔海軍史家のジェラルド・S・〕グラハム（Gerald S. Graham）教授が、次のように書いている。「当時〔一七八一年一〇月〕、北アメリカ沿岸では、グレーヴス少将が優勢なフランス海軍に対峙しており、ジャマイカ周辺の海域では、ピーター・パーカー中将が、かなりの規模のスペイン小艦隊と対峙しており、その間、弱体化され、ひどくおざなりにされていたイギリス海峡艦隊は、倍近い規模のフランス・スペイン連合艦隊に対して、自らを守るために、必死に備えを行っていた。[*33]」このように不十分な海軍力は、イギリス海軍は少なくともフランスとスペインを合わせた海軍力に匹敵する力を保たなければならない、という暗黙の了解が破られていたことをそれとなく示しているのだが、その責は、ジョージ三世期の平時の行政に求められるのである。海軍予算は、一七六二年の段階では七〇〇〇万ポンドを超えていたが、〔エドマンド・〕バーク（Edmund Burke）やチャタム〔大ピット〕の警告にもかかわらず、この時期、国際関係が不安定であったにもかかわらず、一七六六年には、二八〇〇万ポンドにまで削減され、また、一七六九年には、わずか一五〇〇万ポンドとなった。[*34]七年戦争の間、多くの戦列艦が、十分に寝かされていない木材で建造され、その後、現役を外されて、朽ちるままにまかされていた。驚くことではないが、「ロイヤル・ジョージ」を含めて、その多くは、そのまま沈んでしまったのである。イギリス海峡艦隊に配備された三五隻の戦列艦の内、まともなのは六隻だけだ、とケッペルが不満を述べていたことが知られている。さらには、この問題はアメリカの反乱によって一層悪化したのであった。多くの熟練した船乗りに加えて、海軍に必要なタール、マスト、木材が、この地方からもたらされていたからである。今や、艦隊からマストがなくなり、自分たちの仲間になっていたであろう者たちが、活気にあふれるプライヴェティーア作戦に参加して、戦争が終わるまでに三〇〇〇隻のイギリス商船を奪う様子を眺めることを、余儀なくされたのであった。[*35]そして、この造船所における根本的な問題に対して、〔海軍大臣などを務めた〕サンドウィッチ〔第四代サンドウィッチ伯爵ジョン・モンタギュー〕（John Montagu, 4th Earl of Sandwich）の努力は、限定的な成功しか収められなかった。[*36]イギリス海軍が、〔一七八二年の〕セインツの海戦の後も、アンソンやピットの下で謳歌していたような海軍覇権の地位に近づくことのなかった理由は、まったくもって明白なのである。

一七六三年以降のフランス海軍とスペイン海軍の変革は、イギリス海軍の平時の衰退に比べて、あるいは、驚きであったかもしれないが、確実に、予期しがたいものではなかった。ショワズールは、パリ条約の条文を交渉している間にも、イギリスの植民地支配と海上支配に対する、この先の挑戦を計画していたのであった。八〇隻ほどのフランスの戦列艦が、一七七九年までには、用意された。その大部分は、イギリスの戦列艦に比べ、すぐれた設計になっており、高速で、大きかった。そして、これらの戦列艦を、造船所のネットワーク、予備の木材、常設の徴兵制度、知識を備えた海軍士官層、それから、大事なことに、新しい国王であるルイ一六世〔在位一七七四―九二年〕が支えていたのである。スペインはスペインで、六〇隻の主力艦を準備することができた。もっとも、これらは、実戦においては、この数が示唆しているほどの活躍は、できないものであった。そうはいうものの、その結果として、イギリス海軍の艦隊は、敵に劣っていることを、繰りかえし発見することになるのである。たとえば、ケンペンフェルトは、一七七九年、〔イギリス〕侵略の脅威をなんとかするため、「牽制艦隊（fleet in being）」戦略を執るしかなかったのである。西方海上で備えているが、仏西艦隊との全面対決は決して試みない、という戦略である。幸いなことに、シュフランを除いて、仏西連合海軍の司令官たちは、自分たちの優位を最大限に生かそうとはしなかった。マハンが述べているように、「大きな戦略上の動きとしても、戦場での行動においても、自分たちの数の優位を生かして、はるかに小さい敵艦隊を木っ端みじんにし、数の違いをさらに大きなものとし、それを支える組織的な軍事力〔イギリス海軍〕を破壊して、海の帝国〔イギリス帝国〕に終止符を打とうという考えは持っていなかったように思われる」[*37]。イギリスが、さらに大きな敗北を味わわずに済んだのは、ひとえに、敵の、臆病さ、分かれた見解、ちりぢりの目標のおかげであった。

だが、フランスの海軍力の復興を詳述することだけでは、全体像の半分しか描けないのである。さらに重要な問題が残されているのだ。フランスは、それ以前の三回の戦争において、イギリスの海上支配に対して、ほとんど挑戦しようとはしなかったのだが、どうして、今になって、イギリスに匹敵するか、あるいは、勝るような艦隊を生むことができたのであろうか？　その答えは、国際関係の状況を見れば、一見で明らかになることである。フランスは、それまでの戦争においては、国家安全保障の観点から、大陸での作戦を優先させていたが、イギリスと戦争を行うにあたって、初めて、海上作戦と大陸作戦を分割しなかったのである。それまでとは異なり、ブルボン王朝は、自らの資源を、海での戦争に投じることができたのである。この変化は、フランス海軍の予算に鮮明に表れていた。一七六〇年、海軍大臣の〔ニコラ・ルネ・〕ベリエ（Nicolas René Berryer）は、海軍に三〇〇〇万リーブルしか割り当てられておらず、しかも、その内の二一〇〇万リーブルは、実際には、植民地、借り入れの返済、その他の非海軍費に用いられている状況では、西インド諸島を防衛することはできない、と文句を述べていた。ベリエは、イギリス海軍は一億五〇〇〇万リーブルの年間予算を受け取っている（一〇〇万ポンド＝一八〇〇万リーブル）！　と主張していたのである。だが、海軍の四倍の予算を割り当てられていた陸軍の陸軍大臣〔シャルル・ルイ・オーギュスト・フーケ・ドゥ・〕ベル＝イル（Charles Louis Auguste Fouquet de Belle-Isle）が、すでに切り詰められていた予算をベリエを助けるためにそれ以上削減することを断ると、イギリスに海上と植民地において挑戦しようという考え方そのものを、あきらめざるを得なくなったのであった。[*38] ところが、それまでとは打って変わって、一七八〇年には、フランス海軍の予算は、総額で、一億六九〇〇万リーブルになり、一七八二年には、二億リーブルに到達したのである。かなり圧倒的な支出の増額であり、これによって海軍は、少なくとも、しばらくの間、「王国第一の軍」となったのであった。[*39]「フランスは、陸上にて何も恐れるものがなくなったら、海上においてわが国を凌駕することとなろう」といったニューカッスルの悪い予言が現実のものとなったのである。

　イギリスの政治家たちすべてもそうであったとはいえないかもしれないが、イギリスの提督たちは、フランスを海から追い払うことの必要性を、もちろん、認識していたのであった。海軍本部は、一七五六年にミノルカ島を失ったことへの批判の返答として、次のように述べていた。「この度の戦争と、[一六八八年の]革命後の諸戦争と比べることはできない。これまでの諸戦争においては、フランスと戦うにあたって、強力な同盟国が常に大陸にあり、これらの同盟国の軍事力と予算が大陸において費やされ、これによって、わが国、あるいは、わが国の植民地に危機が及ぶことが効果的に防がれたのであった……」[*40] そうはいうものの、これが書かれた頃、すでに、フリードリヒ大王とフェルディナント・フォン・ブラウンシュヴァイクの作戦が、フランスの貯えを、どんどんと費やし始めていたのである。これが、フランス海軍の窮乏化につながり、一年後には、ベリエが、そのことを、強く嘆くことになるのだ！　だが、アメリカ独立戦争においては、フリードリヒ大王も、フェルディナントもいなかったのである。実際、大陸への陽動となる存在が、まったくなかったのだ。その代わりに、イギリスは、ヨーロッパでの孤立に一人で直面しており、そのような孤立化を、イギリスの扇動家たちが、支持していたのである。海軍大臣であったサンドウィッチは、一七七九年に書いたものの中で、問題の所在を指摘していた。

> 敵は、わが国に勝っている。どうやったら、そして、いつになったら、わが国は、かつて以上とはいわないまでも、かつてのような軍を持てるようになるのであろうか、と聞かれることだろう。この質問には、こう答えよう。イングランドは、今の今まで、完全に一体となったブルボン王朝と海戦を戦ったことはないのである。海軍が分割されておらず、他の戦争を抱えておらず、王朝の関心や資源を引きつける戦争や目標が他にない状態のブルボンである。不幸なことに、わが国は、余分な戦争を抱えこんでいる。この戦争が、実際に、わが国の資源を消費し、この戦争には、わが国の陸軍と海軍のかなりの部分が投入されている。わが国には、ただ一つの友好国もなく、わが国を支援してくれる同盟国は一つもない。それどころか、かつてのわが国の同盟国は、ポルトガルを除いて、すべてわが国と対峙しているのである。わが国の敵が、その艦隊を装備するのに必要な

ものを提供している状況なのである。[*41]

一七七六―八三年にイギリスが大陸に同盟国を得られなかったことは、海軍史というよりも、外交の問題であった。[*42] フリードリヒ大王は、未だに一七六二年の仲たがい〔英普同盟が崩壊したこと〕に怒っており、フランスとの戦争に「イギリスの大陸における刃」として関わる気持ちはさらさらなく、自国の外交的な立場が確保された今となっては、殊更にそうなのであった。オーストリアは、フランスと、あまりにも緊密に結びついていた。ロシアは、西ヨーロッパでの戦争に影響を与えられそうな場所には位置してはいなかったものの、もっとも有望な同盟相手に思われた。だが、イギリス政府には、エカチェリーナ二世に、その代償を払う用意はなかったのである。ハノーヴァーをロンドンは、常に、フランス陸軍の人質だとみなしていた。そうはいうものの、パリの目を東に向けられる存在でもあった。そのハノーヴァーは、中立を保っていた。ハノーヴァーの中立は、フランスは大陸での戦争に引きずりこまれてはならないとしていたショワズールの原則に合致するものであった。その一方で、より規模の小さな海洋国家群は、イギリスの中立国に対する戦時中の政策を、伝統的に嫌悪していた。このような感情は、「自由海運（free ships）」「自由取引（free goods）」の信念に根ざすものであった。皮肉屋の見方によれば、このような信念は、最強の海軍国家の側に立って戦う場合は、どういうわけか、消えてしまうのであった。ここで思い出されるのは、七年戦争中の政策である。この時は、〔大〕ピットですら、オランダ人、デンマーク人、スウェーデン人、スペイン人の抗議に対して妥協的な立場を採らざるを得なくなった。これらの国々が、フランスからの呼びかけに呼応して反英海上同盟を結成する可能性を恐れたからである。だが、大陸諸国は〔イギリスが発した〕「一七五六年戦時法（The Rule of War of 1756）」に対して強い憤りを持っていたのである。これは平時に取引のない国が戦時にフランス植民地に商品を持ちこむことを禁じたものであった〔つまりは、イギリスの敵国と貿易を行う中立国の船は拿捕する、というイギリスの一方的な宣言〕」。一七六一年にベッドフォード〔第四代ベッドフォード公爵ジョン・ラッセル〕(John Russell, 4th Duke of Bedford) が鋭く示唆していたように、中立国の立場から見れば、〔イギリスによる〕海軍力の独占は、「ヨーロッパの自由にとって、少なくとも、ルイ一六世〔による陸軍力の独占〕と同程度に、危険なものとなり得た……」のである。[43] イギリスは、そこで、一七七八年以降に旧来のやり方に立ち返ろうとしたが、「武装中立同盟 (Armed Neutrality) (一七八〇年)」という形での強い反発を招いたのであった。イギリスへの反発があまりにも強かったため、イギリスは、力によって譲歩せざるを得なくなったのである。オランダに対して宣戦布告をするというのも考え方の一つであった。この時までに、オランダは、弱い海軍国家の一つになっていたからである。だが、フランスとスペインの海軍力がすでにイギリス海峡を支配している状況にあって、北方諸国の八〇隻あまりの戦列艦と対峙するという事態は、熟慮するまでもなく危険なこととして、退けられた。そうはいうものの、この譲歩が意味することとは、バルト諸国の船舶用品が、邪魔されることなくブルボン王朝の造船所に流れこむ、ということであった。一七八三年までには、ポルトガルと両シチリアも、ロシア、スウェーデン、プロイセン、オーストリア、デンマークの武装中立同盟に加わった。イギリスは、完全に孤立状態となったのである。ある研究者の言葉によれば、これが、この戦争でイギリスが最終的に敗北することになる「決定打」になったのだ。[44]

フランス海軍の、イギリス海峡、ジブラルタル沖、西インド諸島、ヨークタウン沖での介入は、アメリカでの戦争でイギリスが勝利を収めることに失敗する上で、明らかに、重要な役割を果たした。〔ジョージ・〕ワシントンは、ドゥ・グラスに、次のように、こびるように書き送っていた。「陸上兵力がたとえどんなに努力をしたところで」「この度の戦争の行方を左右するのは海軍です。[45]」だが、もしイギリスが、この戦争を通して制海権を握っていたとしたら、イギリスは、北アメリカにおける抵抗を制圧することに成功できたのであろうか? イギリスは、たとえそうであったとしても、それまでまったく経験したことのないような状況で、戦争を戦わねばならないのであった。元々の〔アメリカ独立以前の〕イギリス帝国は、貿易を中心に据えており、わずかな数の拠点、出先機関、入植地を保有していたが、この内、大規模な駐屯部隊を必要とするものは、皆無であった。戦争が起きた場合には、より重要な西インド諸島を防衛するか、獲得するために、遠征部隊が送られるのであったが、その場合も、遠征部隊の規模は、通常、一万を超えるものではなかった。植民地は、基本的に、シーパワーによって守られていたのである。イギリス海軍の、本国と植民地を結ぶコミュニケーション路を敵の攻撃から守る能力によって、守られていたのである。実際、イギリス帝国が拡大できた主要な理由の一つは、イギリスの、「遮断」能力と呼べるものにあった。イギリスは、大陸の側面に位置しているというその地理的な位置によって、ヨーロッパのライバル国が、海外と結びつくことを「遮断」できるのであったが、その能力のことである。イギリスが、この「遮断」能力を恒常的に失うのは、一九世紀も末になってからである。その地理的位置から、このような圧迫の影響を受けない、アメリカ海軍と日本海軍が勃興してきたことによって初めて、イギリスは、この能力を失うこととなるのだ。それゆえに、初期の頃の植民地の住人たちは、ふつう、イギリスへの忠誠を維持しつづける必要性を感じていたのである。彼らは、イギリスの兵力によって、先住民や外国による攻撃から守られ、イギリスの製品やイギリスの市場を必要としていたからである。植民地の住人たちは、孤立して、特権的な小さなコミュニティーであり、独立しようという意欲も持たなければ、その能力も持たないのであった。

だが、一八世紀のなかばまでに、北アメリカの諸植民地は、まったく異なるものに変貌していたのだった。彼らの人口は、すでに二〇〇万を超えており、三〇年ごとに倍ずつ増えていた。今や、フランスの脅威が取り払われ、彼らのロンドンへの忠誠心は、弱まりつつあった。これら植民地の住人の多くは、政治的亡命者や宗教難民たち（あるいは、彼らの子孫たち）であり、ゆくゆくは本国に帰るつもりの――忠誠心を持っていた別の大きな理由である――西インド諸島のプランター〔農園主〕たちや、東インド会社の社員たちとは、意志を共有してはいなかった。さらには、アメリカ人たちは、本国と商取引を忙しく行っていたというのは、確かに事実ではあったものの、事実としては、彼らは、食糧にしても、他の多くの日用品にしても、自給できるようになっていたのである（もっとも、武器については、未だ輸入を必要としていた）。このことにより、国の規模が大きかったことも相まって、北アメリカの各植民地は、他のすべてのイギリス植民地とは異なり、シーパワーの働きとは、おおむね無関係でいられたのであった。もちろん、イギリス海軍が東海岸や川の河口域を支配できた、というのは事実である。だが、そこから西では、反乱者たちは、何の制約を受けることもなく活動できたのである。イギリス政府は、これらすべてを認識できていたわけではない。一七七四年一二月になっても、戦時大臣（The Secretary at War）であったバリントン卿〔第二代バリントン子爵ウィリアム・バリントン〕（William Barrington, 2nd Viscount Barrington）が、次のように書き送っていたのであった。「陸路からの征服など、不要である。彼らは、わが海軍陸戦隊によって、まずは苦難を味わされ、その内、従うようになるであろう。」まるで、海上封鎖によってナチス・ドイツを跪かせられるとしたネヴィル・チェンバレンの一九三九年の望みと同様の、誤った思いこみである。[*46] 実際のところ、一七七六年の反乱の勃発で、より大きな苦しみを味わったのは、イギリスの側なのであった。死活的であった北アメリカからの造船資材が、瞬く間に途絶えてしまい、造船計画がこれに影響を受けることになったのである。

だが、アメリカの反乱者たちをシーパワーだけで鎮圧することができなかったのであれば、イギリスの軍事上の頭痛は増すのであった。一つの島を制圧するのと、一つの大陸を制圧するのとでは、まったく異なる次元の話なのだ。アメリカの田舎は荒涼とした大地で、コミュニケーション網は貧弱で、ほとんどの場所は、大規模な陸軍を維持するには不向きな場所であった。さらにいえば、アメリカ人たちは、自分たちのホームで戦ったのに対し、イギリス人たちと、イギリスの傭兵となったドイツ人たちにとって、戦いの場所は、家からはるかに離れた場所であった。このことによって阻害されたのは、報告や命令の伝達だけではなかった。このことによって、当時未発達であった兵站が、大きな問題となったのである。「アメリカにいるイギリスの部隊が必要としている、一枚一枚のビスケット、一人一人の兵隊、一発一発の弾丸は、海を越えて、三〇〇〇マイル向こう側へと運ばねばならない」からであった。[*47]反乱を鎮圧するのにどれだけの兵力が必要であるのか、それすらも述べられないような状況であった。一七七八年までに、北アメリカの兵力は、五万を超えるものとなっていたが、勝利を達成できるようなみこみは、ほとんどなかった。[*48]チャタム〔大ピット〕がすでに指摘していたように、フランス領カナダを鎮圧する際にも、同規模の兵力を必要としたのであった。その時は、アメリカ人の援軍があったにもかかわらず、それだけの兵力を必要としたのである。抵抗のしつこさが、問題をさらに大きなものとしていた。ヨーロッパでの戦争では、敵の首都へ進軍すれば、たいてい、相手は降伏するのであった。だが「植民地社会の結びつきは、非常にゆるいものであったので、ニューヨークやフィラデルフィアを落としたからといって、ベルリンやパリを落とすのと同様の効果は得られない……」のであった。[*49]アメリカ人を打ち負かそうとしたイギリスは、ロシアを打ち負かそうとしたナポレオンと同様の問題にぶち当たったのである。イギリスに勝つみこみがあったとすれば、それは、それなりの数のイギリス忠誠派が得られる場合に限られるのであった。もしそうなっていれば、今振り返って見ているのに比べてみても、多少のみこみが生まれていたことであろう。つまり、ある軍事史家が、最近、次のように結論しているが、そのような状況に陥っていたのである。「おそらく、イギリスがアメリカで権威を取り戻すことは、軍事的手段でどうにかできる範疇を超えた問題であったのだろう。軍事的手段がたとえ完璧であったとしても、解決できないような問題だったのである。」[*50]

そして最後の問題として、たとえ反乱軍の主力を殲滅させ得たところで、地理上、兵站上の環境が非常に厳しい中、数が多く、才気に富み、イギリスに対して憤慨したアメリカ人を統治するという難しさは、そのまま残るのであった。覚悟を決めた少数の兵力によって、インドやペルーは、あるいは、征服し、おとなしくさせることはできたかもしれないが、北アメリカでは、これは、不可能であった。これを行うには、イギリスの伝統的な戦略をひっくり返す必要があり、軍種間〔陸海軍間〕の力関係をひっくり返す必要があったのである。このことによってイギリス政府は、不愉快な選択を迫られたのであった。多大な費用をかけて大規模な駐屯軍を海外に置くか、それとも、植民地住人たちの要求に屈するか、という選択である。ここでも、年老いたチャタム〔大ピット〕は、この問題を簡潔にいいあらわしていた。彼は、こう述べていた。「彼らを痛めつけることはできるかもしれないが、彼らの征服は、不可能だろう。だが、たとえ征服に成功できたとしても、それでどうだというのだ。われわれは、彼らから、尊敬を勝ち得ることはできないのである……」[*51] アメリカ独立戦争において、イギリスは、それまで経験したことのない軍事的問題に直面しただけではなかった。自分たちの同胞を海外へと多数送り出した、その政治上のつけ、憲法上のつけを払わされることになったのである。彼らが、本国のイギリス人と同等の権利と特権を要求したことで、そのつけを払わねばならなくなったのである。

大洋の反対側で大規模な陸上戦を戦うことにまつわるイギリスの困難は、同様の問題〔に見舞われた戦争〕を思い起こさせる。一八九九―一九〇二年のボーア戦争である。だが、この、後の時代の紛争では、イギリス海軍は、非常に力強く、他の大陸諸国の干渉もなかった。一七七六―八三年の戦争でイギリスが向き合っていた困難な状況を考えると、驚くべきは、イギリスがあそこまで持ちこたえられたことなのである。一七八二年までには、イギリスは、この戦争に負けることを認めるようになっており、多くのイギリス人は、作戦が長くつづくことを望んではいなかった。だが、イギリスは、西インド諸島における海軍の支配権を取り戻し、インド海域では、〔フランスの〕シュフラン〔提督〕からの攻撃をかわし、ジブラルタルを守り抜いたのであった。この頃までには、イギリスの敵も、戦争に倦むようになっており、より寛大な和平条件を交渉する意志を持つようになったのであった。

ここまで来れば、アメリカ独立戦争に敗れたことから得られる戦略上の教訓、そして、七年戦争に勝利したことから得られる戦略上の教訓、この二つを組み合わせて、イギリスが、自国よりも大きく、自国よりも人口の多いフランスという隣国に対して、どのようにしたら勝てたのか、その条件について考えてみることは、可能だろう。まず第一に、イギリスは、広大な土地の支配権をめぐる争いに深入りし過ぎないことである。その土地がどこに位置しようとも、だ。これは、イギリス陸軍の能力ではどうすることもできないことであり、それによって、イギリスの戦争努力全体が、狂うことになるからである。当然ながら、海外における作戦が、自国の植民地軍の支援や、外国の部隊（たとえば、プロイセン）の支援が得られる場合は、話が別である。陸軍戦に深入りし過ぎないことと同程度に重要なことは、ライバルであるブルボン王朝を、純粋な海上戦争から引きはがすための、何らかの手段を見つけることである。マハンが見抜いていたように、「鍵となる」のは、「ヨーロッパの情勢」なのであった。[*52] イギリスは、このように、賢明なヨーロッパ政策によって下支えされる海上覇権を持つことによって、フランスやスペインの海外領土を消滅させることができ、自国の貿易を保護することができたのである。また、貿易からの収入を活用することによって、フランスを陸上戦争において疲弊させる目的で、大陸におけるパートナー国を支援することができたのである。また、イギリスは、どうしてもそれが必要な際には、それなりに整った、だが限定された規模の部隊をヨーロッパに送りこむことによって、支援金政策を補完することもできたのである。これは、成功のためのレシピであり、エリザベス一世、マールバラ公、チャタム〔大ピット〕、他の賢明な戦略家たちが、そのようにみなしていたものであった。時には、頑迷な孤立主義者たちの訴えを無視してまで実行されたのである。孤立主義者たちの主張にもかかわらず、一六八九年から一八一五年までの七回の英仏戦争の内、イギリスが負けたのは、ヨーロッパが戦いの舞台とはならなかった、その一回だけなのだ〔アメリカ独立戦争のこと〕、という事実が厳然として存在するのである。イギリスの部隊は、アメリカ独立戦争の間、三〇〇〇マイルを隔てた海の向こう側で、植民地での巨大な規模の陸軍戦に、はまりこんだのであった。

一七八二年から八四年にかけての各平和調停の条項そのものは、それほど過酷なものではなかったが、それまでどんどんと拡大していた一八世紀のイギリス帝国にとっては、抑制機能を持つものとなった。ミノルカ島（一七八二年にフランスが獲得していた）とフロリダは、スペインへと割譲され、オランダは、セイロン島をふたたび獲得し、セネガルとセントルシア、トバゴはフランスの下に行き、イギリスは、部分的補償として、ドミニカとセントビンセント、グラナダを取り戻すことができた。ロンドンの視点から見てもっとも重要だったことは、アメリカの各植民地の独立が、正式に承認されたことである。これは、帝国の威光にとってかつてなかったほどの打撃であったのみならず、破壊的な経済的影響を持ったものにも思われた。それまでに、北アメリカは、豊かな地域になっており、イギリス製品にとっての、巨大な市場となっており、多くの食料や天然資源の供給元となっており、イギリスの商船の三分の一の建造場所となっていたので、重商主義的な考え方で見てみるならば、このような利点を失うことは、壊滅的なことであった。チャタム〔大ピット〕は、一七七七年、次のように宣言していた。「そこ〔アメリカ〕は、われわれの富の源泉であり、われわれの力の中枢であり、われわれの海軍力の苗床であり、源であった。[*53]」今や、それが、すべてが失われてしまったのである。

だが、チャタム〔大ピット〕の考え方は、間違っており、それには、いくつかの理由があった。第一に、アメリカに、海外領土としての価値がどんなにあったところで、帝国の富、力、海軍力の中心が宿るのは、明らかに、ブリテン諸島の中であり、そこに住む人々の中なのであった。帝国の富、力、海軍力の中心が宿るのは、より大きな人口、より優れたコミュニケーション、より体制の整った政府の仕組み、より強力な陸軍と海軍、より成熟した外交、より進んだ経済、より多く蓄積された資本、〔ロンドンの金融街〕シティの財務面での専門性、より洗練され、より発達した商業制度の中なのであった。これらは、一七七六—八三年の戦争によって、一時的な影響以上のものは、ほとんど受けなかったのである。ある歴史家が述べているように、当時、課税対象となっていたのは、国富のほんの一部であったので、一八世紀の「限定」戦争による政府の財政的な疲弊を、あまりおおげさにとらえてはならないのである。フランスが何度も戦争から立ち直ったことが、ここでは、その良い実例となっている。「収入が尽き、信用がなくなり、戦闘員に給与を払えなくなると、講和となる。だが、その逆もいえるのだ。数年間の平和がつづくと、同じような、限定的で、それほど感情を含まない戦争の準備が整うのだ。[54]」そして、フランスについていえることは、それ以上に、イギリスについてもいえるのである。イギリスの戦後の貿易「景気」が、国庫に新たな収入をもたらしたのである。こうした観点から見ると、イギリスが長期的な衰退をしてゆくことになることへの恐れは、かなり誇張されたものであったように思われてくる。

さらには、一八世紀なかば頃のどこかの時点において、イギリスで、経済生活上の「急速で、累積的で、構造的な変革[55]」が始まったのである。歴史家たちが産業革命と呼ぶところの変革である。この変革は、また、イギリスに、すべてのライバル国に対して、経済上のみならず、政治権力上においても、はっきりとした優位を授けたのであった。どうして、この「飛躍的進歩」あるいは「離陸」がイギリスで起こったか、という点だけでも、数えきれないほどの問いの主題となっているが、ここでは、要点を簡潔に言及するだけにとどめておく。[56]イギリスの政治制度、社会制度は、たしかに未だ貴族階級のエリートが大きく支配するものであったが、柔軟性を持ったものであり、営利企業に対して、非常に寛容なものだった。この営利企業が、利益をもたらし、国力を高めてゆくことになるのである。農業技術分野における著しい発展が、囲いこみの動きと相まって、食糧生産を増加させ、資本の蓄積を加速させ、土地〔地方〕からの「押し出し」要因となった。これを補完したのが、工業での職という「引きつけ」要因であった。国内のコミュニ

	1780	1785	1790	1795	1800	
輸出量（再輸出を含む）	12.5	15.1	18.8	26.3	40.8	（100万ポンド）
輸入量	10.7	14.9	17.4	21.4	28.3	

ケーションは、他の国々においては、多くの場合、経済的な遅れの主要な原因であったが、イギリスの場合は比較的良く、運河とターンパイク・システム〔有料道路網〕の拡張によって、常に、良くなりつづけていた。石炭、鉄鉱石、他の天然資源は、採掘されるのを、待っているような状態であった。過去一〇年間の利益を生む商業活動によって発展していた金融業界（ちょうどこの頃、世界の銀行、保険の中心は、アムステルダムから、ロンドンに、移り始めたところであった）は、新しい工業が発展するにあたって、手のとどく範囲にあった。人口は、一七四一年から八一年の間、一〇年ごとに、四パーセントから七パーセントの割合で増加しており、これにつづく一三〇年間は、一〇パーセントずつ増加するようになっていた。人々は、比較的豊かで、食糧、ビール、衣服、石炭、工業製品への需要が拡大するにあたって、常に、刺激となることができた。技術分野における数々の進歩が、驚くほどに連鎖したことが、新しい機械を生み出し、これを操作できる、多数の技術者や工員が存在したことと相まって、生産性の向上へとつながった。生産性は、人力、風力、水力で達成できる範囲をはるかに超えて、向上していったのである。

イギリス国内のこの著しい発展と連動したのが、一七八五年以降の海外貿易の圧倒的な拡大であった。その拡大幅は、それまでの輸出と輸入の確実な拡大など問題にならないような勢いであった。当時のイングランドとウェールズの生の統計数字を見ることによって、このものすごい拡大の全体像について、理解することができるだろう。[*57]

この商業上の拡大が、イギリスにおける産業革命に先行するものであったのか、それとも、つづくものであったのかを述べることは難しい。一方には、ホブズボーム教授の見方がある。彼は、輸出貿易の急成長が、他の分野に火が付く「きっかけ」になった、と主張している。「一七〇〇年から一七五〇年までの間、国内の工業生産は、生産量を七パーセント拡大させ、輸出産業は、七六パーセント拡大している。一七五〇年から一七七〇年までの間は（この時期は、産業革命が「離陸」するための滑走路とみなすことができる）、そこから、さらに七パーセントと八〇パーセント拡大させている。」この海外貿易の拡大は、それ自体が、イギリス海軍による海上支配と、世界の市場を独占しようとした商人たちの努力を政府が積極的に支援した結果であったが、これが、工業化を「イギリスの起業家たちにとって可能としたばかりではなく、特には、ほとんど、起業家たちの義務としたのであった」[*58]。だが、一八世紀のイギリスの諸戦争が、全体としては、イギリスのライバル国を不利な立場に置き、さらに、（A・H・ジョンが示したように）イギリスの鉄鉱石採掘、石炭、造船、金属生産産業を後押ししたというのは事実ではあるものの、イギリスの製品が優れていて安価なものでなかったならば、そもそも、あれほどの需要を獲得できていなかったはずだ、という点は想起しておく必要がある。ホブズボームが示す因果関係に反する例を二国挙げるならば、アメリカ人も、ドイツ人も、イギリスの製品を買わされたわけではない。〔イギリス産業革命について書いたフランス生まれの歴史家ポール・〕マントゥー（Paul Mantoux）による妥協的な説明の方が、おそらくは、真実により近いであろう。「時には、工業の発展が、貿易に新しい市場を開拓することを強いることにより、商取引関係を強化し、拡大させるのである。時には……商品市場の拡大によって創出された新たな要求が、工業製品企業への刺激となるのである。[*59]」そして、このような相互作用が進むなかで、イギリスは、それまで以上の速さで前進をつづけ、世界を主導する強国となったのである。

　この時期の、イギリスからの輸出先、そしてイギリスへの輸入元を見ることによって、この拡大のグローバルな性格が、さらに浮かび上がってくる。イングランド、ウェールズと、東インドとの間の貿易額を一年平均にならした数字は、一七八一年から八五年までは二九〇万ポンドだったものが、一七九六年から一八〇〇年には、七〇〇〇万ポンドにまで拡大した。西インドとの貿易額は、四一〇万ポンドから一〇二〇万ポンドに、アメリカ合衆国とは、一八〇万ポンドから七四〇万ポンドに、ドイツとは、一七〇万ポンドから一一五〇万ポンドに、それぞれ拡大している。[*60] だが、これらは主要な貿易相手であったかもしれないが、それなりの貿易額の相手は、その他にも多くあった。ヨーロッパの内にも、外にも、である。多くのケースにおいて起こっていたことは、従来すでに確立された市場の拡大であった。たとえば、ドイツとロシアである。同じことは、西インド、東インドとの貿易についてもいえるであろう。ここで付け加えるべきは、東西インドとの貿易量が、これら地域での政治的優勢を確立すべきであるという主張を、商業界の利益集団が政府に訴えることを正当化したようである、ということである。他方、別の側面もある。そして、これが、チャタム〔大ピット〕がアメリカ植民地の喪失を恐れたことが間違いであった、二つ目の理由となるのである。アメリカから〔イギリス以外の〕ヨーロッパへ、たばこや他の植民地産品を売る直接の販路が確立されたのにもかかわらず、一七八五年以降も、イギリスとアメリカの貿易量は、他のヨーロッパ諸国に勝るスピードで伸びていたのである。アメリカ人が、イギリスの製品を買いたいという気持ちは、あきらかに、かつての敵への嫌悪を、上回っていたのである。自治領〔カナダ〕との貿易を優先するというシェルバーン〔一七八二―八三年に首相を務めた第二代シェルバーン伯爵ウィリアム・ペティ〕(William Petty, 2nd Earl of Shelburne) のスローガンは、疑いなく、「深刻な帝国の惨劇を糊塗するための、言葉の上での強がり」なのであった。[*61] だが、政治的支配の喪失は、この当時の人々には驚きであったようだが、深刻な経済的な結果を伴わなかったのである。

だが、この最後に挙げた事実は、重商主義を批判する者にとっての有用な武器とはなったものの、一七八〇年代までに、アメリカの反乱の帰結として、イギリス政府やイギリスの貿易商たちが、新しい反帝国主義的な考え方や、やり方を、意識して取り入れるようになったと結論することは、賢明ではないであろう。商人たちの態度は、攻撃的に、拡張主義的なものであった。この頃の商務委員会 (The Committee of Trade)〔商務省、あるいは商務庁の前身〕の諸報告を指標とするならば、商人たちは、イギリスの産業が、自分たちのなわばりを牛耳りつづけられることに対して、自信満々であったのだ。[*62] 発展したコミュニティーが存在する場所では、自治領を建設する必要はなかった。そして、未発達の社会（たとえば西アフリカ）では、沿岸部への貿易拠点の設置は、植民地行政を打ち立てるよりも、はるかに費用のかからない、より賢明な政策であった。だが、その土地の地元の要因か、外国のライバルが存在することによって、直接の政治的支配が必要であるとされた場合には、これに躊躇することはなかった。大国や小国と通商交渉を行ったこと、インドへの介入を増やしていったこと、マカートニー卿〔初代マカートニー伯爵ジョージ・マカートニー〕（George Macartney, 1st Earl of Macartney）を全権大使として北京に派遣したこと、南アメリカに拠点を築くことを真剣に検討したこと、太平洋に多くの海軍遠征隊を派遣したこと、シドニーに流刑地を築いたことは、すべて、政府が、通商を保護するという要求から、あるいは、戦略上の計算から、この拡大において積極的な役割を果たそうとしたことの現れであった。そのやり方が、伝統的なやり方に則った「公式」なものであったか、あるいは、商業上の優位と不定期な外交に則った「非公式」なものであったかは、ここでは、歴史家たちにとって、その地理的大きさほどには重要ではないようである。イギリスの商人、イギリスの商品、イギリスの軍艦が、どんどんと数を増やしながら、北アメリカ、カリブ海、西アフリカ、インド、東洋、太平洋へと浸透していったのである。

結論として述べれば、アメリカ独立戦争の前と後、この期間を通して起こっていたこととは、イギリスの影響力の大幅な拡大であった。〔歴史家のヴィンセント・トッド・〕ハーロウ（Vincent Todd Harlow）教授が「第二次イギリス帝国の創設」と呼ぶところの拡張である。これは、国内の産業革命の、外における対応物とみなすこともできるかもしれないし、チューダー朝〔一四八五―一六〇三年〕に始まった拡大の、後により進化した部分とみなすこともできるかもしれない。今や、イギリスは、政治力の頂点と、経済支配力の頂点へと向かいつつあった。そして、それには、イギリス海上覇権の頂点が伴うのであった。

ここで述べた、経済的な拡大が、必然的に、イギリスの海軍力の潜在性を補うことになった、ということは、わざわざ述べる必要もないほど明白なことである。海外貿易の急成長とともにやってきたのは、イギリス海運の、目もくらむほどの成長であった。イギリスの各港を出港した総トン数は、一七七四年には、八六万四〇〇〇トン、一七八五年には、一〇五万五〇〇〇トン、一八〇〇年には、一九二万四〇〇〇トンとなっている。イギリスの商船の総数は、一七〇二年に二五万トンであったものが、一七七三年までには、そのほぼ三倍となり、そこから、その後の三〇年で、その二倍となった。[*63] 新しい造船所、船舶整備場、鉄鋳造所、武器工場が急増し、より多くの人々が、海運や造船業に職を得るようになった。これらすべてが、イギリス海軍が、火急の際、頼ることができる〔人的、物的〕資源を増やしたのである。さらには、実験航海や商業の拡大によって、これまで足を踏み入れたことのない地にも、足を踏み入れることとなった。これが、イギリスの影響が及ぶ新しい地を開拓し、これによって、将来海軍が利用できそうな港や貿易拠点が見つかったのであった。やがて、ジブラルタル、キングストン、ハリファックス、ボンベイといった従来からの艦隊拠点に、多くの新しい拠点が加わることとなる。あるものは、平和裏に手に入れ、あるものは、戦利品として手に入れるのである。

産業革命の間、ドック、造船所、武器工場、船員の増加が、海軍にとって直接の援助となったのだが、これに加わったのが、国がますます豊かになり、生産性が向上したことから得られた、間接的だが、極めて重要な援助であった。戦争の経費が多大であったことから、一八世紀の間、政府支出は、激増していた。たとえば、一七五五年から一七六一年までの間で、七年戦争により、年間予算は、四〇〇〇万ポンドから一八〇〇〇万ポンドへと急拡大したのであるが、国は、これを、楽々と賄えたのであり、驚いたアダム・スミスに、こういわしめている。「イギリスは、負担をやすやすと賄っているようだ。半世紀前であれば、このような負担が賄えるとは、誰も思わなかったであろう。[*64]」戦争の経費は、その一部を、様々な商品に課された新たな税で賄っており、別の一部を、増えつづける輸入と輸出に課した税で賄っており、別の一部を、ロンドンとアムステルダムで発行した国債によって賄っていたのである。ロンドンとアムステルダムでは、イギリス政府の信用は常に十分に高く、発行した国債全部が、売り切れたのであった。この同じ要因が、一七七六—八三年戦争からのイギリスの復興を後押ししたのであった。これによってイギリスの国債発行高は、二億三一〇〇万ポンドにまで膨らんだ。小ピットの巧みな財政政策と商業政策が、財務行政の改革、密輸出入の大幅な削減、貿易の拡大、関税と物品税収入の増加、国債の償還のための「減債基金」の創設につながり、シティ〔ロンドンの金融街〕からの政府に対する信頼が大きく向上したのであった。[*65]この信用の向上がどれほど重要なものであったのかは、これにつづくフランスとの一連の戦争のなかで、明らかとなってゆく。戦争中、政府の支出が収入を大幅に上回ることになるのだが、ナポレオンや彼の側近たちが予測したような財政破綻に陥ることなく、借金で賄えたのであった。[*66]

イギリスが世界大国として上昇しつづける——実際、ますます加速しながら上昇していた——絵を描くにあたって、この絵を完成させるのに必要なものが、政府の存在であった。政府が、海軍に、イギリスの重要な利益を守り、義務を遂行するのにふさわしい力を与え、また、アメリカ独立戦争の間を通して経験したような、国の妨げになるような外交的孤立を防いだのであった。この二つの領域において、現れた兆候は、好ましいものであった。〔小〕ピットは、財政的安定と支出の削減に重きを置いていたものの、他国が戦意を催すことをあきらめさせるほど強い海軍を保有することは、過度な浪費ではなく、むしろ、賢明で経済的な手段であるという主張を、常に行うよう覚悟を持っていた。それゆえに、〔小〕ピットは、海軍の平時の人員を、一七八四年に、一万五〇〇〇から一万八〇〇〇へと増やし、一七八九年には、さらに二〇〇〇人増やし、その間、一七八三年から一七九〇年までの間に、三三隻の戦列艦を建造したのであった。さらに、〔小〕ピットは、国家運営の忙しさからチャタム〔大ピット〕ほどには海軍に直接の支配を及ぼすことはなかったものの、（自らの父〔大ピット〕同様に）、自ら、海軍への強い関心を有していた。いずれにせよ、海軍の手綱は、非常に有能なバーラム〔初代バーラム男爵チャールズ・ミドルトン〕（Charles Middleton, 1st Baron Barham）が、海軍主計局長（Comptroller）として、しっかり握っていた。バーラムは、それらに付随した困難に遭いながらも、造船所を改良、拡張し、かなり大きなものになっていた汚職や非効率を撲滅し、造船資材の貯えを増やし、保有している軍艦が、定期的に整備され入れ替えられることを確実にし、建造計画全体を監督したのであった。対照的に、フランス海軍は、一七八三年以降、悲しく衰退していったのであった。[*67]

　同様に、政府の外交も、ビュートの時代〔一七六二―一七六三年〕の外交やノースの時代〔一七七〇―一八二年〕の外交とは、一線を画したものとなった。[*68]〔小〕ピットからすれば、積極的な外交は、それが避けられるのであれば、避けるのが、望ましいことなのであった。一七八〇年代のイギリスは、やり手の首相がその全力を注がねばならないほどの内政上の諸問題を抱えていたのである。だが、〔小〕ピットは、大陸のバランス・オブ・パワーが、悪い方向に傾きそうになった際には、他国とともに、必要な措置をとる用意があった。また、ヨーロッパ外の場所においてイギリスの利益が侵されそうな場合には、これを阻止する用意があった。〔小〕ピットは、イギリス海軍の「抑止力」にかなり大きく依存していたので、シーパワーの影響力がものをいう領域において彼が成功を収めたということは、おそらく、驚きではないだろう。ヌートカ・サウンド〔バンクーバー島西岸〕におけるイギリスの貿易権をめぐるスペインとの一七九〇年の対立は、海軍の九三隻の戦列艦の内の四〇隻を動員し、また、植民地の守備隊を増員することで決着させた。カナダの太平洋岸のみならず、自らが領有していた諸植民地からも追い出されるようになるのではないかという可能性に直面して、スペインが譲歩したのであった。他方、〔南〕ネーデルランド〔現在のベルギー〕の親仏勢力をめぐる一七八七年の危機に際しては、プロイセンがオランダ領に実際に侵攻した際とは異なり、フランスが影響力を維持できるか否かに対して、イギリスのシーパワーは、ほとんど影響力を持たなかった。チャタム〔大ピット〕

とフリードリヒ大王の時代に非常にうまくいった英普同盟を一七八八年に復活させたことは、他のすべての国を躊躇させるのに十分であった。だが、ネーデルランドの危機、もしくは翌年デンマークがスウェーデンに侵攻しようとしたのを英普が阻止した行動から、イギリスが単独で行動した場合に、イギリスの行動にどれだけ敬意が払われたのかを予測することは難しい。例を挙げれば、一七九一年までにベルリンとロンドンが明らかに疎遠になったのに乗じて、ロシアが、トルコを犠牲に、黒海地域へと拡大していったのだが、〔小〕ピットはこれを防ぐために、ほとんど何もできなかった。

一七八九年に始まったフランス革命の影響が、フランスの国境を越えて広まり、ヨーロッパの多くの部分を巻きこみ、その激しさと破壊性において、この世紀に起こったそれまでの一般的な戦争を霞ませるほどのものとなると、イギリスの立場は、相対的に強く、安全で、魅力的とまで、見られるようになった。イギリスは、自らを、世界最大の、植民地大国、商業大国、貿易大国として築き上げ、一七七六―八三年の屈辱的な戦争の間にあっても、その拡張が止まることはなかった。国内における産業革命の進行と、海外における商人たちの成功によって、イギリスの経済的な優位は、ますます大きなものとなりつつあった。たしかに、イギリスの国内の政治システムは、改革を必要とする状況にはあったが、その政体は柔軟性を持ったものであり、すでに、改善の方向へと、確実に進みつつあった。幸運なことに、イギリスは、国内での急進的な混乱に陥ることなく、社会状況や経済状況を変革させることに、乗り出すことができたのである。イギリスの政治におけるリーダーシップは、強固なものであり、外の世界に対して、適切な優先順位を持っていた。イギリスの外交は、少なくとも一七七〇年代の水準からは、確実に改善していた。イギリスの海軍は、恐るべき強さを備え、よく訓練されており、莫大な人的、金銭的、物的資源によって支えられていた。国家間の権力政治という基準を当てはめると、当時のどの国と比べても、イギリスは、おそらく、より多くの優位を持ち、劣位はより少なかったのではないだろうか。船にたとえると、イギリスは、造りが良く、強力で、よく整備された船であった。この船は、これまで経験しなかったような長期間の激しい嵐のなかへと航海してゆこうとしていたが、その準備は整っていたのである。

第五章　フランスとの闘争、ふたたび（一七九三―一八一五年）

イギリスは、このゴロツキ［ナポレオン］ほどには、地面の上の生命に対して大きな責任は有しない。このゴロツキが引き起こした一連の出来事を通して、イングランドの偉大さ、繁栄、富は上昇していった。イギリスは、海の女王である。この領域においても、世界貿易においても、イギリスが恐れるようなライバルは、もはや存在しない。

フォン・グナイゼナウ将軍（General von Gneisenau）〔プロイセン参謀本部の創設者として有名な人物〕のコメントG. J. Marcus, *A Naval History of England*, 2 vols. to date (London, 1961―71), ii, p. 501より抜粋

イギリスが革命フランス、そしてナポレオンのフランスに対して戦った二つの戦争は、本書の研究において、特別な位置を占めるものである。この二つの戦争は、イギリスが海上覇権国として上昇した中で、その到達点に位置したものであり、エリザベス一世の時代以来戦ってきた多くの戦争の要素すべてを含むものであったからだ。一七九三年から一八一五年の期間は、数多くの造船所と海軍基地、多くの商船に支えられた、ものすごく大きな艦隊を保有するという狭い意味において、イギリスが、ほとんど議論の余地のない海上支配を打ち立てた、というだけにはとどまらないのだ。この期間に、イギリスの植民地世界の支配、海外貿易におけるイギリスの優勢もまた、確実なものとなったのである。この期間にフランスは、植民地とヨーロッパ大陸における現状をひっくり返そうとして失敗し、ヨーロッパのバランス・オブ・パワーは、安定へと導かれたのであった。この期間は、さらに、イギリスの類のない工業化がさらに大きく前進した時期でもあった。一八一五年の勝利は、一七六三年の勝利よりも、達成することがさらに難しい

ものであり、新しい領土を確保するというむき出しの帝国主義的要素は、以前ほど印象的なものではなくなった。ナポレオン戦争後の二、三十年間におけるイギリスの国際的位置は、七年戦争につづく時期のそれと比べることができるが、ここから分かることは、ナポレオン戦争が、七年戦争以上に、より長期に渡る、より重要な影響を生み出した、ということなのである。〔七年戦争後の〕パリ条約によって認められたイギリスの優位は、しばらくすると、挑戦を受け、ひっくり返されることとなった。〔ナポレオン戦争後の〕ウィーン会議が認めた海上覇権は、他国が様々な挑戦を行ったにもかかわらず、破られることはなかった。国際政治の新たな時代が始まったのである。これは、強国同士がすばやく同盟を入れ替えて、頻繁に戦争を行った一八世紀の世界とは、根本から異なるものであった。この新たな時代のもっとも象徴的な特徴の一つが「パクス・ブリタニカ」であった。これは、イギリスの、海軍力での優位、植民地での優位、経済的な優位から生まれたものであった。

　イギリス海軍とフランス海軍（後には、様々な同盟国の艦隊が助太刀に入った）、両海軍の艦隊による制海権をめぐる長期の、長々とつづいた死闘が最高潮に達したのは、この一七九三―一八〇二年の戦い、そして一八〇三―一五年の戦いの間であった。主力小艦隊によって戦われた海戦という観点において、この物語は、繰りかえされたイギリスの成功の一つであった。[*1] 一七九四年の「栄光の六月一日」におけるハウの勝利は、七隻のフランスの戦列艦の捕獲、もしくは破壊という結果であった――もっとも、たしかに、〔フランスの〕重要な穀物輸送船団は、イギリスによるパトロールに発見されることなく護送されて、逃れることができた。〔ジョン・〕ジャーヴィス（John Jervis）の小艦隊は、一七九七年二月、セント・ヴィンセント岬〔サン・ビセンテ岬〕沖にて、はるかに優勢なスペインの勢力と対峙し、ネルソンの〔敵艦に乗り移っての〕「斬りこみ」によって主に記憶されるようになる交戦によって、敵艦四隻を捕獲した。〔この功によってジャーヴィスは、伯爵を授かり初代セント・ヴィンセント伯爵となり、後には、海軍大臣にもなった。〕この年の十月、〔アダム・〕ダンカン（Adam Duncan）の艦隊は、〔オランダ沖での〕キャンパーダウンの海戦という激戦から、一一隻を下らないオランダ艦という戦利品とともに生き延びた。一七九八年八月、ネルソンは、有名なナイルの海戦において、ナポレオンのエジプトでの冒険を打ち砕いた。一三隻のフランスの戦列艦の内、そこから逃げおおせたのは、わずか二隻であった。そして、おそらく歴史上もっとも有名な海戦においては、フランス・スペイン連合艦隊の一八隻が沈むか、捕獲された。一八〇五年一〇月二一日のトラファルガーの海戦である。この海戦は、決定的なものであったので、この戦争の残りの期間、イギリスの制海権が、艦隊行動の中で脅かされることは、二度となかった。これらの勝利には、たくさんの小さな勝利を加えることができる。遠方の海におけるフリゲートの活躍や、コペンハーゲン（一八〇一年と一八〇七年）やエックス・ロード（一八〇九年）〔バスク・ロードの海戦〕の港に対する攻撃である。それゆえ、ネルソンの時代が、イギリス海軍史の絶頂期であるとみなされていることに、驚きはほとんどない。

どうしてイギリスが敵に破壊的な打撃を与えられる能力を持っていたのか、その理由は、多岐に渡る。だが、これには、通常、数の上での優勢は、含まれていなかったように思われる。「栄光の六月一日」において、艦隊の規模は、同等であった。セント・ヴィンセント岬沖でスペインの二八隻と対峙した際のジャーヴィスの戦列艦の数は一五隻であった。キャンパーダウンの海戦でも、ふたたび、両者の勢力は同等であり、そして、オランダ艦の方が重武装であった。ナイルの海戦においては、もう一度ふたたび、同等であった。トラファルガーの海戦では、〔仏西〕連合艦隊の三三隻の戦列艦に対して、イギリスの戦列艦は、二七隻であった。ここで付け加えておくべき事柄とは、フランスやスペインの艦船に比べて、たいていの場合、イギリスの艦船は、小さく、軽武装であった、ということである。海軍の規模全体について見た場合でも、数の上での圧倒的な優位は存在しなかった。一七九三年、イギリス海軍の戦列艦は、フランス海軍の七六隻に対して、全部で一一五隻であった。フランスについては、そのすぐ後に、トゥーロンで国王派艦隊が降伏したことにより、その数はさらに少なくなった。だが、スペインとオランダの離脱が、図式

地図５　ヨーロッパにおける海上戦の戦略　1793－1815年

を大きく変えたのである。スペインとオランダ〔の所持する艦の数〕は、たとえ名目上の数字であったとしても、それぞれ、七六隻と四九隻であった。[*2] そして、一つもしくは複数の北方国家が戦争に加わる可能性はなくなり、中立国海運についてのやっかいな問題が持ち上がってきた。一八〇三年、イギリスの数の上での優位は、よりはっきりしたものとなった。そして、イギリスの敵国は、海上封鎖によって、軍艦を建造するのに死活的な造船資材の入手が困難になったことを認識したのだった。とはいえ、イギリス海軍の役割が多岐に渡っていたので、純粋な数字上での優位がものをいうことはなかったのである。イギリス海軍の主力艦とフリゲートは、地中海を押さえておく必要があり、フランスとスペインの大西洋岸の艦隊基地を終始休むことなく監視しておく必要があり、オランダに対して備えておく必要があり、バルト海を哨戒する必要があり、植民地での遠征を支援する必要があり、イギリスと同盟国の部隊が沿岸部で行う作戦を援護する必要があり、船団を護衛する必要があったのである。敵の艦隊が、自らの港で快適に休息している間も、こうしたすべての任務によって、イギリス海軍の戦力は、地球上の各地に散らばっていたのみならず、そこで、荒れた海や悪天候に晒されていたのである。フランス革命戦争とナポレオン戦争中、イギリス海軍の荒れた海や悪天候による喪失は、敵国による喪失よりも、はるかに大きなものであった。[*3] 対照的に、フランスとスペインの喪失は、そのほとんどが、戦闘によるものであった。

　だが、大西洋の嵐に絶えずもまれたことや、イギリス海峡の霧に絶えず晒されたことによって、イギリス海軍の船員の規準が極めて高いものとなり、これらは、結果として、イギリス海軍に、前向きに作用することになったのである。イギリスの軍艦は、個々の艦同士で比べた場合、敵の艦より遅かった。だが、艦隊単位で見た場合、イギリス海軍の方が、より訓練されており、効率的で、団結力があったので、よりすばやく、より正確に、作戦行動が行えたのである。数々の海戦において、イギリスの司令官たちは、敵の隊列に「すきま」ができたり、敵が戦術上のミスを犯した際、これらを巧みに生かしたのであった。船船操縦術が現れた別の例が、航行上の危険をとっさによける能力のみに頼った、イギリスの、海図のない、浅瀬での航行術であった。たとえば、ナイルの海戦とコペンハーゲンの海戦（一八〇一年）である。ネルソンの戦列艦の何隻かが、陸側に錨を降ろしている敵艦に向かっていったのであった。この驚くべき行動によって、敵はパニックに陥ったのだ。

　リスクを背負うという姿勢が広範に見られたこと、そして「自艦を敵艦に横づけする限り、その艦長のやり方は間違っていない」というネルソンのモットーが広く受け入れられていたことは、英蘭戦争以来しだいに進化しながら根づくようになっていた型通りの「戦列」戦術が、今や完全に打ち壊された、ということを意味した。[*4] もちろん、それまでの戦闘においても、艦隊同士の乱戦は、時折生じており、それが、決定的な勝利を得るための好機に結びつくこともあった。だが、改定された艦隊戦術準則と攻撃精神、士官たちの自発性によって、接近戦と、もみあいが、より頻繁に見られるようになったのである。敵戦力の殲滅が、ふたたび、海戦の主目的になったのだ。ネルソンは、一七九五年〔六月二四日〕のトゥーロン艦隊との戦闘において慎重な姿勢をとった〔ウィリアム・〕ホーサム（William Hotham）に対して、「敵をすべて捕えることが可能であった状況下において、一〇隻を捕え、一一隻を取り逃がした、本官は、これを、よくやった、などと誉めることはできない」と厳しい評価を行っている。[*5]

　戦闘を積極的に求めるこの姿勢は、イギリスの、砲術における優位にも帰することができる。この点、特に大きかったのは、カロネード砲である。カロネード砲は、操作しやすく、短い射程で大口径弾をすばやい速さで打ち出すことができ、より少ない砲員で操作が可能な砲であった。[*6] 一七七九年以降、このタイプの砲が、艦隊にどんどんと導入され、〔一七八二年の〕セインツの海戦では、フランスの軍艦にものすごいダメージを与えた。短い射程で使える武器を持っていたことは、イギリス人の艦長たちにとって、敵と距離をつめて戦い、敵の戦列を突破するための、大きな動機づけとなった。この間、右から、左から、砲弾を浴びせるのである。フランス革命戦争とナポレオン戦争中の大きな海戦すべて――「栄光の六月一日」、セント・ヴィンセント岬、キャンパーダウン、ナイル、トラファルガー――において、カロネード砲が、敵に大打撃を与えたのである。もっとも、対戦相手であったフランスとスペインの砲手の拙さによって、その効果は一層大きくなったようである。オランダ海軍やアメリカ人の海軍との戦いにおいては、双方の被害の大きさは、より均等に近いものであった。確実にいえることは、乗組員が絶えず訓練をされていなかったならば、そして、多くの著名な司令官たち――ブルーク、ダグラス、トラウブリッジ、そして、もちろんセント・ヴィンセント〔ジョン・ジャーヴィス〕とネルソン――が砲術に大きな関心を抱かなかったとすれば、このカロネード砲がここまで大きな成果を上げることはなかったであろう、ということである。

この時期のイギリス海軍の司令官たちの非常に高いプロ意識、情熱、能率は、フランスやスペインの上級士官たちの資質と、際立って対照的である。一八世紀を通して、フランス海軍は、海戦において、進取の気質よりも、慎重さや用心深さを表に出していた。そして、革命によって、多くの国王派の士官たちが追いやられ、そのことが、士気をさらに低下させた。イデオロギー上の情熱や勢い（エラン）といったものは、陸上での戦いにおいては、時に奇跡を生み出すこともあったかもしれないが、大規模な艦隊を動かすには、有能な士官、訓練された水兵、長年に渡る経験が必要なのであった。フランス人たちは、きわめてまれな例を除けば、これらに欠けていた。対照的に、戦争の初期に、能力の不十分なイギリス人士官たちが一掃された後、フランス人たちが、キラ星のごとく輩出された海軍上の才能と向き合わねばならなくなったという点は、認めなければならない。たしかに、ネルソンは、リーダーシップ、人間的魅力、戦術上の才能、知性、勝利への情熱のすべてを兼ね備えていたという点で、他に抜き出た存在であったが、他の多くのイギリス人士官たちも、相当な人物たちであった。セント・ヴィンセントは、タフで、徹底しており、ヘマを許さなかった。代表的な提督たちには、ダンカン、コーンウォリス、キース、コリンウッド、ハウ、フードらがいた。多くの〔戦列艦〕艦長たちの中で、特に抜きん出た存在として挙げられるのは、トラウブリッジ、ダービー、フォーレイ、ハーディーらである。さらには、ブラックウッド、リアウ、コックレーンらの、優れたフリゲートの艦長たちもいた。海上の士官たちの後ろには〔海軍大臣として〕バーラム、そして後には、セント・ヴィンセント自身が控え、海軍戦略を、全体として、慎重に指揮し、それでいながら、大胆な提督たちを支援しようと常に努めていた。特に地中海に対しては、そのことがいえる。そうすることで、本国近海が手薄になる際でさえも、そうであった。さらにいえば、戦争の間、巨大な規模のイギリス艦隊を支えたのは、バーラムによって築かれた兵站と造船所による支援であった。海軍行政の難しさは、常に大きな問題であった。造船資材の供給は、常に重大な問題として存在していた。〔ナポレオンによる〕大陸封鎖の期間は、殊更にそうであった。軍艦を改修し、整備するのに、造船所は、まだまだ足りなかった。水兵は、常に不足していた。海軍での環境が、きつく、荒々しいものであったからである。一七九七年には、これが原因で、深刻な暴動が起きた。そうはいうものの、全体として見れば、海軍本部の達成したものは、このような諸問題があったにもかかわらず、驚くほどのものであった。

英仏の制海権をめぐる死闘と並行して、また、これに付随して行われたのが、海外拠点と植民地をめぐる戦いであった。この戦いも、一世紀に渡ってつづいていたのであったが、一八一五年に頂点に達し、イギリスは、そこから、世界で唯一の真の植民地強国として、圧倒的な立場で抜け出したのである。

フランスに対する戦いは、元来は、そして本質的には、ヨーロッパの戦争であったものが、多くの要因——その多くは、予測のできる要因——によって、瞬く間に、熱帯地方へと拡大されたのであった。最初の内、〔小〕ピット、ダンダス〔第一代メルヴィル伯爵ヘンリー・ダンダス〕(Henry Dundas, 1st Viscount Melville)、カスルリー他のイギリスの大臣たちは、かなりの程度、「海上」戦略の主唱者であった。ダンダスは、一八〇一年、次のように主張していた。

われわれは島国であり、大陸において大規模な作戦を行い得るような人口を持たず、物資のかなりの部分を通商と航海の拡大に依存している状態なので、戦争の原因が何であれ、われわれが注意を向けなければならない主な対象は、明白である。われわれの海軍優勢が依って立つ環境を、最大限生かすためにあらゆる手段を用いることであり、同時に、敵がわれわれと競合し得る分野を減らすため、あるいは、これらをわれわれだけで占有できるようにするため、あらゆる手段を用いることである……それゆえ、イギリスの戦争を任された者たちが行うべきは、われわれの敵の植民地からの資源を断ち切ることである。これは、偉大な陸軍の将軍たちが、自分たちの敵の武器庫を破壊するか奪いとるのと、同様なのである。[*7]

イギリスは、このようなやり方で、大陸で戦う陸軍部隊を送るよりも、フランスを打ち負かすことに、より大きく貢献できるだろう、と考えていたのであった。このことが意味するところは、不干渉戦略への回帰であり、一八世紀のすべての英仏戦争から得られた主要な教訓の否定なのであった。だが、驚くべきことではないのだが、周辺部や海外での作戦が数年間つづいた結果、ナポレオンを打ち負かすことができるのは陸上においてのみである、ということが明らかになり、この戦略は放棄されることになるのだ。しかしながら、このような姿勢の帰結として、この時期の戦争を通して、イギリスの政策の中で、植民地に、重きが置かれていたのであった。

もちろん、このような傾向をさらに強めるものとして、他の動機も存在していた。海軍本部は、地球上の各地において、軍港を確保することに熱心であった。その理由は、ある程度の部分、主要な貿易航路に沿って、優位な位置を得るためであったが、最大の理由は、敵が通商破壊船の拠点として用いる根拠地を根絶することにあった。喜望峰の二度目の占領は、このような戦略上の動機の、典型となる例である。[*8]それよりもさらに強力な動機としては、おそらく、経済的な動機が挙げられるであろう。西インド諸島は、イギリスの海外投資からの収入の五分の四を占めており、今や、砂糖のプランター、海運業、金融業と並んで、ランカシャーの綿織物生産業が関心を寄せる地域となっており、その重要性から、ロンドンは、この不健康な地域〔暑さや伝染病から、イギリス人が生活するのに適さない地域、という意味〕に、多数の遠征隊を躊躇なく送りこみ、多数の者が、戦争の成り行きに何ら貢献することなく犠牲となったのである。ある歴史家は、その数を、一〇万を超えるものであった、と述べている。*9 さらには、フランス、スペイン、オランダとの戦争は、イギリスの〔ヨーロッパ〕大陸との貿易に、必然的に、影響を与えるものであったので、代替地が、強く求められたのであった。ダンダスは、「一時的に遮断されている場所の代替地として、新しい、利益を生む市場を提供する」と、述べていた。〔一八〇六年にナポレオンによって〕大陸封鎖令が発せられると、この種の探索の必要性は、一層はっきりと語られるようになった。

常にそうであったように、イギリスと、そのヨーロッパのライバル国の植民地をめぐる争いは、最終的には、シーパワーによって決せられるのであった。イギリス海軍の、敵国の艦隊をヨーロッパに封じこめておく能力と、港からでてきた際にこっぴどくたたく能力によって、アメリカ、アフリカ、インド洋、西インド諸島の様々な海外領土の運命が決まったのである。一七九三年には、トバゴ、サン・ドミンゴの一部、ポンディチェリ、サンピエール島およびミクロン島が獲得された。一七九四年には、西インド諸島の重要な島であるマルティニーク島、グアドループ島、セントルシア島、レ・サント諸島、マリー＝ガラント島、ラ・デジラード島が獲得された。一七九五年には、死活的に重要な東方の領土であるセイロン、マラッカ、喜望峰が獲得された。一七九六年には、オランダが領有していた東インドと西インドの島々が獲得された。一七九七年には、トリニダードが獲得され、マダガスカルのフランス植民地が破壊された。一七九八年には、ミノルカ島が獲得され、ナポレオンのエジプトへの攻撃が鈍くなった。一七九九年には、スリナムがイギリスのものとなった。一八〇〇年には、〔セネガル沖の〕ゴレ、キュラソー島、マルタ島を獲得した。一八〇一年には、西インドで、デンマーク領とスウェーデン領の島々が、ひっくり返され、インドでは、ウェルズリー兄弟が、親フランス的な現地の君主を打ち倒し、イギリスのインド亜大陸における勢力範囲を大きく拡張させた。イギリスの領土となったこれらの場所は、イギリスがその後も維持することになるセイロン、トリニダード、インドの一部、また「中立化」されたマルタを除いて、すべて、一八〇二年のアミアンの和約によって元の所有者の下に返還された。翌年に、この貴重な和平が破れると、イギリスは、未だかなり大きな海軍の優勢を武器に、植民地の征服をふたたび行ったのであった。〔一八〇五年一〇月の〕トラファルガーの海戦までに、サンピエール島およびミクロン島、セントルシア、トバゴ、オランダ領ギアナ〔現在のスリナム〕を獲得し、インドでは、さらに前進した。喜望峰は一八〇六年に落ちた。キュラソー島とデンマーク領西インドは一八〇七年である。モルッカ諸島〔マルク諸島〕のいくつかは一八〇八年、セネガルとマルティニークは一八〇九年、グアドループ、モーリシャス、アンボイナ、バンダは一八一一年、ジャワ島も一八一一年である。「壮大な勝利も、派手な武器の使用もなかった。だが、フランスとオランダの海外帝国が、音もなく、イギリスの手の中へと消えていったのであった。[*10]」一八一四年までには、イギリスは、自らが望むならば、和平が結ばれるにあたって、獲得した領土すべてを維持できるほどに力強い、と、ナポレオン自身が認めざるを得ないまでになっていたのである。

イギリスの海上覇権は、敵艦隊の挑戦と侵略の意図を払いのけ（アイルランドへのフランスの散発的な攻撃に対するものを別とすれば）、敵意を持った植民地をすばやく平定することを可能にしたのであったが、その同じイギリスの海上覇権によって、他国のより弱い諸海軍は、通商破壊戦略（ゲール・ド・コース）への回帰を余儀なくされたのであった。この観点において、一六八九年以来つづいていた英仏の争いの別の大きな側面が、一七九三―一八〇二年の戦争、そして一八〇三―一五年の戦争の間、その頂点に達したのであった。敵を打ち負かすための手段として、主力戦闘艦隊戦略の方が有効なのか、それとも、通商破壊の方が有効なのか、という議論である。一九世紀後半の海軍主義派の歴史家たちにとって、この議論の結論は、疑問の余地のないものであった。マハンは、次のように述べている。フランスは、通商破壊のみによってイギリスを破産に追いこもうとしたのであったが、「彼ら〔フランス人〕が得たものは、自国の海軍の士気の低下、海上支配の喪失、自国の海外通商の喪失であり、最終的には、ナポレオンの大陸封鎖の崩壊と〔フランス〕帝国の崩壊なのであった。[*11]」イギリスが海上での優勢を得ていたことによって、イギリスが、〔敵国の〕侵略の試みを挫き、〔ヨーロッパ〕大陸へと遠征軍を送ることが可能となり、自国の植民地を守り、敵国の植民地を獲得できた限りにおいて、この、戦闘艦隊作戦優先の考え方は、完全に、正しいと認められる。とはいうものの、だからといって、このことによって、組織立って行われる通商破壊戦（ゲール・ド・コース）が与えるであろう脅威が消えてなくなった、ということには、決してならないのである。実際、フランス革命戦争とナポレオン戦争の間、イギリスの海上貿易に対する攻撃は、スペイン継承戦争以降で、もっともうまくいったのであった。それまでの戦争と同様に、フランスの主力艦隊と商船隊が削減されたことによって、数千ものフランスの海の男たちが、プライヴェティーアへと移行したのであった。それが海で稼げる唯一の手段であり、しかも、かなりの稼ぎが得られる手段だったからである。さらに、貿易航路を探し回るために、たいてい、四隻か六隻の艦船が一組の襲撃小艦隊として送られたのであったが、他の〔ヨーロッパ〕諸国がフランスの軍門に下ると、イギリスの海運は、ほとんどのヨーロッパ諸国の襲撃対象となったのである。こうした襲撃の大半は、イギリス海峡、ビスケー湾、北海、バルト海、地中海で行われた。だが、より大規模で、強力なプライヴェティーアが襲撃小艦隊に加わり、地球上のすべての海で、通商破壊作戦が行われたのである。マルティニーク、グアドループ、モーリシャスのような拠点を基地に、高額商品を運ぶ、西インド貿易や東インド貿易が、頻繁に襲撃を受けたのである。最後に、二つの要因によって、これらの作戦は、イギリス人にとってさらに恐ろしいものとなったのであった。フランスは、艦隊司令官には不足していたものの、この当時のフランスには、恐れを知らない襲撃者たちが多くいたのである。ブランクマン（Blanckmann）、ルヴィイユ（Leveille）、レメーム（Lemême）、シュルクーフ（Surcouf）、デュテルトル（Dutertre）、アムラン（Hamelin）、ブーヴェ（Bouvet）らである。彼らは、あらゆる機会をとらえて、〔イギリスの〕貿易を邪魔立てしたのであった。イギリスの海外通商は、今や、壮大な規模となっていたので、彼らの襲撃目標は、より取り見取りだったのである。ロンドンは、当時、イギリスの通商の半分以上を担っていたが、毎年、一万三〇〇〇から一万四〇〇〇隻ほどの船舶が、ロンドンの港を出入港していたと記録されている。[*12] これだけたくさんの船舶を常時保護することは、どう考えても、不可能であった。

当時の記録を信じるならば、一七九三年から一八一五年までの間、一万一〇〇〇隻近いイギリスの商船が、敵に捕獲されたのであった。そして、マハンは、この数字を、船舶数で見ても、トン数で見ても、全体の二・五パーセントにしか過ぎないとしているが、絶対的な喪失は、それにもかかわらず、前例のない数字なのであった。海上保険は、保険料が劇的に跳ね上がり、海軍本部には、海運会社や商事会社から抗議の声が殺到し、マスメディアは、海軍の対応策が手ぬるいことを批判したのであった。一八一〇年、ナポレオンがバルト海においてイギリスの通商への攻撃に打って出ると、船舶の喪失はそれまでで最高——年間六一九隻——に達し、ロイズ委員会〔ロイズ保険組合の前身〕は、メンバーから、正式に批判を受けた。大陸封鎖それ自体の効果も考慮に入れると、イギリスの海上貿易を妨害するためのフランスの作戦は、経済的に相当な効果を生んだのであり、決して、軽んじてはならないのである。

海軍本部は、興奮した商人たちによるロビー活動に促されて、そして、自らも、海外貿易に十分な保護を与えることの重要性を認識していたこともあり、通商破壊戦（ゲール・ド・コース）を無力化するための一連の方策を導入した。水深の浅い海域や北海南部などの重要な場所には、パトロール艇を展開し、敵の港を監視するためにフリゲートを派遣した。イギリス沿岸では、この海域で活動する多くのプライヴェティーアを驚かすことが期待されて、商船を装った武装船である「Qボート」を作戦行動させた。敵の海外における海軍拠点をつぶす目的で、遠征隊が送り出された。敵国は、こうした基地を拠点にして、利益を生む植民地貿易への攻撃を行っていたのである。とはいうものの、こうした戦略は、迅速に実行に移されたわけではなかった。モーリシャスは、恐れを知らない通商破壊者たちのねぐらとなっていたのであったが、ここを落とせたのは、一八一〇年になってからようやく、なのであった。モーリシャスを落とし、翌年ジャワ島を占領したことにより、東方海域における通商破壊戦（ゲール・ド・コース）は、先細りしていったのである。[*13] だが、すべての方策のなかでもっとも効果のあった方策は、世界規模での護送船団方式の導入であった。これは、海軍本部が、ロイズと共同して生み出したものであり、海軍本部とロイズが、一七九三年、一七九八年、一八〇三年の護送船団令によって、ためらいがちな多くの船主に課したものであった。海軍と保険会社は、こうした施策によって、重要な海外貿易航路に保護を与え、これによって、海運での喪失率は、確実に減少したのであった。港で護送船団のために集まることを免除されたのは、東インド会社とハドソン湾会社の大型船、それに他の特定の特殊船舶だけであった。護衛艦が港に到着すると、巨大な船団は出港し、海軍の指揮の下、目的地まで向かうのであった。多くの場合は二〇〇隻、時には五〇〇隻もの商船が、ポーツマスのような南岸の港に集まり、戦列艦やフリゲートに護衛されて「危険海域」を航行するのであった。特殊な状況下においては、さらに特別な手段が採られた。たとえば、一八〇八年、デンマークによる攻撃が予測される海峡を通る商船のために、海軍は、この海峡の両端と要所に、戦列艦を配備した。[*14] イギリスは、これらの手段を組み合わせることによって、自国の通商への継続的な攻撃を退けることが可能になり、これによって、戦争努力の源となっていた自国の繁栄を守ったのであった。だが、この一連の闘争でのもっとも驚くべきことは、おそらくは、護送船団方式を用いるという戦略的な教訓を、後の海軍本部が生かさなかったことであろう。その結果、一九一七年のイギリスは、かなりひどい目に遭うのである！

　マハンの言葉を用いるならば、この壮大な、長々とつづいた闘争において、「フランスとイギリスは、広大な決戦場を舞台に、体を前に後ろに、死のつかみ合いを行った」のであった。古代のシーパワーとランドパワーの間の闘争が、高まった形で蘇ったのである。結局のところ、ナポレオンは、ランドパワーが擬人化された存在なのであった。スペインのフェリペやルイ一四世が行い得なかったやり方で、国々を征服し、大陸を支配したのである。そして、ネルソンのことをマハンは、その伝記において「シーパワーの化身」と呼んでいる。[*15] イギリスは、またもや、シーパワーの働きに大きな影響を受けることのない国をどのように打ち負かせばよいのか、という問題に直面したのである。その国は、シーパワーの影響はそれほど受けないものの——少なくとも、ナポレオンの才気と行動力の下では——ヨーロッパを征服し、ブリテン諸島の安全を脅かす潜在力を持っているのだった。

　たしかに、当時のイギリスは、アメリカ独立戦争の間そうであったように、外交的に孤立していたわけではなかった。とはいうものの、対仏大同盟を何とかして作り上げようという繰りかえしの努力は、ナポレオンの軍事的成功によって、時折、苦心惨憺させられるものとなった。[*16] 第一回対仏大同盟は、混乱していたフランス革命に対して、ほとんどすべての西ヨーロッパと中央ヨーロッパの国々を糾合させたものであったが、これさえも、一七九五年までには、ほころび始め、二年後にオーストリアが敗れると、イギリスは、ポルトガルとの関係を除き、孤立してしまったのである。ナポレオンがエジプトへの侵攻で躓いたことによって、イギリス外交は、オーストリアとロシアを第二回対仏大同盟へと誘いこむことが可能となった。だが、プロイセンが参加しなかったこと、ロシアが脱退したこと、そしてオーストリアが敗北したことによって、ふたたび、この同盟の脆弱性が露わとなった。[*17] 陸上においてフランスを封じこめる同盟国をイギリスが見つけるどころか、フランスが、海上におけるイギリス海軍を相手にした戦いに参加するよう、オランダ政府とスペイン政府を脅し、武装中立同盟が結ばれたのであった。一八〇一年までには、ポルトガルまでもが、同盟国ではなくなったのである。アミアンの和約が結ばれた一八〇二年までには、両陣営とも、オーストリア継承戦争終結時と似たような戦略上の膠着状態が存在することを認めるようになっていた。イギリスが海と植民地世界を支配し、フランスがヨーロッパ大陸を支配している状況であった。だが、両陣営とも、相手が支配する中へと手を伸ばすことはできなかったのである。戦争が、一八〇三年に再開されると、イギリスは、オーストリア、ロシアと第三回同盟を結成するまで二年間孤立したままであった。そして、一八〇五年から〇七年までに、ナポレオンは、オーストリア、プロイセン、ロシアを順次打ち倒していった。〔一八〇六年に〕大陸封鎖令が発令されると、実質上、全ヨーロッパが、イギリスに対して対峙することとなった。これによってイギリスは、スペイン、バルト海、地中海といった、周縁部での作戦に集中せざるを得ない状況となった。一八一二年にナポレオンがロシアへの攻撃に失敗したことによって初めて、フランスの陸軍力を打ち倒すための、断固とした、十分にまとまった同盟を築くことが可能となったのである。

〔ヨーロッパ史を研究する歴史家のジェフリー・〕ブルーン（Geoffrey Bruun）教授が指摘しているように、イギリスの問題とは、蘇ったフランスを打ち倒すには、自国と、オーストリア、プロイセン、ロシアの三大陸軍国の力を合わせることが必要であったにもかかわらず、これらの国々が、恐怖あるいは欲望によって、時に、同盟から抜けたり、ナポレオンと同盟したりすることであった。[*18] 一貫して反フランスの姿勢を貫いたのはイギリスだけであったが、イギリスは、この対となる「大陸の刃」なしには、たいしたことはできないのであった。このことは、最大限の外交的努力があったにもかかわらず、イギリスが宿敵を打ち倒すのに、なぜあれほどの時間がかかったのかを説明するものでもあるが、同時に、〔ヨーロッパ〕大陸全体の支配権をめぐる戦いにおける、シーパワーの限界を示すものなのでもあった。結局のところ、トラファルガーの海戦以降の時期は

〔一八〇五—一八一五年〕、イギリス海軍の優勢が、かつてないほどにまで高まった時期なのだが、この時期は、同時に、ヨーロッパ大陸におけるナポレオンの地位が、最高潮に高まった時期でもあるのだ。ポッターとニミッツの表現を借りるならば、クジラとゾウは、互いに戦うことはできない、と気づいたのであった。[*19]そして、この戦略上の齟齬によって、ブリテン諸島、エジプト、植民地の安全が確保された、というのは、たしかにその通りなのだが、だからといって、一七八九年の状態に回復する、というロンドンの根本的な戦争目標に対しては、何の助けにもならなかったのである。

　この難題は、戦争の初期のロンドンの貧弱な外交によって、また、イギリス政府が、マールバラ公や大ピットのようなやり方で大陸での陸軍作戦に関与することに及び腰であったために、さらに悪いものとなった。ヨーロッパの同盟国の立場から見れば、イギリスの陸軍作戦への関与は、常に、イギリスの真剣さの証明であり、自分たち同盟国を見捨てないことを示す証明でもあったのである。イギリスは、これまで見てきたように、フランスと、その同盟国を洋上から駆逐するため、これらの国々の艦隊と交戦することに積極的であった。また、はるかかなたの敵の植民地に対して、費用のかかる遠征隊を送ることにも積極的であった。もっとも、イギリス人は、遠征隊を送ることが共通の利益になる、とオーストリア人やプロイセン人を説得することには、難儀していた。また、イギリスは、厳しい海上封鎖を敷くことによって、フランスの通商を洋上から駆逐しようと積極的であった。これによって、一八〇〇年までには、フランスのアジア、アフリカ、アメリカとの貿易額は、三五万六〇〇〇ドルを下回ることとなった。[*20]イギリスは、デンマークに対する行動が示しているように、ヨーロッパにおけるフランスの影響力を削減するためには、国際法を無視することさえ、意に介することはなかった。イギリスは、沿岸部で作戦を遂行するバルト海と地中海の同盟国陸軍に対して、海軍力による支援を継続的に行う用意があった。また、同盟国に対して、支援金をどんどんとさらに送ることについて、積極的であった。その結果、同盟国に対する財政的な支援は、一八一五年までに、総額で、六五〇〇万ポンドという巨額なものに達したのだった。[*21] そして最後に、イギリスは、フランスが征服したヨーロッパの海岸線に向けて、自国の兵を、「一撃」攻撃のために送ることにも積極的であった。

　特に今挙げたこれらの手段があったことにより、イギリスは、フランスの陸軍力と交戦する必要性を避けていたわけではなく、フランスの陸軍力を他に向ける必要性を忘れていたわけでもない、ということが主張できるであろう。イギリス人は、一七九五年、コルシカ島を獲得し、その後一年、この島の保持をつづけた。一七九九年、イギリス・ロシア合同の陸海軍勢力が、〔オランダの〕テセルにおいて作戦行動したが、じきに、撤退した。一八〇〇年、遠征軍が〔スペインの〕フェロルへと送られたが、すぐに引き返した。また、この年、マルタ島を獲得した。ミノルカ島を獲得した二年後である。一八〇七年には、スウェーデンを支援するため〔ドイツ北部の〕シュトラールズントを占拠し、デンマーク艦隊を捕える作戦を支援するためにコペンハーゲン付近に陸軍部隊を上陸させた。一八〇九年には、すべての中で最大の奇襲が行われた。四万の部隊がオランダを攻撃する準備を整えていたのである。しかしながら、この周辺部各地への、地理的にかなり広範にわたる襲撃は、制海権を保持している国であることの戦略上のメリットを証明するものではあったものの、これらの襲撃は、ヨーロッパのバランス・オブ・パワーには、ほとんど何の影響も与えることはできなかった。実際、これらの襲撃の多くは、純粋に、海軍上の戦略的要請によって実行されたのである。コルシカ島とミノルカ島を獲得したのは、〔フランス〕トゥーロンの海軍基地を封じこめるためであった。マルタ島を獲得したのは、東地中海をカバーするためであり、シュトラールズントは、造船資材の供給を保護するためである。だが、一八〇〇年にイギリス内閣が、利用できる八万の兵で、ブレスト、カディス、フェロルの内、どこを攻撃すべきであるのか、その相対的なメリットを検討している間に、同盟国オーストリアが、マレンゴの戦いで敗れてしまったのであった。この戦いは、接戦であったので、イギリスが参戦していれば、異なる結果になっていたであろう。[*22] 同様に、スペインでの戦役が進行中に、失敗に終わる〔オランダ〕ワルヘレンへの遠征に人と資源を注ぎこんだことは、ナポレオン戦争を研究する歴史家たちには、意味不明なことであるようだ。そして、この時期行われた「共同」作戦の多くにおいて、イギリスの部隊は、敵が兵の進路を変えるまで長く戦場にとどまることは決してなかった。一七九三年から一八一五年までの間、大陸での決定的な戦いの大半は、海から遠い場所で行われたのであり、それゆえ、イギリスの側面攻撃は、ほとんど結果を左右しなかった。だが、戦況に影響を与えることができなかったのは、単純に、このような上陸攻撃が、あまりにも時間的に短いものであったためでもある。

スペイン半島での作戦は、こうした傾向の、素晴らしい例外であった。そうであるので、この作戦は、「シーパワーであることの戦略上の利点を最大限に生かした古典的な例」だとみなされている。[*23] しかしながら、たしかにイギリス海軍が制海権を握っていたことによって、イギリス陸軍は兵站と機動力を得たのであるが、ウェリントン将軍の慎重な才気がなかったならば、この作戦が成功していたかどうかは疑わしいのだ。重要な点としては、この時までに、スペインとポルトガルの人々は、かなり、反フランス的になっていた。そしてナポレオンの注意が、ヨーロッパの他の場所の出来事に向いていたのである。特にドイツとロシアでの出来事である。こうした個々の要因のどれを重視するかという議論はあるものの、重要なのは、これらの要因の組み合わせによって、ナポレオンの野望に、永続的な抑制が最初に加えられた、ということなのである。これだけでも、イギリス政府が、本国での反対にもかかわらず、一八〇九年以降も半島での戦争を継続することを決めたことを正当化するには十分である。この作戦は、フランス陸軍のかなりの兵力を費やすものであり——一時的には、三七万のフランス兵が、スペインを押さえつけようとしていたのである——最終的には、四万のフランス兵が、戦死した。この作戦によって、イギリスとスペイン、ポルトガルの貿易が促進されたのみならず、これらの国々の植民地との貿易も促進されたので、大陸封鎖は、効力を失った。そして、この作戦は、ヨーロッパの他の地域にとって、レジスタンス〔ナポレオンへの抵抗〕の好例となったのである。

ところが、より大きな、戦争の戦略の歴史という文脈で捉えると、このスペイン半島での作戦は、おそらくは、一九四〇年から四三年までの北アフリカでの戦闘と、同様の位置を占めるものなのである。敵の資源を枯渇させ、連合軍の士気を高めたのであるが、敵に決定的な打撃を与えることができなかった戦いなのだ。議論する価値があることに、どちらの戦争においても、決定打は、東ヨーロッパで打たれたのである。ナポレオンは、ヒトラー同様に、手を伸ばし過ぎ、自らその責めを負わねばならなくなったのである。「〔一八一二年に〕ロシアへと進軍した四三万の兵の内、おそらく、帰りついたのは五万で、一〇万は捕虜として残ったが、一〇万を超える兵が戦闘か小競り合いで戦死し、半分ほどが、病気、飢え、寒さなどで命を落とした。[*24]」この惨劇の後、ナポレオンへの不満を持った衛星国であったオーストリア、プロイセン、スウェーデンは、すべて、フランスの頸木（くびき）を離れて、〔対フランス〕戦争へと加わったのであった。これらの国々は、決断力のなさと優れた軍事指導者を持たないことに悩まされてはいたものの、数が合わさることで、ナポレオンの軍を圧倒できたのである。ナポレオンの軍は、大砲、車両、他の軍事的資材に欠けていたのだ。一八一三年のライプツィヒでの「諸国民の戦い」で頂点に達した戦いにおいて、フランス軍は、二〇万近い兵を失い、この年の終わりまでに、疲れきって生き残った残りの四万がラインラント〔独仏国境地帯〕まで帰り着いた。ほぼ二個軍団を失ったこの戦いによって、フランスは、軍事的活力を失い、ナポレオンは、一八一五年にワーテルローの野戦場で最後の賭けに打って出たのであったが、ウェリントンやブリュッヘルの軍をやっつけるには、残りの兵力では、単純に、弱すぎるのであった。

これから見てゆく通り、一八一二年から一四年までの、ほぼ無制限の補助金と武器の供給という形でのロシア、オーストリア、プロイセンへのイギリスの支援が、東ヨーロッパでの勝利を得る上で大きな役割を果たし、イギリス海軍による通商の保護が、こうした形での大陸の同盟国に対するイギリスの援助を可能にした、と主張することは、十分にできるであろう。だが、「われわれによるほぼ完全な海の支配が、同じようにほぼ完全に陸を支配するナポレオンに対して、われわれを救ったばかりか、最終的には、これを打ち破ったのである」という主張は、かなりのいい過ぎである。[*25] 実際のところ、この二つの要素〔シーパワーとランドパワー〕は、多くの場合において、互いに打ち消し合う傾向を持つものであった。「栄光の六月一日」と初期の植民地の征服は、プロイセン、スペイン、オランダの離脱、それに地中海からのイギリス海軍の撤退によって帳消しとなった。セント・ヴィンセント岬の海戦とキャンパーダウンの海戦は、北イタリアの征服とオーストリアの敗北によって帳消しとなった。ナイルの海戦と第二回対仏大同盟の結成は、ロシアの離脱と、マレンゴとホーエンリンデンにおけるオーストリアのさらなる敗北によって帳消しとなった。トラファルガーの海戦がウルム戦役とアウステルリッツの戦いの間に行われたということは、記憶されておいてしかるべきことである。大海軍主義のフィッシャー提督が、一世紀後にこのように強調している。「トラファルガーは、アウステルリッツを防げなかったではないか！　そして〔小〕ピットは、トラファルガー〔での勝利〕にもかかわらず『すべてのヨーロッパの地図を巻き上げてしまえ』といって、失意の内に死んでしまったではないか！」[*26] イタリアにおけるイギリスの諸同盟国は、〔海軍提督カスバート・〕コリングウッド（Cuthbert Collingwood）が、長年、骨折りしながら支援してきたのであったが、その運命は、同様に、「中央ヨーロッパの戦場で決せられた」のであった。[*27] そして、イギリス海軍がスウェーデンに一八〇八年から〇九年にかけて一時的な支援を行ったにもかかわらず、フィンランドの蹂躙も、スウェーデンに大陸封鎖への参加を迫るフランス・ロシア連合の圧力も防ぐことができなかった。イギリスの海上覇権によって、イギリスは独立を保つことができ、海外で新たな植民地を確保することもできたが、これは、シーパワーだけではなく、ランドパワーをも含んだ戦いの一側面でしかなかった。ヨーロッパを軍事的に支配するための戦争においては、ヨーロッパの内側で陸軍が戦う必要があるということは、十分に理屈にかなうことであり、言わずもがな、なのであるが、イギリス人海軍史家たちの愛国心から生じた偏向が存在するので、わざわざ指摘しておく必要があるのである。ナポレオンを打ち倒すには、「海上での」手段に加えて、「大陸での」手段が必要だったのである。

ナポレオンとの闘争が終わりに近づく頃、かつての戦争の一つの側面が全面へと出てきた。北アメリカである。英仏の激しいぶつかり合いの中へと、他のヨーロッパ諸国は引きずりこまれていった、多くの場合は、否応なしに、である。このぶつかり合いは、アメリカ合衆国との関係にも影響するものであった。アメリカ合衆国は、一九世紀の初頭には、主要な貿易相手国になっていたのである。アメリカの海運と海外貿易は、デンマークの場合と同様に、自らが中立国であることの利点を生かし、すばやく拡大していたものの、その結果、必然的に、イギリスの枢密院勅令とフランスの様々な禁輸令の影響を受けることとなった。英仏からの圧力の内、イギリス海軍の海上封鎖のために、イギリスからのものの方が影響が大きかった。アメリカの受けた影響は、イギリス人の船員を確保するためにアメリカの船舶の捜索を行うというイギリスの政策のために、さらに悪いものとなった。このことが示しているのは、巨大な規模の海軍を維持するというロンドンの強い意志と、船員を十分に確保するための制度が慢性的に欠けていた、ということであった。結局、イギリス政府は、これらの勅令を取り消すことになるのであるが、アメリカの宣戦布告を防ぐには手遅れであった。[*28]

一七五六—六三年の北アメリカにおける戦争においてイギリスが勝利できたのは、イギリスが北アメリカ大陸において数の優位を持っていたのと、フランスが〔同時に進行していた〕ヨーロッパでの戦争により強く集中しており、海上のコミュニケーション路を支配していたイギリス海軍に挑戦しなかったからである。一七七六—八三年の再開された戦争においてイギリスが敗北したのは、イギリス人が十分な兵力と兵站を持っていなかったにもかかわらず、広大な大陸を跪かせようとし、また、フランスとスペインがヨーロッパの情勢に囚われておらず、植民地におけるロンドンの苦境を活用できたからであった。三回目と最後の戦争において、結果が引き分けであったのは、様々な状況が互いに絡みあい、互いに打ち消しあう関係にあったからである。[*29] フランス海軍は、北アメリカの状況に干渉する立場にはなかった。この戦争において、パリとワシントンは、共通の敵と戦っていたのであるが、パリとワシントンの協力は、まったくなかったのである。ヨーロッパの状況がフランスの助けとなるどころか、ナポレオンは、ロシアとドイツを相手にした死闘を行っている最中であり、この戦いに、すべてを注ぎこんでいたのであった。また、他のヨーロッパの強国は、イギリスに一杯食わせよう、という意志を持たないのであった。ロシアなどは、英米の戦いを停止させるために、ロンドンとワシントンの間に仲裁者として入る意欲さえ示していたのである。イギリスはヨーロッパ大陸での戦争にその関心を引きつけられていた、ということも明記しておかなければなるまい。イギリスは、カナダでの戦いに投入する目的で、部隊をスペインから撤退させたのであったが、その間も、〔ヨーロッパ大陸での〕ウェリントンの作戦はつづいていたのであった。だが、一八一二年の国際情勢は、一七七六年の国際情勢に比べて、イギリスにとって、はるかに有利なものであった、という現実はそのままであった。イギリス海軍の前に立ちはだかる者は、進取の気性には富むものの脆弱なアメリカ海軍だけであったので、イギリス海軍は、アメリカ東海岸に沿った海上の支配権をいち早く確立することができ、任意の場所へと、イギリスの遠征部隊を運べるのであった。五大湖方面での局地戦と、アメリカ人のプライヴェティーアから貿易を保護する目的の戦いにおいては、イギリス海軍は、たいした成功を収めていない。このことが示しているのは、イギリス海軍がフランスとスペインの艦隊を相手に、あまりに簡単に勝ったのは、おそらく、両国の艦隊が非効率で士気が低かったからであるが、それにもかかわらず、トラファルガー以降、イギリス海軍の中にある種のおごりが生じてきた、ということなのである。とはいうものの、主力艦隊による「海上覇権」は、イギリスが独占する状態のままにあった。

この頃のイギリスは、一七七六年から八三年までに遭遇した基本的な陸軍上の問題に直面したままであった。その問題とは、アメリカ合衆国のような巨大な国を相手にするのには、イギリスが賄い得る兵力や兵站を超える壮大な規模の陸軍作戦が必要だとされているが、これを行わずにアメリカのような巨大な国を跪かせるにはどうしたらよいのだろうか？　ということであった。結局のところ、イギリスの政治家たちは、同じことがアメリカでの戦争についてもいえてしまうので、限られた人口しか持たないことや、ヨーロッパでの作戦が大規模な大陸作戦を伴うものになる、ということを認めることができなかったのである[*30]──このことを認めてしまうと、ヨーロッパ大陸で戦うにしろ、アメリカ大陸で戦うにしろ、戦争に勝つには非常に規模の大きな陸軍が必要だ、ということになってしまうのだ。たしかに、ロンドンは、カナダのイギリス忠誠派からの支援をあてにすることはできただろう。だが、カナダのイギリス忠誠派の兵力は、どう見ても、対フランス戦争におけるオーストリア陸軍、ロシア陸軍、プロイセン陸軍からの支援に匹敵するものではなかった。また、彼らをあてにする場合、長大なアメリカ・カナダ国境を防衛する必要性が生じてくるので、戦略上のジレンマは、ますますやっかいなものとなってしまうのだった。おそらく、イギリスにとっての最善の策は、アメリカの沿岸部の要所を押さえることによってアメリカの富に打撃を加え、アメリカが降伏する意志を持つようになるまで待つことであった。一七八三年以降、アメリカの海外貿易と海運は大きく拡大していたので、アメリカの繁栄の基盤となっていた拠点への攻撃は、フランスの拠点への攻撃以上に効果が大きいものであったし、イギリスとの戦争という考え方そのものに嫌悪感を抱く商人やプランターも多くいたからである。イギリスは、このやり方を実行に移したものの、性格上、これは、時間のかかる作戦であり、すぐの勝利や、決定的な勝利が望める作戦ではなかった。そして、イギリスの側にも、自分たちの最大の顧客であり、自分たちと多くの文化的つながりを持つ国と戦うことを嫌悪する人々がいたのであった。一八一四年までの間により多くの被害を受けたのはアメリカの側ではあったものの、和平の締結は、シーパワーとランドパワーの間に存在した膠着状態を表現したものであり、この戦争がどちらの利益にもならないことを表現したものであった。海上権益をめぐる争いは、解決されたのではなく、単に、棚上げされたのである。

ナポレオン戦争という文脈の中で考えてみると、英米の争いは、小さな局地戦であり、戦略上の陽動の一つであったようにしか思えない。だが、イギリスが海上覇権へと向かう、より大きな物語という文脈の中では、英米戦争の教訓は、もっと重要な意味を持つのである。一八一二—一四年の英米戦争は、一八世紀のイギリスの帝国的な拡大と海上での拡大におけるヨーロッパ戦線とアメリカ戦線の関連の重要性を、ふたたび確認するものであった。それゆえ、この戦争は、チャタム〔大ピット〕の信念を裏書きするものであった。チャタムの信念とは、島国であり、本質的には、欧米両大陸に挟まれた場所に位置する海軍国であったイギリスは、両大陸の間で軍事的な均衡を図ることができた場合にのみ、死活的な国益を守ることができる、ということである。さらにいえば、英米戦争は、イギリスのシーパワーの限界を再確認するものでもあった。イギリス海軍に、まともなライバルなど存在しない状態であった当時においても、アメリカ合衆国のような大陸大の大国と戦うにあたっては、シーパワーだけではどうしようもなかったのである。後の時代のイギリスの政治家たちが、この事実をしっかりと受け止め、建前上の方針として、アメリカからの攻撃に対してカナダを守るため万全の備えをする、とする一方で、本音では、カナダを防衛することの陸軍上の難しさをきちんと認識し、それゆえ、可能な限り、アメリカ合衆国と良好な関係を保つことに心を砕いたことは、驚くことではないだろう。[*31]

最後の点として、フランス革命戦争とナポレオン戦争は、イギリス経済が、年月と費用の点で、信じがたいほど大きな負担がかかる陸海軍の作戦に、倒れることなく耐えられるかどうかのテストでもあった。

〔イギリスの経済史家ピーター・〕マサイアス（Peter Mathias）教授は、「歴史の中の数少ない一貫性の一つは、軍事費は上昇の一途をたどってきたということである」という的を射た指摘を行っている。[*32] 一八世紀の戦争が示していることとは、この法則に例外はない、ということである。そうはいうものの、フランス革命戦争やナポレオン戦争と比べると、それまでのすべての戦争は、霞んでしまう程のものとなる。一七九三年、イギリス政府は、政府支出の総額一九六〇万ポンドの内、四八〇万ポンドを陸軍に費やし、二四〇万ポンドを海軍に費やしていた。だが、一八一五年までに、支出の総額は、一億一二九〇万ポンドにまで上昇し、この内、四九六〇万ポンドが陸軍へと行き、二二八〇万ポンドが海軍に行った――防衛支出が、一〇倍になったのである。[*33] イギリスがこの戦争に費やした額の総計は、一六億五七〇〇万ポンドという途方もない額であった。毎年毎年これだけの金額を、経済が大幅に弱まることなく払いつづけられると信じたイギリス人は、ほとんどいなかったであろう。ナポレオンもこの思いを共有していた。ただし、もっと熱烈に、である。

イギリスが勝者として浮かび上がるためには、三つの条件が満たされる必要があった。〔第一に〕イギリスの工業、農業、通商は、十分にすばやく成長する必要があった。国家の富の源であるこれらを枯らしたり、国内の反発を生じさせることなく、上昇しつづけるこれらから政府が様々な税金を通して財源を集められる速さで成長する必要があったのだ。〔第二に〕政府は、金融市場から資金を調達するため、財政的信用を保つ必要があった。〔第三に〕国は、世界で儲けるため、海外貿易を維持、さらには、拡大させる必要があった。これは、一八〇六年に大陸封鎖が課された際には、殊更に難しいものとなった。さらには、これらすべてを、はるかに大きく、はるかに人口が多い、フランスが支配する大陸ブロックよりもうまくやる必要があったのである。幸運なことに、これら三つの条件は、すべて満たされた。とはいうものの、ウェリントンがワーテルロー〔の戦い〕について述べたのと同じく、「何とかかろうじて」だった。工業と農業における不満、一七九七年にイングランド銀行が〔銀行券の〕金への兌換停止を行ったこと、アミアンの和約の際に広く見られた安堵、大陸封鎖がもたらした緊張、アメリカ経済からの厳しい圧力、これらすべてから分かることは、イギリスも、限界ぎりぎりに達していた、ということなのである。

だが、イギリスは、たとえ困難にあろうとも、それに立ち向かったのである。ふたたび、戦争は、それ自体が触媒となり、経済変革のための促進剤となったのである。もっとも、その影響は、破壊的なものともなりかねないものであった。三つの条件の一番目である、国の生産力の拡大とそれに伴う富の拡大についていえば、あらゆる兆候は、時折の短期の躓きはあったものの、このような成長が実際に起こった、ということを示している。農業は、戦争から恩恵を受けた。というのは多くのヨーロッパ〔大陸〕からの作物、特に穀物類が途絶え、イギリスの農民が、その穴を急いで埋めなければならなくなったからである。工業の成長は、さらに目を見張るものであった。一七九三年から一八一五年までの期間が一点の曇りもなく示していることは、テクノロジーと生産における真の革命が進行中であった、ということである。蒸気機関が、様々な分野で導入され、さらなる技術の発展が行われつつあった。国内のコミュニケーションを良くするため、運河網――グランド・ジャンクション、ベイジングストーク、ケネット・アンド・エイヴォン、カレドニアン、マーシー・ハンバー・リンクアップ――が建設され、新しいターンパイク〔有料道路〕と鉄道がこれを補った。銑鉄の生産高は、一七八八年に六万八〇〇〇トンであったものが、一七九六年には、一二万五〇〇〇トンに上昇し、一八〇六年には、二四万四〇〇〇トンになっている。すべてのなかでもっとも成長していた綿織物は、触媒、あるいは、それ自体が「乗算器」であり、ますます多くの機械、蒸気動力、石炭、労働力を要求するものであった。一七九三年、綿織物の輸出は総額で一六五万ポンドであった。これが一八一五年には二二五五万ポンドにまで成長し、群を抜いてイギリスの最大の輸出品となった。鋼鉄、工作機械、毛織物、絹織物産業も、より穏やかな速度で、ではあったものの、同様に成長していた。造船所も、民間からの注文は落ちこんだものの、イギリス海軍からの注文に応えるため、忙しかった。人口が急速に上昇し、食物、衣服、家財道具への需要を増やし、イングランド北部や中部にあっという間に生まれた工業都市が、景観を変え始めていた。銀行や保険会社が、当然ながら、この景気を後押しし、そこから利益を得たのであった。

〔小〕ピットとその後継者たちの下にあったイギリス政府も同様であった。イギリス政府の財政政策と課税方針は、豊かに成りつつあった国を刺激し、その利益にあずかろうとするものであった。結局のところ、上昇の一途をたどる戦費を賄うための手段は他になかったのである。一七九三年に一三五七万ポンドであったものが、一八一五年には、四四八九万ポンドになったのである。海外貿易の拡大に伴い、関税収入と物品税収入は、自動的に増えた。地租の上昇は、もう少し緩やかなものであった。同じ期間に、二九五万ポンドから九五〇万ポンドになっている。一方で、所得税と財産税は、一七九九年に初めて導入されたのであるが、ナポレオン戦争の最後の年には、一四六二万ポンドの歳入をもたらした。[*34] 当時の人々にとって、このイギリスの徴税力は、驚くほどのものであった。「一八〇六年から一八一六年までに、一四〇〇万に満たない人口が、所得税だけでも、一億四二〇〇万ポンド近く収めた」のである。[*35] このように、活用することができる、上昇をつづける国富という強固な基盤があったので、一〇倍に上昇した防衛費も、しっかりと維持できたのである。

だが、この壮大な努力をもってしても、政府の歳入と支出の間のギャップは埋められなかったのである。たとえば、重要な年であった一八一三年、歳出が一億一一〇〇万ポンドであったのに対して、税収は、七三〇〇万ポンドしかなかったのであった。このギャップは借り入れによって賄っていたのであるが、この点において、政府はトランプのカードをもう一枚持っていたのだ。〔小〕ピットが経済を安定させたことによって、政府の財政的信用は高かった。そしてイギリスの金融機関が、非常に柔軟性に富み優れていたので、市場から資金を調達することは、すでに長く行われており、うまくいく手段となっていた、これは、戦時においては、殊更にそうであった。戦争が勃発すると、〔小〕ピットは、巨額の長期借り入れ政策を導入し、市場も、これに熱心に反応した。注目すべきことに、一七九七年の「兌換停止」の際にも、この熱意は失われることはなく、危機的状況は、まもなく、解消したのである。ある経済史家は、このように述べている。「実際のところ、公衆のイングランド銀行への信用は、十分に高いものであったので、お金が決められた金額で金に兌換されなくなっても、その頃には、〔金による〕保証のないお金を、同じように受け取るようになっていたのである……ロンドンと地方の銀行と商業界では、ほぼ誰もが、ただの紙のお金によって、通常通りに業務を行うようになっていたのである。[*36]」これによって政府は、一七九三年から一八一五年までの間に、四億四〇〇〇万ポンド借り入れられるようになったのであった。総支出の四分の一と三分の一の間くらいの金額を、借入によって賄っていたのである。[*37] その結果、国が財政破綻するいかなる兆候も表れることがなく、将来の国家からの支払いに債権者が疑いを抱くことはないままに、国債の発行高は、一七九三年には二億九九〇〇万ポンドであったものが、一八一五年には、八億三四〇〇万ポンドという巨額なものに達したのである。フランスの信用は、ナポレオンのすばらしい軍事的成功、フランスのより多い人口と天然資源、フランス政府による実態のある保証にもかかわらず、イギリスの成果に匹敵することはなかった。イギリスは、賢明な同盟政策により、一八世紀、大きく前進したのであったが、P・G・M・ディクソンは、このように述べている。「しかしながら、同盟国よりも重要であったのが、公的な借り入れの仕組みであった……これによってイングランドは、その税収にまったくとらわれることなく戦争に支出することができるようになり、フランスとその同盟国との戦いにおいて、船舶数と兵力に関して、決定的な優位を得たのであった。この優位がなければ、これまで費やした戦費は、無になっていたことであろう。[*38]」

工業化の拡大と政府の高い信用は、両方とも、第三の要因に依存するものであった。海外貿易の拡大、なかんずく、輸出の拡大である。これによって、イギリスは、世界で儲けることができたのである。一七七六―八三年のアメリカ〔独立〕戦争以降、商業は栄えていた。だが、フランスとの争いが起こると、商業の繁栄に害が及ぶ危険性は常に存在したのであった。なんだかんだいってみても、イギリスの貿易のかなりの部分は、未だ、ヨーロッパとのものであった。戦争が起きてすぐに分かったことは、このような懸念は、心配には及ばない、ということであった。戦争が、様々な貿易を促進させたのである。たとえば、イギリスの武器産業の貿易である。イギリスの製品は、今や、ヨーロッパで、高い値段で取引されるようになったのであった。さらに重要なことに、イギリスの海外貿易の大部分は、ヨーロッパの戦争に、ほとんど影響を受けなかったのである。たとえば、アメリカ合衆国との商取引は、伸びつづけていた。アジアとの商取引、西インド諸島との商取引も、同様である。もっとも、この内、どれだけのものが、ヨーロッパでのトラブルの結果として、新市場を求め、開拓しようという必死さによるものだったのかは、未解決のまま残る問題である。そして、イギリスが敵の植民地をひっくり返した際には、イギリスは、自らの製品のための新市場を、自動的に手に入れることができた。反対に、フランス、オランダ、スペインの産業は、戦争によって打撃を受けた。保護された植民地市場を失ったのみならず、ヨーロッパ海域でのイギリス海軍の海上封鎖にも打撃を受けたのである。イギリスは、海軍力と、商業上の柔軟さによって、製品の流れを、あるルートから別のルートに移すことができたのである。フランスが地中海への依存を高める一方、イギリスは、北部ヨーロッパ〔フランスより北、オランダ、ドイツ、北欧を含む北部ヨーロッパ〕との貿易を、突然、分散させ、反対の対応を行ったのであった。究極的には、イギリス人には、航海法を緩和させる用意があったのである。伝統の保護主義的な海運政策を一時的に棚上げしてまで、商業と産業を保護することを選んだのであった。こうした政策により、国内での緊張にもかかわらず、経済は、健全な状態を保ちつづけた。当時のライターの一人が、一七九九年に、これを誇っている。

われわれがほとんど議論の余地なく証明できるように、この国の歳入、製造業、商業は、新たな重荷という重圧の下で、また、われわれが重大な戦いに参加している中にあっても、これまで経験しなかったほどに繁栄している。ライバル国の工業をひねりつぶし、貿易と海運を壊滅させたこの戦争は、イギリスにエネルギーを授け、イギリスの工業、貿易、海運を拡大させているのである。[*39]

経済戦争〔経済競争〕におけるイギリスの二つの大きな強みは、だれが見ても明らかなものであった。イギリスは、工業化により、高品質で廉価な製品を多品種、生み出すことができ、品質においても、価格においても、品種の多さにおいても、他国は対抗できなかった。そして、イギリスは、その広大な帝国と海上覇権により、植民地の産品をほとんど独占的に供給できるのであった。たとえナポレオンがどのような法令を発令しようとも、ヨーロッパの国々は、イギリスの製品なしで暮らしてゆくことはできず、また、たばこ、茶、コーヒー、砂糖、香辛料、他の熱帯産の産品なしには暮らせないのであった。そうしたなかにあって、〔ナポレオンによる〕一八〇六年の大陸封鎖令の発令は、このイギリスからの輸出と再輸出を阻止しようとする、それまでで、もっとも徹底的で、組織立った試みだった。ナポレオンは、イギリス経済を弱体化させない限り、イギリスを跪かせることはできないのであり、大陸封鎖令は、トラファルガーで、仏西が敗北したことの理論的帰結なのであった。[*40]ナポレオンが、オーストリア、プロイセン、ロシアを叩いていうことを聞かせた後、イギリスの見通しは、暗いように思われた。ほとんど全ヨーロッパが、イギリスの製品をボイコットするように命令されたのである。さらに悪いことに、アメリカとの関係において摩擦が増えていったことによって、もっとも利益を生む市場である最大のお得意様との貿易が影響を受けたのであった。これらは、すべて合わせると、まるでイギリスの産業には死刑宣告であるかのようだった。

このような惨劇が実際には起きなかった主な理由は、大陸封鎖が、効果を発揮するまで十分な期間、着実に持続することがなかったからである。一八〇八年までに、イギリスの経済状況はかなり深刻なものとなっていたが、スペインでの革命〔日本では「スペイン反乱」あるいは「スペイン独立戦争」と表記されることが多い〕がナポレオンの制度に穴を開け、〔イギリスの〕ランカシャーやミッドランド地方の製品が、イベリア半島へと流れこんだのであった。バルト海周辺でも、スウェーデンが、フランスとロシアからのプレッシャーに屈するまでは、例外でありつづけた。だが、イギリスの産業は、ふたたび、苦しめられるようになり、それは、ロシア人がナポレオンに立ち向かうまで、また、一八一二年の決定的な作戦によってヨーロッパを「孤立」させようとしたナポレオンの試みが挫かれる頃まで、つづいた。この頃までには、英米関係が、戦争となるまで悪化していたので、イギリスは、ふたたび、〔ロシアでの戦況により〕寸でのところで、難を逃れることができたのであった。だが、こうなる前にすでに、ナポレオンの法令を実行に移すこと自体の難しさが、浮かび上がってきていたのである。フランス人以外のヨーロッパ人で、イギリス製品がなくなったり、植民地からの産品がなくなったりするのを望む人は、ほとんどいなかったのである。それゆえ、彼らは、ありとあらゆる手段を用いて、禁制品を手に入れようとしたのだった。輸入品の本当の原産地を偽装するための文書が作成された。密輸入は、盛んに行われた。特に係官が見て見ないふりをしてくれる場所ではそうであった。そして、フランス人が、ある地域において締めつけを強化すると、貿易路は別の場所へと移動するのであった。ドイツに向けられた商品が、〔ロシアの〕アルハンゲリスクや〔ギリシャの〕テッサロニキに陸揚げされたのである。イギリス自体も、それが可能である場合には、〔ナポレオンの〕規制をごまかすことを奨励していたのである。マルタ、ジブラルタル、シシリー、ヘリゴラント、スウェーデンといったロンドンに依存していた、あるいはロンドンに対して友好的であった港や国々は、イギリスの製造業のための巨大な物資集積所となったのであった。航海法がふたたび緩和されて、これらの商品を中立国の船舶が運ぶことが許されるようになった。重要なことに、フランス人までもが、〔ナポレオンの〕制度の裏をかいていたのである。フランスやオランダにおいて、一定の条件下では、海外との貿易が許されていたので、これが、抜け穴となったのであった。イギリス海峡を跨ぐ「取引」がおぜん立てされて、砂糖やコーヒーが、ブランデーやワインと交換されたのである。ナポレオンは、農産物の輸出を奨励していたが、この政策が、イギリスとの貿易を遮断するという戦略とぶつかり合っていたのである。そして、なんと、〔ナポレオンの〕大陸軍のブーツや制服の一部は、イギリスに発注されたのであった！　同様に、イギリス人やカナダ人の支援を受けた〔アメリカの〕ニューイングランドの港は、一八一二―一四年の戦争の期間中も、敵との貿易をつづけたのであった。

最後に、イギリスは、ヨーロッパとアメリカ合衆国以外の場所では、貿易と海運をほぼ独占していたので、自国の製品を、どんどんと海外に輸出することが可能であった。戦争が勃発する前の段階においてすでに、この方面の外国との通商は、急速に成長していた。だが、新たな市場を開拓する必要性が、イギリス国内の綿織物、家財道具、金属商品の生産の増加と相まって、真の好景気を牽引したのである。イギリス領西インド諸島との貿易は、一七九三年の六九〇万ポンドから、一八一四年には、一四七〇万ポンドに増加している。イギリス領以外の西インド諸島とラテン・アメリカとの貿易は、両方とも、戦争中に新たに始められたのであったが、ほぼ無の状態から、一〇五〇万ポンドにまで成長したのであった。[*41] アジア、アフリカ、イギリス領北アメリカ〔カナダ〕との貿易も、同様に、重要性を増加させつつあった。ロンドン港の大幅な拡張は、このイギリスの海外での発展、殊に中継貿易における発展の反映であった。ロンドン港では、一八〇二年から一八一三年までに、西インド・ドック、ブランズウィック・ドック、ロンドン・ドック、東インド・ドック、コマーシャル・ドックが次々にオープンした。[*42] これらの地域は、イギリスの商業が、その伝統的な活動地域で苦しんだ際には、商業の有効な支えとなった。

それにもかかわらず、イギリスは、フランス人やアメリカ人との経済戦争によって、二〇年間の戦争の

イギリスの海外貿易の算出値もしくは公表値（100万ポンド）			
	輸入量	輸出量	再輸出量
1796	39.6	30.1	8.5
1800	62.3	37.7	14.7
1810	88.5	48.4	12.5
1812	56.0	41.7	9.1
1814	80.8	45.5	24.8

期間中、一八〇八年と、一八一一年から一二年にかけて〔の二度〕、経済危機寸前のところまで行ったのであった。後者の不況は、特に厳しいものがあった。膨大な数の製品在庫が、工場の外で積みあげられており、ロンドン港の各ドックは、植民地からの産品で溢れかえっており、イギリスは、帝国各地の森林を代替品のために開発していたにもかかわらず、造船資材の供給は、危険なほどに減少しており、倒産に至る会社の数が、急激に増えており、失業率の増加とパンの価格の高騰が、暴動を頻発させており、政府の収入と支出の乖離は、危険なほど大きなものとなりつつあった。ナポレオンがバルト海を制したことによって、この海域で、数百隻ものイギリス船が拿捕されていた。貿易収支が逆転したことにより、ポンドの価格が急落していた。〔デイヴィッド・〕リカード（David Ricard）のような経済学者たちは、和平を希求していた。次の表は、貿易統計の背後にあった現実を物語るものであり、一八一〇年以降の落ちこみを、別の形で表すものである。*43

大陸封鎖とアメリカの「通商停止」政策がなければ、この時期、イギリスの海外貿易は伸びつづけていたであろう、ということがはっきりと分かる。それほどに、イギリス製品と植民地産品に対する需要は非常に大きかったのである。そのような状況であったので、最悪の時期にあっても、これらの商品のかなりの量が、なんとか道を見つけて顧客の下に届き、ナポレオンが貿易に対する締めつけをあきらめるや否や、貿易は、瞬く間に回復したのであった。北部ヨーロッパへの輸出は、一八〇九年の一三六〇万ポンドから一八一二年の五四〇万ポンドへと落ちこみ、そこから一八一四年には、二二九〇万ポンドへと跳ね上がったのであった。

一八一三―一四年頃まで、イギリスは、こうした試練に耐えたように見える。経済的な試練だけではなく、他の試練にも耐えたのである。イギリスの資金や武器が東ヨーロッパへと流れこみ、フランスの覇権に対して立ち上がるための助力となったのであった。ウェリントンの軍が、スペインを取り戻し、南フランスに入った。カナダは持ちこたえ、アメリカ合衆国東海岸に沿った海上封鎖が強化された。イギリス海岸貿易への攻撃はしだいに減ってゆき、敵の植民地帝国は、ひっくり返された。この後、ナポレオンは権力を回復させるための最後の試みを行うこととなり、北アメリカでの戦争は、未だ終結していなかったのであるが、出口は見えてきていた。イギリスの政治家たちは、イギリスは、国家始まって以来の試練に耐え、世界におけるイギリスの国力と地位は、さらに固まり、一層強化された、という認識を持ち始めたのであった。

ここまでくれば、互いに影響しあった様々な糸をより合わせて、一八一五年のイギリスの最終的な勝利を説明することは可能であろう。イギリスの島国としての位置が、イギリスの海上覇権に補われることにより、ナポレオンの侵攻に対して、基本的な安全保障を提供したのであったが、これは、他のヨーロッパ諸国が持ち得ない利点であった。イギリスの政治制度と社会制度は、安定してはいるものの、相対的に、柔軟性に富んだものであり、これによって、イギリスの人々は、国内での深刻な混乱に陥ることなく、戦争の重荷に耐えることができたのであった。急速に拡大する工業化と外国貿易によって、イギリス政府は、新たな財源を利用することができるようになった。イギリスの洗練された財政制度によって、商業海運は、保険が利用できるようになり、産業は、資本を得、政府は、資金を調達できるようになったのであった。この経済力と信用力が、さらには、巨大な規模の海軍と、かなりの規模の陸軍の支えとなったのである。海軍は、海上の支配権に挑戦しようとした敵国のありとあらゆる試みを打ち砕いたことによって、イギリスが侵略される危険性をさらに小さなものとしたにとどまらず、敵の植民地の獲得を可能にし、敵国の海外貿易を撲滅させ、イギリスの商業を保護し、ヨーロッパ大陸の同盟国を支えたのであった。制海権から利益を受けた陸軍は、敵国の植民地や海軍基地を獲得するために送られて、また、同盟国と連携して敵国を混乱させるため、ヨーロッパの周縁で作戦行動を行うために送られたのであった。

　このように、様々なものが合わさったイギリスの力は、当時の人々には印象深いものであり、今日の歴史家たちにとってもそうでありつづけている。だからといって、これだけで、ナポレオンを打ち倒し、戦前の状態を回復することができたかどうかは疑問である。〔フランスという〕大陸の偉大な陸軍国との戦争において、イギリス海軍が果たした役割は、積極果敢な戦略にもかかわらず、主に、消極的なものであった。イギリス海軍に課せられた不可欠な任務とは、イギリスを守り、イギリスの貿易を守り、イギリスの富を守ることであった。それが可能であった場合には、当然ながら、敵の植民地や通商は、除去されることになるのだったが、これだけでは、フランスを打ち負かすことはできなかったのである。イベリア半島での作戦も、たしかに重要な作戦ではあったものの、それだけでは、ナポレオンのヨーロッパにおける覇権を切り崩すことは、できそうにはなかった。ナポレオンを切り崩すには、被征服地の人々が力で立ち上がり、主要な戦闘地域からフランス陸軍を駆逐することが必要であった。イギリスは、そうなるまで頑張りつづけ、受動的な役割を戦略的に果たしながらも、チャンスを利用して、友人を助け、フランスに対して立ち向かう人々に対して、常に抵抗する姿勢を手本として示さねばならないのであった。

　ナポレオンを失敗にいたらせたのは、内的な要因と外的な要因の組み合わせであった。外側からのイギリスのプレッシャーと内側からの抵抗である。ブルーン教授は、このように主張している。「歴史という長い観点でみると」、フランスの拡張は、「中世以降のヨーロッパ社会を形づくってきた支配的な政治的傾向に抗うものであった。個々の主権領域国家へと向かう傾向である……〔ナポレオンの努力〕は、主要なヨーロッパ諸国の感情や希望に反するものだったのである。*44」こうした観点において、もしかしたら、フランスによる支配の崩壊は、避け得ないことであったかもしれない。この種の支配が、ナポレオン王朝の下でのヨーロッパの統一という観念を誘い出したのではなく、征服地域において国民感情を呼び起こさせた、ことを証明する例が多く存在したのである。ロシアで〔ナポレオンの〕大陸軍が悲劇を被った後、こうしたやり方での統一の無理やりさと儚（はかな）さが露わとなり、ボナパルトの壮大な計画は、崩壊したのであった。

　この過程においても、イギリス人は、自分たちの役割を果したのであった。〔第一に〕ヨーロッパ中に広がっていたフランスの支配と軍事占領に対する嫌悪は、大陸封鎖令によって一層強いものとなり、ヨーロッパ経済はさらに混乱したのであった。ヨーロッパの人々にとって、大陸封鎖は、皆が欲しがっていたイギリス製品や植民地産品を手に入れられないようにするための意図的な試み以外の何物でもなかったのである。スペイン人とロシア人のナポレオンへの抵抗は、かなりの部分が、欲しいものを手に入れられなくなった憤りによって引き起こされたのであった。一八〇六―一二年の経済戦争においては、いずれは、〔英仏の〕どちらかに、割け目が生じるのであった。イギリスは、これまで書いてきたような理由で、そうなることを免れ得た。この戦いは、フランス経済を破滅させただけにはとどまらなかった。この戦いは、ナポレオンを打ち倒すために必要な、ヨーロッパの内側からの抵抗を生み出したのである。第二に、イギリス人は、スペインの反乱の時よりもさらに、この抵抗を効果的に利用せねばならないのであった。そして、この点においても、イギリスの経済力が、ものをいったのであった。シャーウィグ教授が述べているように、「イギリスは、同盟国に、フランスと戦うという志を授けることはできなかった。だが、一八一三年までに、〔ヨーロッパ〕諸国は、その必要な志を、自ら育んだのであった。イギリスは、彼らが必要とする資金と武器を、今や、供給できる立場に立ったのである。資金と武器は、共通の敵に対して、自分たちの志を勝利に変えるのに必要なものであった。[*45]」一八一四年、一〇〇〇万ポンドを超える額が、支援金に充てられ、カスルリーは、その見返りとして、オーストリア、プロイセン、ロシアが、ナポレオンに対して、それぞれ一五万の兵力を保つことを期待していた。ヨーロッパのバランス・オブ・パワーを回復するためには、このような大きな陸軍力を用いることが必要だったのである。

結論として述べるならば、イギリスが海軍覇権国として興隆していく中にあって、フランス革命戦争とナポレオン戦争は、それまでで最大の試練であった。そのような中において、イギリス人は、海上覇権国として成功するための前提条件を、ふたたび確認したのであった。その前提条件とは、健全な経済、洗練された金融制度、商業における進取の気性と独創性、政治の安定、強力な海軍である。最後の項目は、どうやら、それ以外の項目がうまく行かなければ、機能することはないようであった。防衛は、武装以上のものを意味したのである。だが、シーパワーの限界も、フランスとの衝突によって露わにされ、ヨーロッパの均衡を注意深く見る必要性、強力な陸軍国との戦時における同盟の望ましさ、「海上」戦略を「大陸」戦略と結び合わせる必要性、も確認されたのであった。つまり、この戦争の教訓は、ありとあらゆる点において、有益だったのだ。この教訓を、イギリスの政治家たちと、イギリス国民が、しっかりと肝に銘じ、うまくいった政策の基盤が損なわれることがないならば、この海上覇権は、この先の将来も、つづきそうであった。

第六章　パクス・ブリタニカ（一八一五―五九年）

イングランドは、海洋の女王だ。何らかの尊大な姿勢や攻撃的な態度という特徴ゆえに海洋の女王となったのではない。イングランドの歴史、イングランドの地理的位置、イングランドの経済的優位と経済的条件、イングランドの帝国的な地位や帝国的拡大などの特徴ゆえに海洋の女王となったのである。これらの諸条件が、イングランドに、海洋という領域を授けたのである。あらかじめ定められた権利によってではなく、健全な、ほとんど自然とも呼べる進化の過程によって、授けたのである。それらの諸条件が存在する限り、そしてイングランドが真にイングランドである限り、海洋は、イングランドの下にとどまるであろう。

『ザ・タイムズ（The Times）』紙、一九〇二年二月三日

〔イギリスを擬人化した女神〕ブリタニアが海洋を支配した時代があったとするならば、それは、ナポレオンが最終的に敗れた後の六〇年ほどの期間であろう。この時代は、〔海軍史家のクリストファー・〕ロイド（Christopher Lloyd）教授の言葉を借りるならば、「様々な海上帝国の歴史の中で、イギリスのシーパワーが、他のどの帝国も持ちえない広範な影響力を発揮した」時代なのである。*1 その影響力は、あまりに比類のないものであり、あまりに圧倒的なものに見えたので、当時の人々、そして後の世の人々は、これを「パクス・ブリタニカ」と呼んでいる。歴史上、唯一並び立つものとして、何世紀にも渡って文明世界を支配した帝国ローマになぞらえているのである。今や、北西ヨーロッパの島国の民が「ブリテンによる平和」を世界に課す番がやってきた、というわけである。この言葉からは、二つの印象が感じられる。イギリス海軍によって効率的に断固

として守られた長期にわたる平穏、そして、その程度はともかく、他のすべての国々が頼りとする圧倒的な強国、である。

どちらの印象も、完全に正しいものではない。だが、こうした見方が広く受け入れられるにあたっては、どちらの見方も、ある程度の真実を含んでいるのである。一世紀、あるいはもう少し後、イギリスの世界帝国としての立場は、その期間においても、完全性においても、ローマに匹敵するものではない、ということが明らかになるので、イギリス帝国の現象を、もう少しバランスのとれた視点から分析することは、あるいは可能であるかもしれない。一九世紀の詩人、歴史家、政治家たちは、地球の運命によって授けられた自国の並ぶもののない力は、ある意味、自然であり、当然の成り行きである、と主張していたが、こうした見方は、今では、当然に、批判的に精査することが可能となった。精査することによって、パクス・ブリタニカの時代はあらかじめ運命づけられたものであったという見方は、一九世紀の最初の三〇年間にイギリスを世界の中で押し上げた多数の重大要素——正の要素も負の要素も——が、イギリスにとって有利に働いた、という意味においてのみ正しい、ということが分かってくるだろう。

これらの要素とは、どのようなものであろうか？　イギリスによる世界の支配は、当時の幻想ではなく、歴史上の神話でもない、ということを確認しておくためにも、まずは、正の要素について考えてみよう。本章と次の章の前半で扱う時代において、イギリスは世界で唯一の工業国であった、と述べることは間違いではなかろう。つまり、商業、運輸、保険、金融におけるイギリスの支配はかなりのもので、なおかつ、多くの分野でさらに大きくなりつつあり、イギリスは、かつてない規模の植民地帝国を所有しており、それでいて、その大きさは、その後、この世紀の間、何倍にも成長することになり、イギリスの海軍力とその潜在力は、時折の恐れを除いては、実質的に、挑戦を受けることはなかったのである。さらにいえば、イギリスは、支配、つまりはイギリスによる平和を維持していたのであるが、これを維持するための防衛費は、人口一人当たりにすると、年額一ポンド、あるいはそれ以下だったのである――だいたい、国民所得の、二パーセントと三パーセントの間くらいの数字である。このような高い地位を、このように安価に達成できた事例は、歴史上ほとんど存在しない。

一九世紀のイギリスのこのように特殊な地位の源は、イギリスの産業革命にあり、また、一八一五年までに、長い戦争の期間を通じて、主要なライバル諸国が打ち負かされたという事実にあった。この戦争の期間に、フランス、オランダ、スペインは、経済が弱まり、植民地帝国が小さくなり、海軍力が消滅したのであったが、イギリスは、一七七六年から一七八三年という期間を例外とすれば、ますます強くなりつづけたのである。「断続的に戦争がつづいたこの世紀の結末は、かつていかなる国も達成したこともないような最大級の勝利であった。ヨーロッパ諸国の中における海外植民地の実質的な独占であり、世界大の海軍力の実質的な独占であった。[*2]」こうした動き全体が、イギリスを世界支配に至らしめた相互的な因果関係の、美しい事例となっている。一八世紀における海軍の決定的な勝利によって、イギリスの商人たちは、商業貿易におけるかなり大きな占有率を得、これが、産業革命の刺激となったのであった。そして、次に、産業革命が、イギリスが継続的にますます成長するための基盤となり、イギリスは、新しいタイプの国――当時、唯一の真の世界強国――へと変貌したのであった。工業化は、商業、金融、海運におけるイギリスの優位を一層推し進めただけにとどまらず、それ以前には存在しなかった経済的な潜在力とともに、イギリスの海軍における優勢を支えたのであった。

もっといえば、これはほんの始まりであった。工業、通商、金融、海運におけるイギリスの優勢が本当に花開いたのは、一八一五年から一八七〇年までの間である。[*3]産業革命を通じて、島国の人々は、「商店の国」から「世界の工場」へと変貌したといわれている。どちらの表現も、正確ではないものの、どちらの表現も、観察者にとって、それぞれの時代のイギリス人のもっとも目に付く特徴をいい表した表現であるように思われる。「世界の工場」という表現は、たしかに、一九世紀のなかばには理解されたであろう。一九世紀のなかば、イギリスは、世界の石炭のおよそ三分の二を産出し、世界の鉄のおよそ半分を生産し、世界の鋼鉄のおよそ七分の五を生産し、世界の金属製品のおよそ五分の二を生産し、世界の商業用の綿織物のおよそ半分を生産していたのだ。一八一五年以降、イギリスの熱帯地方との貿易は急速に拡大した。一方で、ヨーロッパとの貿易も、忘れられていたわけではない。ラテン・アメリカ、レヴァント地方、アフリカ、極東、オーストラリアが、主にロンドンを中心とした世界経済の中に組み入れられたのであった。この世界経済は、北アメリカ、インド、西インド諸島とは、それ以前からも、結びついていたのであった。国際貿易は、栄えていた、殊に一八四〇年から一八七〇年の間はそうであった。イギリスは、世界貿易から、工業だけにとどまらず、様々な恩恵を受けていた。実際、一九世紀の後半になると、イギリスは、製品の生産者というよりは、投資家、銀行家、保険業者、海運業者として、より大きくリードするようになっていた。北アメリカやヨーロッパへの工業の拡大、熱帯地方における新市場の開拓と原料の供給元の開拓は、主に、ロンドンからの資金によって賄われていたのである。イギリスの海外投資からの利益は、一八四七年の一〇五〇万ポンドから、一八八七年には、八〇〇〇万ポンドにまで上昇した。一八七五年までに、イギリスは、一〇億ポンド以上を海外に投資しており、そこからの利益は、以前から投資していた領域や新たな領域への再投資に継続的に回されていたのである。海運業におけるイギリスの優勢は、圧倒的なものであった。世界の運び手であったオランダに完全にとって代わり、そこから収入源をさらに積み増ししたのであった。一九世紀の前半に帆船から蒸気船――蒸気船は、産業革命初期のイギリスのさらなる強みであった――への切り替えを行うことによってアメリカからの挑戦を退け、一八九〇年までには、イギリスは、世界の他の国全部を合わせたよりも多い船籍登録上のトン数を有したのであった。そして、イギリスは石炭を輸出することができ、それゆえに、往路においても稼ぐことができたので〔つまり、空荷で航行することがない、というこ と〕、このことは、イギリス船の、外国船に対する明白な優位となった。これらの膨大な数の船舶は、すべてロンドンの保険に入っており、ロンドンにおいてロイズは、独特の地位を築いていた。〔ロンドンの金融街〕シティでは、ありとあらゆる経済活動が行われ、世界金融の中心となったのであった。民間の借り入れも、政府の借り入れもここで行われており、通貨の交換もここで行われており、保険の手配もここで行われており、商品の売り買いもここで行われており、船舶の借り入れもここで行われていたのである。こうした活動がここで行われたことによって、海外企業の支店や出張所が置かれ、中心的な機能がますます増えていった。〔チリの〕バルパライソ、上海、サンフランシスコ、シンガポールなどの支店や出張所が設置されたのである。そして、最後に述べることは、読者のみなさまも容易に想像できる通り、ある分野（たとえば、保険）におけるイギリスの優位が、別の分野（たとえば、海運）におけるイギリスの優位を支え、強化する役割を果たし、通常は、相互補完関係にあったのである。*4

　おそらく、さらに目を見張らせられることは、イギリスが、自由貿易という、商取引上、革命的な手法を取り入れて、他の国々に、これを模倣するよう説くことに成功したことであった。少なくとも、自由貿易を、ある程度取り入れさせることに成功したのである。独占と国家の力によって富を育むという重商主義は、それまでの二世紀間、イギリスを拡大させた大きなイデオロギー上の原動力であったが、アダム・スミス、リカード、彼らの理論の信奉者たちによって、海に投げ捨てられたのであった。イギリスが、重商主義において圧倒的な勝利を収めた瞬間、これを転換させたことは、ちょっと信じられないことのようにも思われる。だが、自由貿易論者にとっては、まったく当然のことなのだ。イギリスは、世界貿易の拡大に依存していたのである。世界貿易が拡大すれば拡大するほど、良いのであった。さらに、工業における大きなリード、商業海運における大きなリード、金融分野における大きなリードによって、イギリスは、何よりも、商品のさらに大規模な取引から利益を得るのに最適な立場にあったのである。他方、より厳格な重商主義であれば、他国は、関税障壁の背後に自国の工業を他よりも早く築くしかなくなり、このことによって、国際通商が打撃を受ける、ということとなる。ナポレオンが敗北した今、自由貿易の哲学が本領を発揮することとなったのである。それゆえ、関税が引き下げられ、穀物法が撤廃されて、航海法が廃止されて、植民地を保有することが、より簡単になったのであった。後に、コブデンとブライトは、自由貿易は、あらゆるものに対して万能である、と主張することになる。すべての者を富ませ、国際親善が高まり、戦争を防止する、という主張であった。とはいうものの、イギリス人以外がそれほど説得されたわけではない。彼らは、重商主義がこれ以上イギリスの利益とはならなくなったので、イギリス人は重商主義を捨てた、とみなしたのであった。あるドイツ人のエコノミストが一八四〇年に「皆が良いこと［つまり、工業化］の頂上に達しようという頃、そのはしごを蹴飛ばしてしまったことは、なかなか賢いやり方だ」と述べている。[*5] 彼らにとって、自由貿易とは、単に、イギリスが経済支配を保つための手段にしか過ぎなかったのである。それにもかかわらず、フランスを含む西ヨーロッパの多くの国々が、コブデンの教えにある程度は耳を貸し、世界貿易は繁栄したのであった。一八五〇年代だけでも、世界貿易は、八〇パーセント拡大している。それほど不自然ではないことに、多くの企業、個人、国家が、これによって利益を得たのであった。なかんずく、イギリスの企業、そしてイギリスの個人は、そうであった。

「貿易、植民地、海軍」という戦略と経済の三角形の一辺が、少なくとも外形上は、このように完全な変貌をとげたので、他の二辺も影響を受けることは避けられないこととなり、実際、影響を受けたのであった。イギリスにおける植民地への全般的な態度も、海外問題に対するイギリス海軍――海軍は、常に、国家政策の手段であった――の全体としての役割も、両方とも、変化したのである。ここでも、その変化は、中身の変化というよりも、見た目の変化であった。つまり、一八一五年以降に帝国政策と海軍政策が変化したのは、自由貿易の場合と同様に、国の全般的な変化に沿うためであった。パーマストンが好んで述べたように、イギリスの「永遠の国益」の中身は、繁栄、進歩、平和と不変であった。ただし最後のものは、名誉を伴っての、という条件が常についていた。この当時起こっていたことは、これらが、新しい政策によって、もっとうまく達成できるようになった、ということであった。

イギリスの産業と経済理論における革命の結果、帝国の分野で起きたことは、大きな植民地帝国に対する関心の低下であった。ただし、歴史家たちがこの時代、一八五〇―七〇年に存在したと主張する「反帝国主義」は、海外領土を公式に支配することへの、大衆の態度をそう表現しているにしか過ぎないものである。自由貿易論者たちの主張では、海外領土を公式に支配することは、世界の市場や資源がすべての人に対して開かれている時代にあっては、ほとんど意味はないのであった。ディズレーリの言葉を借りるならば、植民地の行政や防衛の経費は、単にイギリスの納税者たちの首にのしかかる「重荷」なのであった。多くの損得計算を行うことは、功利主義的な見方にうまく適合するものであったので、自由貿易論者たちは、他の者たちに、海外入植地を意図的に増やそうとするのではなく、それらの入植地の自活を奨励すれば、それは、国全体にとって一層利益のあることである、と説いたのであった。結局のところ、アメリカ合衆国との貿易は、一七八三年以降、何倍にも拡大していたのである。〔ウィリアム・〕ハスキソン（William Huskisson）、〔エドワード・ギボン・〕ウェイクフィールド（Edward Gibbon Wakefield）、〔ヘンリー・〕グレイ（Henry Grey）などの人物が提唱していたのは喪失や縮小や世界の舞台からの撤退ではない。完全なるグローバルな市場が、彼らの唯一無二な祖国が利用できるように開かれたならば、莫大な利益、莫大な影響力、莫大な名誉が生まれることになろう、という提唱であった。「目の前に、世界全体が広がっているのだ」とウェイクフィールドは、再三、主張していた。彼らは、海外植民地を領有することは道徳的に間違っている、という考え方によって突き動かされていたわけではない。海外植民地は経費がかかりすぎ、不要なものだ、という考え方によって動かされていたのである。

彼らの考えの背景には、急増する工場から生まれ出る製品の供給先を確保したいという要請があった。殊に繊維工場である。これらの工場が生産する量は、国内と旧〔植民地〕帝国で消費できる量を超えていたのである。イギリスの商人たちは、それゆえに、新たな、開発されていない、帝国には含まれることのない一連の国々を開拓し、開発することに目を向けたのであった。東南アジア、ブラジル、アルゼンチン、アフリカ西海岸、オーストラリア、中央アメリカと南アメリカの西海岸の国々である。[*6] このようにして、「自由貿易帝国主義」と呼ばれている政策、ないしは態度が、生まれてきたのである。[*7] 公式の帝国〔領土や植民地など、イギリスによる政治的な支配〕は人気がなく——とはいえ、一九世紀にイギリス政府が植民地領土から撤退した例は、極めて少ない——その代わり、貿易商、金融家、領事、宣教師、海軍士官の非公式な影響力が好まれたのであった〔イギリスの領土や植民地以外でこれらの影響力が及んだ地域を「非公式の帝国」と呼ぶ〕。片方の手には、イギリスとの貿易がもたらす商業利益というニンジンを持ち、もう片方の手には、イギリス海軍の巡洋艦や砲艦という普段は使わない鞭を持ち、西アフリカの酋長国家、ラテン・アメリカの独立して間もない共和国、イスラーム世界のスルターン国、衰退しかかった東洋の王国へと引きつけられていったのであった。アメリカ合衆国と「白人」入植植民地についていうならば、これらには本国と似た社会があり安定した政府があったので、鞭は必要なく、政治的に意味を持たなかった。他の地域においては、イギリスの繁栄は、海外通商の維持と発展に大きくかかっていたので、鞭は、見せたり用いたりしなければならないのであった。おそらく、地図で赤く塗られた場所だけを見るのは近視眼的であるというコメントは、適切なコメントであろう〔イギリス帝国の地図では、イギリス領は赤く塗られていた〕。イギリスからの移民のおよそ七〇パーセント（一八一二—一九一四年）、イギリスからの輸出の六〇パーセント以上（一八〇〇—一九〇〇年）、イギリスの投資の八〇パーセント以上（一八一五—八〇年）は、公式の帝国の外側に向けたものだったのである。[*8]

そうはいうものの、公式の帝国の重要性を顧みないのは、間違いであろう。公式の帝国は、領有していた世界大に広がる戦略上の拠点をつなぎ合わせたものであり、熱帯地方におけるイギリスのシーパワーは、これらに依存しており、これらを拠点に、必要な影響力を行使したからである。一九世紀の末あるいは二〇世紀の初頭のイギリス帝国がもっとも拡大した時期と比べると、一八一五年の領土は、かなり小さく、貧弱なものに見える。これらの領土は、ニューファンドランド、カナダの一部、インドの一部、〔オーストラリアの〕ニューサウスウェールズ、一連の島々と沿岸部の入植地を含むものであった。だが、最後に挙げたグループは、簡単に見過ごせるものではないのだ。海外領土を容易に獲得でき、陸上のコミュニケーションが貧弱で、国際商業が急速に拡大していた当時にあっては、戦略上優位な場所にあった拠点は、それらを保有する国にとって、大きな利益となっていたのである。よくよく観察してみると、一連の島々や入植地は、世界の航路に沿った、戦略上もっとも重要な港を含むものであったということが見えてくる。フィッシャー提督の後の時代の言葉を借りるならば、これらは、地球を戸締りする「鍵」だったのである。この点においてイギリス政府の頭が冴えていたことは、イギリスがフランスとの戦いにおいて獲得し、一八一四年から一五年にかけて、ウィーンで領有が確認された場所に見て取れるのである。ヘリゴラント〔ドイツ語風表記では「ヘルゴラント」〕、マルタ島、〔ギリシャの〕イオニア諸島は、北海と地中海に対するイギリスの押さえを強化するためであった。また、これらに付随して、将来、〔ヨーロッパ〕大陸の封じこめを行うための追加の拠点も獲得したのであった。さらに重要であったのは、戦利品として獲得した、ますます重要になりつつあったインドや東洋に向かう航路に沿った拠点であった。大西洋では、ガンビア、シエラレオネ、アセンション島である。南方では、ケープタウンである。ケープタウンは、シーパワーの時代、おそらくは、世界でもっとも重要な戦略上の要衝であった。インド洋では、モーリシャス、セイシェル、セイロン島、さらに東では、マラッカであった。西インド諸島では、セントルシア、トバゴ、それにガイアナが同様に選択された。グラハム教授が述べているように「イギリスは、今では、世界の大洋のすべての便利な拠点を保有している」のであった。[9] 例外は、太平洋だけであった。

イギリスの組み入れはここで終わりではなかった。一八一五年以降の「反帝国主義」の時代にも、意図的な併合はある程度行われたのであった。権威の一人〔ジュディス・ブロウ・ウィリアムス(Judith Blow Williams)〕がこのように述べている。

商業を考慮した領土拡大のプロジェクトは、一九世紀、常に歴代政府を悩ませたのであったが、イギリス政府は、面積が大きく人口が多い地域にイギリスの支配下にある孤立した商業のための中継基地を築こうとするプロジェクトには、それほど反対しなかった。これらが、防衛しやすく良港を備え、海軍の拠点としても用いることができる戦略上の位置に置かれる場合、追加の経費や領土的責任を理由にした政府の抵抗は、ますます小さなものとなった。[10]

こうして、一八一九年、シンガポールが獲得された。シンガポールは、西から〔南〕シナ海への玄関口を支配できる場所に位置している。一八三三年には、ホーン岬を通過する海路を監視できる場所に位置する荒涼としたフォークランド諸島を獲得した。一八三九年には、紅海への南側の入り口を見張る位置にあるアデンを獲得した。一八四一年には香港を獲得し、香港は、やがて、有名な貿易港となる。一九世紀の残りの期間、さらに多くの拠点を手に入れた。〔現在のナイジェリアの南西端に位置する〕ラゴス、フィジー、キプロス、アレクサンドリア、モンバサ、ザンジバル、〔中国、山東半島の〕威海衛である。もっとも、これらの拠点は、重要性という点では、おそらく、先に挙げた拠点にかなうことはなかったであろう。これらすべてのケースにおいて、イギリス海軍の優勢とイギリスの商業の拡大のおかげで、戦略的要衝の獲得は、容易であるとともに望ましいものであった。そして、これらの拠点を手に入れたことによって、海軍の優勢がさらに強化されて、商業を拡大させるみこみがさらに増加したのであった。またしても、互いに補う関係にあった貿易、植民地、海軍の三角形が、イギリスの利益となるよう機能したのである。

これらの拠点のほとんどは、後に挙げたグループに含まれるものも含めて、もっぱら海上戦略上の理由によって、慎重に選ばれたのであった。たとえば、キプロスと威海衛が選ばれたのは、ロシアを牽制するためであった。そして、ラゴスとザンジバルは、それぞれ、アフリカの西海岸と東海岸を哨戒警備する小艦隊のための拠点として用いるため、であった。これらすべてのケースにおいて、「帝国主義へのためらい」と呼ばれるものは、ほとんど見られない。また、その獲得において、「意図することなしに（absence of mind）」[*11]を示すものは、特に見られない。この点において、これらの拠点は、ワーテルロー以降の半世紀あまりの間に獲得された王領植民地の、より「大陸的」なスタイルとは、著しく対照的である。インドの大部分、五大湖以西のカナダ、ケープタウンの広大な後背地、オーストラリアやニュージーランドの未探索の地域のことである。こうした場所においては、土地を執拗に求める白人入植者たち、また「ゴタゴタした」辺境地帯を平定するという軍事的要求が、拡大の主要な原動力であった。イギリスの貿易を拡大するという動機づけは、はるかに小さなものであり、海軍本部の戦略上の欲求は、まったく関係のないものであった。その大きさ、貿易量、人口という点において、インドと将来の白人自治領は、帝国の王冠の中の、もっとも輝く、もっとも目立つ宝石であった。だが、海洋力という観点においては、これらの国々が提供できるものはほとんどなく、（オーストラリアとニュージーランドを除けば）イギリス海軍だけでその防衛を全うすることができないという点において、これらの国々は、実際、戦略上の重荷なのであった。だが、一九世紀の初頭においては、このことは、北アメリカを除けば、たいした問題ではなかった。

パクス・ブリタニカの三辺目、そして最後の辺は、イギリス海軍そのものであった。長くつづいたナポレオンとの戦争によって大幅に拡大された結果、イギリス海軍の一八一五年時点における規模は、ものすごいものとなっていった。二一四隻の戦列艦と、ありとあらゆるタイプの七九二隻の巡洋艦を数えたのである。[*12] ここで付け加えておかなければならないこととは、これらの艦船の多くが、非効率なものであり、イギリス人ですら、海軍が一〇〇隻を大幅に上回る戦列艦を同時に維持することは不可能であるとみなしていた、ということである。いずれにしろ、フランスが敗北した今、これほど大規模な海軍を維持する必要はないのであった。その代わり、大蔵省と政界全体から、大幅削減せよ、との当然の圧力がかかるのであった。そこで、海軍本部としては、平時に、一〇〇隻の戦列艦と一六〇隻の巡洋艦を維持するということを提案したのである。他のいかなる海軍国二つに対しても十分対処できる規模である〔これは「二国標準主義」と呼ばれるものとなる〕。八六隻の戦列艦を含め艦隊の多くの艦船が、通常、戦力から外されていたのであるが、この計画が楽観的すぎるものである、ということが、すぐに判明するのであった。一八一四年から一八二〇年までの間に五五〇隻を超える軍艦がスクラップになるか売却されたのであったが、多くの艦船が、老朽化していて使い物にならないのであった。苦境に立たされた海軍造船所は、海軍の戦力を維持するのに必要な代替計画を継続することができなかったのである。改修を行わずとも現役に適する戦列艦の数は、一八一七年のおよそ八〇隻から、一八二八年には、六八隻に減少し、一八三五年には、さらに五八隻にまで減少した。より小型の艦種においては、その現象は、一層顕著なものであった。[*13]

海軍とその周辺は、この削減に、声を上げて反対したのであったが、彼らの主張は顧みられず、それには、もっともな理由もあったのである。この時期についての最近の最高権威〔C・J・バートレット〕は、次のように述べている。

イギリスの戦闘艦隊は、ふさわしい規模に落ち着いたのだった。仮定を基にした抽象的な規模ではなく、ライバル国の艦隊規模によって決定された規模に落ち着いたのである。これは、成るべくして成ったのである。

重要な点としては、海軍本部は、正反対の政治的主張に対抗するために、あらかじめ非常に高いハードルを設定した、ということが挙げられるだろう。[*14]

実際のところ、この時期、イギリス海軍のライバルたちは、イギリス海軍にいかなる脅威も与えられる状況にはなかったので、より大規模な建艦計画や、より大規模な常設艦隊を必要とする状況にはなかったのである。古くからのライバルであったスペイン海軍とオランダ海軍は、今や、完全に打ちのめされた状況であり、デンマーク海軍とスウェーデン海軍は、これらより、少しだけましな状況であった。ロシア海軍は、紙の上では大規模なものに見えていたが、その地理的な位置と腐敗が合わさることで、その四〇隻の戦列艦は、名前だけのものでしかなかった。アメリカは、一八一二年の〔英米〕戦争の教訓を肝に銘じ、艦隊を拡大させるべく計画していたものの、そこで計画されていた規模は、まだ、たいしたものではなかった。それゆえ、フランスが、世界第二位の海軍国という地位に未だあった。フランス海軍は、およそ五〇隻の戦列艦を擁していたが、その大部分は、任務に適した状態に整備されてはおらず、したがって、一九世紀なかばまで、フランス方面からの潜在的脅威はなかった。アメリカやフランスの新鋭艦の大きさや設計に対して、時折、脅威を感じることはあったものの、イギリスの数の上での優位と、全般的な戦略上の優位は、そのままであった。

ここで、パクス・ブリタニカを象徴する三角形のそれぞれの辺の関係についてまとめておこう。圧倒的とまでは呼べないものの、十分な規模の世界海軍が、一連の拠点を活用し、ますます拡大する貿易を擁護していた。ますます拡大する公式の帝国が、海軍のために港湾施設を提供し、はるかに大きな非公式の帝国と合わさることで、力の源となっていた。公式の帝国と非公式の帝国の双方が、必要な天然資源の供給元となり、イギリス経済のための市場を提供していた。産業革命によって、イギリス製品が、全世界に向けて吐き出されるようになり、広い海外領土が、イギリスの商業上の軌道と経済上の軌道に、引き寄せられるようになり、巨大な規模の商船隊が励まされて、大規模なイギリス艦隊が必要とするものを供給できるようになった。この三角形は、イギリスにとって、また、世界強国としてのイギリスにとって、非常に強固な枠組みであった。この三角形は、その一辺が弱まり、そのことによって全体が崩壊でもしない限り、効果的なものでありつづけるのだった。

だが、ここまで描いてきたのは、この絵の積極的な面だけである。この絵の消極的な面は、これまで推論によってその多くに触れてきてはいるが、この辺で簡潔に、同様に検証しておこうと思う。イギリスは、一八一五年以降、海軍力において圧倒的に優位な状況にあったが、そうなったのは、海軍を擁する他国が、イギリスに匹敵できる数の艦船を建造することができず、艦船にイギリス並みに要員を配置することができず、戦時に海軍を補えるだけの商船を持たず、十分な数の海外拠点を持たず、イギリスに比べ未発達の工業力しか持たなかったから、だけではないのだ。単刀直入に述べれば、イギリスの海洋支配に対して、個々の国としても、また全体としても、対抗しようという長期的な努力をほとんどしなかったため、なのである。環境によって、イギリスは、各種多様な優位をつかみ、他国は、それをつかむことができなかった。とはいうものの、イギリスの世界大の海上支配が存在できたのは、ある程度においては、他国がそこに加わろうとしなかったからなのである。他国は、単純に、時間やエネルギーを、イギリスを食い止めるのに使う意志を持たなかったのである。

そうであった理由の一つは、ナポレオン戦争後の時期のイギリスの活動が、他国にとって、大きな脅威ではなかったためである。〔イギリスの外交官〕エア・クロウ（Eyre Crowe）が、一九〇七年の有名な覚書の中で認めていた通り、海に面したすべての国々が、イギリス海軍を受け入れていたのである。

それゆえ、自然の流れに任せたならば、海で圧倒的な力を持つ国は、世界の嫉妬を買い、恐れられるようになり、世界がこの国に対抗することによって危機に晒されるようになってしまう。世界全体を相手にして、長い期間にわたって対抗できる国など存在しない。ましてや、武器の使用に習熟した国民による陸軍力を持たず、その食糧を海外貿易に依存している小さな島国の王国が、そんなことを行い得るはずはない。このような危機に陥ることを避ける唯一の方法は……この島国で海軍国である国の国策を、人類すべてに共通する全般的な希望や考え方と調和させるようにすることである。より具体的には、国策を、大多数の国々の主要な利益や死活的な利益と緊密に結びつける、あるいは、なるべく多くの国の主要な利益や死活的な利益と結びつけるようにすることである。[*15]

これは、まさにイギリスが成しとげようとしていたことであった。そして、自由貿易がイギリスのもっとも偉大な成功の一つとなった理由は、ここにあるのだろう。コブデンは、自身が常に唱道していた商業政策は、人類の全般的な希望や考え方との「調和」につながる、と強く主張しており、これは、たしかにそうであった。一八一五年以降、世界平和に対するイギリスの明らかな希望は、東インドと西インドのかなりの部分を、オランダとフランスにそれぞれ返還することであり、イギリス帝国における保護主義的な関税を撤廃することであり、海賊を取り締まって、海上を警備することであった。そして、これらの行動すべてに対して、より小さな海軍国や貿易国は、感謝していたのだった。さらには、これらの国々の内、イギリス海軍が自国の繁栄のための脅威となっていると感じるほど海外貿易に依存しているような国は、ほとんどないのであった。そして、一九世紀に海洋国として発展した国の多くは、イギリスの公式の帝国、もしくは、非公式の帝国との貿易で発展したのであったが、公式の帝国との貿易は、イギリスが、すべての国々に開放しており、非公式の帝国との貿易は、多くの場合において、イギリス海軍の砲艦によって保護される中で行っていたのである。辛辣で疑い深いアメリカ合衆国ですら、イギリスとの貿易の大きな利益を認識しており、また、イギリス海軍の海上戦力に大きな利益を感じており、イギリス海軍の海上戦力によって、モンロー宣言は、希望的宣言から政治的現実になったのであった。すべての国は、自国の海軍力を行使できるのであれば、その方が望ましいと感じていたことは、間違いないだろう。だが、それが不可能であるとすれば、イギリスが海軍力を行使することの方が、自国のライバル国が海軍力を行使するよりもましだ、と思っていたようなのである。もちろん、奴隷貿易を廃止するための努力として誇示した力によって、あるいは、一八二〇年代のラテン・アメリカや一八三〇年代の地中海で政策を遂行する上で誇示した力によって、一つ、あるいはそれ以上の数の国がいらだちを感じることも、時にはあったことであろう。だが、イギリスが「他の……多くの国々の主要な利益や死活的な利益」の脅威となることは、いかなる時もなかったのではないか、と思われるのだ。

これらの国々は、大規模で活力ある海軍政策をイギリスに対して採る積極的な理由を持っていなかったとしても、こうした政策を行わない消極的な理由を多数持っていたのである。一九世紀の前半は、特に、ヨーロッパ諸国は、国内の問題で忙殺されていたのだった。これらの国々の、基本的に保守的な政府は、フランス革命から生まれた考え方によって広まりつつあった社会的変動や政治的変動を防ごうと、もがいていたのである。デイヴィッド・トムソン（David Thomson）が、全体像を、うまくまとめている。

一八一五年以降の国際平和の理由の一つは、内乱が蔓延していたことであった。一八三〇年と一八四八年には、大規模な暴動が起き、また、その間にも多くの反乱が起きていた。国家のまとまりは、未だ、党派的な利益や異なる政治思想間の対立を乗り越えるには不十分であった。人々は、外国に対してナショナリスト的な主張を掲げるよりも、国内の政治制度や社会制度を改革することにエネルギーを費やしていたのである。政府は、国内における革命の危機を認識しており、外国との争いに参加する意欲を持たないのであった。平和が支持されたのは、政府が自らの脆弱性を認識しており、疲弊した人々が戦後の平和を歓迎していたからだけではなく、国内の敵が、外国の敵よりも差し迫ったものだったからである。後に軍国主義的なナショナリズムに捧げられることになる好戦心は、この時代、内乱に捧げられていたのである。[*16]

それゆえ、一八一五年以降の国際関係が、「自国の海軍力を活用する用意のある国の外交政策の成功の助けとなるもの」[*17]であったとしても、イギリスの海軍力における優勢のみによってそうなったと考えることは、大きな間違いであろう。ヨーロッパ諸国が戦争を避けていたことが、同じくらい、意味があるのであった。

この国内要因は、イギリスの主要なライバル海軍国であったフランスについては、特に当てはまることであった。フランスの指導者たちが、国内の問題をそらすために外国を利用することを考えるようになるのは、もっと後のことである。だが、同様のことは、スペイン、ポルトガル、オーストリア、トルコについても当てはまる。帝政ロシアの政治体制も、同様の問題に悩まされていたのであったが、領土がどんどんと大きくなってゆく自国の後進性を自覚しており、イギリスの海上覇権に真剣に対抗するなど、考えられないことであった。イタリアとドイツの人々は、国家の統一に向けて動き始めたところであり、一九世紀の後半に入るまでは、このことにエネルギーを費やすのであった。ヨーロッパの外でも、状況は同様であった。日本は未だに封建体制であり、内側を向いていた。アメリカは、西への拡大にエネルギーを割いており、後には、破壊的な内戦〔南北戦争〕にエネルギーを割くことになる。当然ながら、イギリスも、同様の国内の緊張に晒されていた。特に一八一五年から一八三二年の間はそうであった。だが、イギリスでは、柔軟性を持った憲法によって、政治力が中産階級まで確実に拡大してゆくことが可能であり、拡大する富によって、一九世紀のなかばまでには、社会不安のもっとも大きな理由が取り除かれ、この二つが組み合わさることにより、一八四八年の革命の勃発を避けることができたのである。適正な規模の艦隊を維持することへの最大の国内の阻害要因は、政府への、執拗な財政削減の求めであった。特に、不況時については、そのことがいえる。そうはいうものの、軍備費を急進的に批判していたリチャード・コブデンやジョセフ・ヒューム（Joseph Hume）のような者であろうとも、イギリスが海軍力における優勢を維持する必要性は認めていたのである。一方で、艦隊を維持するための実際の経費は、イギリス経済によって難なく支えることができる規模であった。

　さらには、イギリスのかつてのライバル国が、一八一五年以降も海外領土のいくつかを保有しつづけていたとしても、それらの領土は、もはや、一八世紀のようにイギリスの商業上の利益への脅威となることはなかったのである。ポルトガルは、実質的に、イギリスの被保護国であった。スペインは、ラテン・アメリカに名目上の帝国を未だに有してはいたものの、イギリス政府の支援なしには自らの支配を及ぼすことはできず、イギリス政府は、ナショナリスト的な運動にあからさまに共感しており、スペインは、後に、ラテン・アメリカの独立を認めざるを得なくなるのであった。オランダも同様に、ウィーン会議において、海外領土の多くを維持した。カスルリーがそれを強く支持したからである。カスルリーは、イギリスの利益に何の脅威も及ぼさない領土を取り上げてイギリスのものとするよりも、オランダを、ヨーロッパの防御的な独立国として回復させることの方がはるかに重要である、と考えたのであった――ロンドンの外交政策上、この時点においても、大陸の勢力均衡が重要な役割を果たすものであった、ということを示す印でもある。[*18] フランスは、他の国に依存する必要のない大国ではあったものの、かつて敵であった国々に、注意深く監視されており〔つまり、取り囲まれており〕、国内の政治情勢に忙殺されていたので、植民地を獲得したり、大規模な海軍を建設したりするような時間もエネルギーも、持たないのであった。リッチモンドがかつて述べたように、シーパワーを伴わない海外拠点は、歩哨のいない見張り小屋のようなものであった。

このことに加えて、一七九三年から一八一五年まで長くつづいた戦いは、全体として見れば、イギリスの工業の発展と富の拡大につながったのであったが、このことは、ヨーロッパのライバル諸国については当てはまらないのである。[*19] いずれにしろ、引き上げられた税金、職人や農場労働者たちが軍に徴兵されたこと、政治的な不安定、社会の混乱、国境や関税の境界の変更、侵攻してきた軍がもたらした破壊、〔敵に食糧や資材を与えないための〕地元住民による「焦土」戦術は、それらだけでも、深刻な影響をもたらすものであったが、そこに、イギリスの海上封鎖と、フランスが大陸に課した「自己封鎖」が加わったのである。ほとんどのヨーロッパ諸国の経済は、悲惨な打撃を受けたのだった。ボルドー、ナント、マルセイユ、アムステルダム、コペンハーゲン、ハンブルク、バルセロナ、トリエステなどの大きな港町とその周辺では、その町が属する国がイギリスとの戦争に突入するや否や、それまで繁栄していた海外通商が、完全に店じまいとなるか、あるいは、少なくとも、大幅に減った。そして、戦争が長引くにつれて、状況はさらに悪くなった──船は湾内に集められ、倉庫は閉鎖され、粗糖、たばこ、綿などの植民地産品の「最終加工」を行っていた工場は衰退し、人口が減り、道に雑草が生えるようになったのである。大陸封鎖令と〔それへのイギリスからの対抗措置であった〕枢密院勅令が発令されると、それまでに衰退していた多くの産業や地方にとっては、止めの一撃となった。一八一三年のマルセイユの工業生産高は、一七八九年の四分の一となった。一七九六年にアムステルダムに八つあった砂糖精製工場は、一八一三年には三つとなった。ハンブルクとナントの捺染綿布業は、実質的に、消滅してしまった。フランス、低地諸国、ドイツのリンネル工業は、影響のもっとも大きな場所では、三分の一になってしまった。沿岸地方は、「永続的な脱工業化、あるいは田園化」の状態に陥ってしまった。[*20] 特定の産業、たとえば綿織物業が、大陸封鎖によって、ある程度の利益を得たというのは事実である。大陸封鎖によって、より優れ、より安価な、イギリス製品との競争から保護されたからである。だが、これは、原綿の不足と高価格、イギリスからの新しい技術や高い技能の熟練工が入ってくるのが遅れたことによって相殺されるのだった。技術格差は、さらに大きくなり、その間にも、イギリスの綿織物生産は、大陸のそれを上回る速さで成長したのであった。ヨーロッパの綿織物、絹織物、化学、特定の金属工業も、同様に成長していた。だが、様々な証拠が示唆するところによれば、戦争がなかったならば、これらは、さらに大きく成長していたのである。

一七九三年から一八一五年までの〔ヨーロッパ〕大陸の経済的苦境からの影響で、本書のテーマに大きくかかわることは、二点ある。第一に、これらの国々の「大西洋」地方での影響は、相当に深刻なものであったので、戦後になっても、海外貿易や海外市場は回復しなかったのである。フランス革命の前の段階において、イギリスの製品は、保護されたフランスやスペインの植民地市場にすでに入りこんでいた。だが、その後、「戦時の状況がイギリスの独占を大きく増やすことに寄与し、平和が回復された後も、大陸の産業は、イギリス製品との競争に打ち勝てるだけの競争力を身に着け、市場を奪い返すことができなかった」のである。[*21] 第二に、ヨーロッパの工業化の進行速度は、一七八〇年代においてはイギリスと比べそれほど遅れていたわけではないものの、相対的に大きく躓き、いくつかのケースにおいては、絶対的にもそうなのであった。いいかたを変えれば、ヨーロッパとイギリスの間に、決定的な差がついてしまったのである。つまりは、植民地貿易と工業の発展という死活的に重要な領域において、戦争が、イギリスの世界における相対的な位置に、有利な影響を及ぼしたのであった。国内において、短期的、地域的な困難があったかもしれないが、それはそれなのだ。これに対して弊害が発生することになるのだが、そのことが明らかになるのは、次の時代に入ってからであった。ヨーロッパ諸国は、イギリスの経済的な優越に嫉妬し、イギリスの先進的な工業を模倣することに熱心になり、一八一五年以降かなり経っても、保護主義的な関税を維持したのである。イギリス外交による貿易「自由化」の努力は、大陸の側の、かなりの留保と冷笑的な態度にぶつかることになり、コブデンの熱心な訴えにもかかわらず、限定的な効果しか挙げられなかった。[*22] 実際、一八四〇年までには、すでに、ヨーロッパ諸国は、自国の産業が保護主義的な「温室」の中で生産した製品を優先し、イギリス製品を締め出すようになっていた。こうなってくると、イギリスの商人たちは、競争の激しいこれらの市場から簡単に身を引き、一八一五年の勝利によって自分たちの足元に広がった海外の〔ヨーロッパ外の〕広大な市場に向かうのだった。

だが、このことは、一九世紀の前半よりも、その後半で一層明らかになる現象を予期させるものであった。一九世紀前半、この時代を特徴づけるものは、イギリスと比較した場合の、〔ヨーロッパ〕大陸の経済的な遅れであった。さらには、他国が工業化を始める段階になっても、イギリス人にとって、政治的状況は何も変わらないのであった。工業化によって、ヨーロッパの政治家たちが、国内の発展に一層集中するようになったからである。それまでの比較的安定した生活様式の変革は、ヨーロッパの政治秩序や社会構造に更なる緊張を加えるものであった。人口が大幅に増え、封建制が終焉し、人々が土地〔田舎〕を離れ、中産階級が拡大し、それまで支配的であった土地貴族に挑戦することとなり、大規模な都市化が進み、階級意識を伴いながらプロレタリアート〔労働者〕意識が「顕在化」し、大きな問題を突きつけ、メッテルニッヒ、ビスマルクを始め、すべてのヨーロッパの指導者たちを巻きこむことになったのであった。結果として、ヨーロッパの国々は、経済的な「離陸」に忙殺されることになり、一八七〇年代に、工業製品の過剰生産が大きな問題となるまでは、海外領土はあまり顧みられないのであった。いずれにせよ、その工業化の初期の段階においては、これらの国々は、イギリスの技術者、イギリスの機械、イギリスの専門知識、イギリスの資本に大きく依存していたのである。これらの輸出を禁じていた様々な法律が撤廃されると、これらすべては、喜んで提供されたのであった。そして、イギリスに対する敵意が生まれたり、イギリスとの戦争が起こったりしたら、これらの発展は、停止することになるのであった。

世界情勢、特に一九世紀前半のヨーロッパ政治に及ぼした影響については、さらに二点、注目しておきたい。フランスが敗北したことによって、力によって国境線を変更しようという意志を持った国がどこかにあったとしても、バランス・オブ・パワーへの明白な脅威は消滅したのである。ヨーロッパの中心部は、オーストリアとプロイセンが押さえ、その両脇を、フランスとロシアが押さえるという形になっていたので、ヨーロッパは、一八六六年あたりまでは、政治的均衡状態を保つことになるのであった。このことは、当然のことながら、各国の政府が、巧みな外交努力によって、より優位を得ようという動きにつながるのであったが、イギリスの政策にとってもっとも重要だったことは、どこか一つの国に権力が集中することをロンドンが恐れる必要がなくなった、ということなのであった。一つの国に権力が集中することを何とかして防ぐという伝統的なやり方が、必要なくなったのである。二点目は、圧倒的に強力な同盟関係により、イギリスの勢力範囲が脅かされる恐れもなくなった、ということであった。そうなったのは、イギリス政府が、海軍力と商業力を、巧みに、利他的に用いたから、だけでなく、他の政府が、国内問題に関心を集中させていたから、だけでなく、ほとんどすべてのヨーロッパの政治家たちが、大陸内での権力政治に忙殺されていたから、でもあったのである。彼らにとって関心のあったことは、隣国の動きであり、控え目に機能していたイギリスのシーパワーではなかったのだ。このような状況下においては、海軍本部の掲げていた二国標準主義は、一九世紀なかばまでは、完全に理にかなったやり方だったのである。簡単にいえば、ヨーロッパは、外の世界の出来事には関心を持っておらず、イギリスは、周辺地域（主に地中海）を除けば、大陸の問題に干渉しなかったのであった。これが、パクス・ブリタニカが機能した時代の権力政治上の構造であった。

　つまりは、イギリスが世界に覇を唱えた時代は、積極的基盤と、消極的基盤が、支えていたのである。だが、このような全体的な構造の中で、イギリスは、どのようなやり方で、海上覇権を機能させていたのであろうか？　最大限簡潔に述べるならば、イギリス海軍が遂行した役割には、一八一五年以降の長い平和が反映されていたのである。この時代は、イギリス貿易が外に向かって拡大し、新たな植民地が獲得された時代である。イギリス海軍は、海上通商を護衛し、組織だった政府が欠けているような地域において、イギリスの国益を擁護していたのである。ある程度においては「警察官」の役割を果たし、また、調査官やガイドの役割も果たしていたのであった。そして、政府の外交政策の主要な担い手としての役目を失ったことはないのであった。[*23] クラウゼヴィッツの格言に、外交は戦争の継続にしか過ぎない、とあるが、パーマストンの時代〔一八五五—五八年、一八五九—六五年〕には、時折、この格言がさらに拡張される形で当てはまるのである。

この時代のイギリスの貢献の一つは、海洋の自由という考え方を促進させたことである。この時代、イギリスで増しつつあった自由主義の自由貿易精神の反映であった。この考え方は、いくつかの手段によって肉付けされていったのであった。たとえば、一八四九年の航海法の廃止である。この法が、それまでイギリスの商船隊に大きな利益を与えてきたことを思えば、この動きは、革命的な一歩であった。イギリス人たちが、この新たなやり方によって最大の利益を得られる立場にあった、というのは事実である。だが、このやり方を世界中で適応することによって、国際貿易、国際的なふれあい、国際的な親善がさらに増えることも予測されていたのである。イギリス政府の反重商主義のもう一つの象徴的な事例は、一八〇五年——ちょうどトラファルガーの年である——に、それまで一世紀にわたって主張してきた通峡儀礼（The Channel Salute）の主張を放棄したことであった。

これが、明白な言葉で世界に向かってはっきり示していたこととは、海は、その一部分も——〔ニュージーランドの〕シェイクスピア・クリフなどのように、〔イギリス対岸の、フランスの〕グリネ岬などとは異なり、特定の人物を連想させるものを含めて——われわれのものではない、ということであった。他のすべての海の一部と同様に、そこも、「みんなの海（free sea）」なのであった。そして、当時、また、これ以降、領海のことが問題になるたびごとに、イギリスは、常に、領海を最小限にとどめることを支持するのだった。[*24]

海はみんなに開かれたものである、という考え方を促進させる上でさらに効果があったのは、海軍本部が一八一五年から取り組んでいた海洋の海図を作成するという壮大な作業であった。測量船艦隊が、ゆっくりと、根気強く、全世界で、海岸線を測量し、水深を計測したのである。この作業は、長年にわたってつづけられ、その成果は、どんどんと数が増えていた優れた海図に示されていた。これらの海図は、世界中の船員に、安価で提供された。海図によって、貿易がますます促進され、海難事故が減少する、という考えからであった――ここでも、地図上の知識はすべて秘匿しておくという、以前の利己主義的な政策からの転換が見られたのである。もちろん、この当時、海洋の海図を作成したことからもっとも利益を受けたのはイギリスであった。だが、サー・ジェフリー・カレンダー（Sir Geoffrey Callender）が正しく示唆した通り、イギリス海軍の測量船は、後世に、記念すべき仕事の成果を残したのであった。[*25]

しかしながら、貿易のために海を解放することについては、法律的な足かせと、重商主義時代の態度の他に、別の障害もあった。すべての船舶が海洋を安全に航行できるようにするためには、イギリス海軍は、海賊の抑制においても、指導的な役割を果たす必要があったのである。海賊は、撲滅させようというそれまでの努力にもかかわらず、ヨーロッパの外では、未だに活動が活発であった。長い平和と、国際通商で取引される額がより高額になったことにより、この古くからの悪習の根絶に向けた動きは、それまで以上に高まっていた。このキャンペーンは、熱心に始められた。イギリス政府ですら驚いたことに、一八一六年、（オランダの軍艦の支援を受けた）エクスマス卿〔初代エクスマス子爵エドワード・ペリュー〕（Admiral Edward Pellew, 1st Viscount Exmouth）の小艦隊が、アルジェのバーバリ海賊のねぐらを砲撃したのであった。五時間にわたる砲撃の後、〔アルジェの〕デイは降伏し、イギリスの条件を受け入れたのであった。一九世紀、海の近くの支配者たちが、こうなったのは、珍しいことではなかった。だが、この行動でも、一八二四年の同じくらい激しい行動でも、この地域の海賊を完全に根絶することはできず、これが達成されるのは、一八三〇年のフランスによるアルジェの占領まで待たねばならなかった。東地中海とエーゲ海でも、コドリントン提督（Admiral Sir Edward Codrington）が、〔一八二七年の〕ナヴァリノの海戦の後、同様の活動に向かった。同じ頃、カリブ海でも、三世紀前のイギリス人とオランダ人にその起源があった悪癖が、最終的に根絶された。これら本国により近い海域では、海賊は、ゆっくりと衰退していった。だが、海賊は、東洋の海では、盛んであった。特に、オランダ領東インドと、中国近海ではそうであった。実際、イギリス海軍は、二〇世紀に入ってからもこの活動に従事している。もっとも、海賊の活動は、この頃までには、貿易に対するより大きな脅威というよりは、おじゃま虫的な存在になっていた。中国は、多くの激しい海戦の舞台であった。もっとも有名なのは、一八四九年秋の、ダーリンポル・ヘイ大佐（Captain Dalrymple Hay）の小艦隊と、軍閥〔海賊〕十五仔（Shap-ng-tsai）の軍勢の戦いである。十五仔の軍勢は、五八隻のジャンク船と一七〇〇人の命を失い、叩きのめされたのであったが、この戦いで命を落としたイギリス人はいなかった。[*26] 船舶の保護を強く求めていたのは、イギリスの商人たちとイギリス議会の議員たちなので、ここでも、主唱者たちは最大の受益者でもあったのだが、この活動はすべての国々にとって恩恵となる、という申し立てに対しては、文句は出なかったのである。

この当時、イギリス海軍は、アフリカの奴隷貿易の抑制というさらに大規模な活動も行っていたのであるが、この活動においても、意図的な偽善や自己利益の要素を見つけることは難しい。奴隷貿易においてもっとも利益を受けていたのは、直接には、イギリスの船や、ブリストル、リヴァプール、グラスゴーといった港町であり、間接的には、ランカシャーの綿織物工業であった。だが、これらの商業的なうまみがあったにもかかわらず、また、奴隷根絶の意向を示していた国がほとんどなかったにもかかわらず、〔ウィリアム・〕ウィルバーフォース（William Wilberforce）やその仲間たちの活動が最終的にはイギリス政府を動かすことになり、奴隷貿易は、一八〇七年に禁じられて、奴隷制そのものも、イギリスの領土のほとんどの場所で、一八三三年に禁止となった。[*27]〔ウィルバーフォースらと〕同じ福音主義の力が、イギリス海軍を、〔奴隷貿易を取り締まるという〕厳しく、体に応え、報われない、長期間に及ぶ仕事、と後の人々がみなした仕事へと、動かしたのであった。カスルリーは、ウィーン会議において、列国に、奴隷貿易を違法とするよう説いたものの、この決定を実行に移す国際間の合意は存在しなかった。そのため、イギリスの小艦隊が、その主な負担を引き受けたのであった。イギリスの小艦隊は、その後の五〇年間、奴隷制を撲滅するために、コツコツと、この苦しい仕事を行ったのである。ベニン湾の病として伝説となっている病気〔マラリアや黄熱病〕――四〇人乗船してきた内、下船していったのは一人だった――によって、一八二九年、西アフリカ小艦隊の全乗組員の四分の一以上が命を落とした。だが、これさえも、他国の船に奴隷解放を課す困難と比べると、霞むものであった。スペイン、ポルトガル、ブラジルに対しては、外交的圧力によって、船を捜索する権利を獲得したのであったが、フランスやアメリカといった、より力を持つ国の船に対しては、無限大の忍耐力が要求された。一九世紀なかばまで、国際的な反対、海軍本部の躊躇、ますます無関心になって行ったイギリスの人々に抗して、奴隷貿易を根絶するための努力をつづけ得たことは、パーマストンや〔ジョン・〕ラッセルら、歴代外務大臣の名誉となっている。

一八四七年までに、西アフリカ小艦隊は、イギリス海軍の軍艦の三分の一を擁する規模にまで拡大されたにもかかわらず、海軍の努力は、成功とは呼び難いものであった。そうなってしまった理由は、イギリスのシーパワーの実効性というよりも、他国の政府の妨害、奴隷商人たちの狡猾さに帰することができる。年間にアフリカ大陸からアメリカ大陸へと運ばれた奴隷の数は、一八〇〇年の八万人から一八三〇年には、一三万五〇〇〇人にまで増加したと推測されている。この極悪な商売が真に減少し始めたのは、リンカーンが一八六一年にアメリカの旗を掲げた船舶の捜索を許可した後になってからやっと、であった。このことが、これより少し前にパーマストンがブラジルに対して厳しい姿勢で臨んだこと、〔一八六一年に〕ラゴスを併合したこと、アフリカの族長たちと諸条約を結んだこと、イギリス海軍が高速の蒸気船を導入したことなどと合わさって、奴隷貿易に、止めの一撃となったのである。アラビア半島やアジアに向けた反対方向の〔東向きの〕奴隷の輸出はその後もつづき、一八七三年にザンジバルのスルターンに対して強制措置が採られるまでは、ケープ小艦隊や東インド小艦隊の労力の集中を要するものであった。その後も、ペルシャ湾における奴隷取り締まりのパトロールは、第一次世界大戦後になるまで必要であったし、オーストラリア小艦隊は、二〇世紀を迎える頃まで、太平洋の海域において、「ブラックバーディング〔太平洋地域での奴隷売買〕」の取り締まりに従事していたのだった。これらの地域すべてにおいて、アメリカ合衆国政府やザンジバルのスルターンといった他国の当局の協力、あるいは、ラゴスなどの奴隷センターの占領は、効果のある手段であった。イギリス海軍は、一九世紀の間にアフリカから他の地域に向かって積み出された奴隷の、おそらく一〇分の一ほどを解放できたにしか過ぎない。だが、イギリス海軍によるパトロールがなかったならば、奴隷貿易を抑制するという国際間の合意は、効果がなかったであろうし、世界は、この問題に、見て見ぬふりをしていたことであろう。ロイド教授が述べているように、軍艦の働きは、皆に認められてしかるべきなのである。[*28]

　後から見れば、そして、また、シニカルにとらえれば、この〔奴隷貿易の撲滅という〕聖戦から、〔それよりも前に奴隷貿易を行っていたことに対する〕良心の呵責の軽減以外にも、イギリスはさらなる恩恵を受けていた、と指摘することも可能であろう。元々の奴隷解放運動家たちは、まったく想定していなかったことなのであるが、イギリス海軍の軍艦がアフリカ沿岸やその他の沿岸地域に駐留しつづけたことによって、これらの地域におけるイギリスの影響力を計り知れないほど増大させ、イギリス帝国にいくつかの役に立つ海軍の拠点を加え、ヨーロッパ人や現地の人々の間に、「〔イギリスの〕非公式な統治」が存在するという印象を強化したのである。奴隷貿易の撲滅の背後にパーマストンの別の動機が隠されている、と外国人たちが疑っていたとしても、驚きではないだろう。なんだかんだいってみたところで、ロンドンの意志を押し通すために継続的に海軍の艦船を用いたのであり、現地の有力者たちを無理やり従わせたのであり、戦略上の拠点を、時には占領したのであり、自国よりも弱い国を脅しつけたのである。パーマストンは、後に彼の代名詞ともなるやり方を連想させるありとあらゆるやり方を用いたのであった。パーマストンは、砲艦外交、という言葉によって、もっとも知られている。

砲艦外交、という表現自体は、誤解を生じさせるような狭い意味で用いられている。この表現から連想されるのは、単に、揚子江貿易を警備する喫水の浅い砲艦を用いることや、奴隷の取引を行っていたダホメ王国の王様を打ち破ること、となっている。このタイプの軍艦は、クリミア戦争〔一八五三―一八五六年〕の後になってようやく本格的に開発されるようになったのであるが、建造と維持に費用がかからず、ヴィクトリア朝中期の政治哲学にぴったりと適合するものであった。また、砲艦の砲力と浅い喫水は、熱帯の河川に沿って西洋の影響力を拡大させるのに最適であったため、こうしたイギリスのやり方を特徴づけるための表現として、用いられている。だが、この表現は、もう少し広い意味で解釈する方がよいであろう。「外交上の目的や政治上の目的を追求するために、平時に軍艦を用いること」というような意味の方がよい。[*29]砲艦が、イギリスの国益を擁護するためにアフリカや中国において時折行っていたような懲罰的な行動は、主力戦闘艦隊が国際的な関心が集まる海洋に浮かんでいることに比べたら、はるかに重要度が低いのであった。イギリス外務省の立場から述べるならば、前者は、ささいな出来事であり、事態が手に負えないものとならないよう、常に最小限度に抑えねばならないものであった。一方で、後者は、イギリス外交にとって必要不可欠な支柱の一つとみなされており、ロンドンの意向に相応の関心を払う必要性を、他国に促すためのものであった。ネルソンの言葉を用いるならば、軍艦の艦隊は、常に、最高の交渉人なのであった。一九世紀の間、イギリスの軍艦が政府の外交政策の支えとして用いられた多くの事例について記述することは、本書の目的から、はずれることである。*30 ここで記述すべきなのは、国策のための手段としての艦隊が、様々な状況において、どの程度の効果を挙げたのかを分析することである。驚くべきことではないのだが、その結果分かることは、シーパワーそれ自体の、有効性と限界なのである。

歴史書の中においてもっとも良く記憶されている部分は、たいてい、その国の戦争や外交における成功を描いた部分であるので、一八一五年以降の数十年間にイギリス政府やイギリスの海軍の成しとげたことについては、ここでは、〔順番に箇条書きで〕ごく簡潔に記しておくだけで十分であろう。〔一〕ヨーロッパの国々にラテン・アメリカの革命に干渉させないとする、有名な政策があったが〔「モンロー宣言（教書）」のこと〕、大西洋における艦隊の確実な増強の方が、モンロー大統領の一八二三年の宣言そのものよりも、警告としては、より効果的であっただろう。〔二〕〔イギリスの海軍大将エドワード・〕コドリントン（Edward Codrington）の小艦隊が、フランスとロシアの支援を受け、〔一八二七年の〕ナヴァリノの海戦でトルコの艦隊を撃破したことが、後にギリシャの独立につながった。〔三〕一八四〇年に〔エジプトの〕ムハンマド・アリーに対してさらなる行動をとった際、パーマストンは、フランスを外交的に孤立させることに成功することで、地中海艦隊がベイルートとアッコを獲得することを可能にし、それ以上事態を複雑にさせることなく、シリアを窺っていたエジプトを挫いたのであった。〔四〕ポルトガルにおいては、国内、もしくは海外からの脅威に対して、常にポルトガル王室を支援していた。〔五〕中国に対しては、二つの戦争と多くの小さな戦いを戦ったが、中国はイギリスの要求に屈し、ヨーロッパ人の商人たちが、完全に安全な環境の下で、中国と通商が行えるようになった。〔六〕この時代の終わり頃の一八六〇年には、ガリバルディが、〔イタリア本土とシチリア島の間の〕メッシーナ海峡を横断することに対して、支援するふりがなされた。〔七〕そして、大事な出来事を書き忘れていたが、それは、この一〇年前〔の一八五〇年〕に起こった悪名高きドン・パシフィコ事件である。この時、パーマストンが、ギリシャ政府を脅し、愛国的な演説を行ったことが、ヴィクトリア女王と急進派を怒らせたのであったが、イギリス国民一般を、喜ばせたのであった。[31]

ところで、「パクス・ブリタニカ」など、なかったのだろうか？〔パーマストン〕外相は、一八五〇年の〔ドン・パシフィコ〕事件での自らの行動を正当化するように、イギリス帝国を、かつてのカエサルの帝国に、明確になぞらえていた。「かつて、ローマ市民は、わたしはローマ市民である、と述べれば、恥辱とは無縁の存在でいられれました。イギリス臣民も同じでありましょう。イギリス臣民は、どこの土地にあろうとも、イングランドの注意深い目と、強い腕によって、不正や悪事から守られている、と安心できるようにすべきなのであります。[32]」パーマストンの語調は、他の場面においても、同じように、自信に満ち溢れるものであった。フランスは、一八四〇年、あからさまに、このように告げられた――イギリスは、戦争に向けて準備万端であり、「ムハンマド・アリーなど、すぐに、ナイルに放り込まれるだろう」[33]。アフリカ東海岸で奴隷貿易を行っていたアラブ人たちは、このような警告を受けた――「もはやその運命が決まったものにいつまでもしがみついているのは」無駄なことだ、「あなた方は、より大きな力にひれ伏すしかないのである……」[34]。ほとんどの政府は、この種のアドバイスをしっかりと心に刻み、すべての政府は、イギリス海軍の広範な力を認識していた。〔ラテン・アメリカの独立運動家シモン・〕ボリバル（Simón Bolivar）は、「ヨーロッパの反動勢力が合わさった力からわれわれを保護してくれるのは、海の女王たるイングランドだけである」と証言している。ムハンマド・アリーは、「イギリス人が友人であれば、わたしはなんでもできる。彼らが友人でなければ、わたしは何もできない」と認めていた。ガリバルディは、自らを、「海洋を治める主人たちのベンヤミン〔南方の子〕」と称していた。[35]

しかしながら、ここに挙げたこれらの行動すべての間には、着目すべき関連があるのである。これらはすべて、シーパワーを用いるのにかなり適した地域で起こったことなのである。ヨーロッパからラテン・アメリカへと向かうには、必ず海を渡る必要がある。ギリシャは、海を通して解放され、海を通して脅かされたのであった。ムハンマド・アリーは、海から王手をかけられて、ザンジバルのスルターンは、海から脅かされて、ポルトガルの女王は、海を通して支援を受け、中国の大臣たちは、海から脅迫されたのであった。だが、これらと同じ時代、イギリスの支配など本当にあったのだろうか、と考えさせられる出来事も、他で起こっていたのである。一八一五年以降、メッテルニッヒの主導で行われた君主の側からの巻き返しは、イギリスの意向など、ほとんど関係ないものであった。一八二一年、ロンドンからの抗議を無視して、オーストリア陸軍は、ピエモンテのすべての抵抗勢力を押しつぶしたのであった。二年後、フランスは、一八二〇年五月五日のカスルリーの有名な政府文書を無視してスペインに押し入り、自由主義的な憲法を破棄して、フェルナンド〔七世〕王を元の地位に戻したのであった。カニングは、新世界に旧世界のバランスを持ちこんだ、と自らを誇っていたかもしれないが、なんのことはない、スペインで失敗したのでそうせざるを得なくなった、というだけのことである。イギリス政府は、スペインにおいては、大規模な陸軍作戦を展開でもさせないかぎり、たいしたことはできない、だが、大規模な陸軍作戦は政治的に不可能だ、と認識していたのである。そして、フランスやオーストリアの陸伝いの侵攻を、海軍力のプレッシャーによって押さえこむことが不可能であったとするならば、ロシアに対して、何ができたというのであろうか？　トルコは、海軍力の影響を受けやすい立場にあったかもしれないが、一八三二年から三三年の一連の出来事〔第一次エジプト・トルコ戦争におけるロシアの干渉〕が示すように、北方からの脅威に対しては、さらに敏感であったのだ。一八三〇年、ポーランドの自由主義者たちの運命を決めたのは、西方の海軍力ではなく、東方の陸軍力であった。ほぼ一世紀後に起こったことと、同様の状況だったのである。同じように、ベルギーの中立を維持する上で、一八三二年から三三年にかけてオランダの港湾をイギリス海軍によって海上封鎖するだけでは、まったく不十分で、イギリス政府は、フランス陸軍に頼ることを余儀なくされたのであった。フランス陸軍は、ロンドンの目から見れば、どんなに良く見ても、信頼性に欠ける兵力なのであったが、低地諸国における自分たちの目的のためには、そうするしかなかったのである。かつての英米の戦いによって証明されたように、アメリカ合衆国は、海軍力だけで脅かせる存在ではなかった。一九世紀の後になれば後になるほど、カナダが恐ろしい南方の隣国によってひっくり返されるという可能性は、高くなるのであった。植民地の領域においても、イギリス海軍の優勢という仕組みに、いくつかの割れ目は、生じていたのである。フランスが、一八三〇年に、アルジェを獲得したのだ。もっとも、フランスは、この後、チュニスに対して同じことを行わないよう警告を受けたのであった。

明白な現実として、たとえパクス・ブリタニカと呼ばれる時代であっても、シーパワーには、多くの制限が存在したのである。特に、地理によって生じる制限である。そして、イギリスの政治家たちは、そのことを、しっかりと認識していたのである。イギリスの政治家たちが同様に認識していたこととは、海軍力によるプレッシャーは、比較的費用がかからないものであり、これを大規模な陸軍力による関与で補うことはできない、ということなのであった。陸軍上の関与がどうしても必要なケースは、話が別である。この時期のイギリスの外交政策が非常に成功した理由は、まさに、このような制約をしっかりと認識していたことにあるのである。カニングやパーマストンといった歴代の外相たちは、艦隊を活用できる場所、また、用いるべきでない場所を判断できるという天賦の才能を持つことにより、自国と、自分たち自身の名声を大きく高めたのであった。一八一五年以降のイギリスのシーパワーは、現在広く信じられているほど万能ではなかったのであったが、この事実は、外相たちの才によって、かなりの程度、覆い隠されたのであった。また、これらの政治家たちは、巧みであるだけではなく、運にも恵まれたのであった。「この

年	海外拠点におけるイギリスの軍艦の数
1792	54
1817	63
1836	104
1848	129

時代の大きな問題のかなり多くは、たまたま、海軍力のプレッシャーを受けやすいものであった。また、彼らは、イギリスのライバル国の、海軍力の弱さにも助けられたのであった。[*36]」だが、その後の国際的な危機において、こうした状況がつづくことは、ありそうにはなかった。事実、ライバル国の海軍力の弱さは、一八四〇年代、たとえ一時的であろうが、消失することになるのだ。

イギリス政府が新たな責任を多く担うことになった結果、イギリス海軍の通常の兵力分布は、一八一五年以降、大変革を遂げるのである。イギリス海軍は、それまで、エネルギーと人力を、本国周辺海域、バルト海、地中海に集中していた戦列艦艦隊を中心に用いつづけていたのであったが、これらを、様々な場所における、ありとあらゆる任務に配分することになったのである。この変化は、次の表によって、もっとも簡潔に理解できる。[*37]

たとえば、この表の最後の年を見てみると、三一隻の軍艦が地中海に配備され、地中海におけるイギリスの国益を擁護し、地中海におけるライバル国の行動を牽制していた。東インドならびに中国拠点には、二五隻が必要であった。新しく開港した貿易港に一隻ずつ、そして、残りは、猖獗していた海賊を押さえるためである。アフリカ西海岸では、二七隻が、奴隷貿易船相手に、骨を折っていた。この二七隻は、ケープの一〇隻、そして西インド諸島の一〇隻からも、支援されていた。一四隻は、南アメリカ南東岸で、商業利益の擁護にあたっていた。そして、一二隻が太平洋の広大な海をパトロールしていた。これらと対照的に、本国周辺海域で活動していたのは、わずか二五隻である。その内の一二隻は、政治的混乱を押さえるためにアイルランドに配備されていた。大蔵省と納税者から財政を切り詰めるための圧力がつづく時代において、イギリス海軍が外国の海域で増強したことは、一見したところ、奇跡的な達成のようにも見える。

　だが、もっとよく見てみると、別の結論にいたらざるを得ないのである。実際に起こっていたことは、海軍の、戦闘組織としての性格そのものの変化だったのである。海軍本部は、一方では、財政削減を押し付けられ、他方では、全世界において、新たな任務を押し付けられていたので、本国の艦隊の規模を繰りかえし縮小させる以外に、手段を持たなかったのである。予算の拡大、人員の増加、就役中の船籍数の増加は、「海軍の実際の戦闘力が大きくなっているという誤った印象を与えかねないものであった」と、指摘されている[*38]。就役するフリゲートや砲艦の数が増えれば増えるほど、その分、人員を配置し、維持することができる戦列艦の数は減るのであった。イギリス海軍でさえも、課された任務すべてを行うのに、規模が不足していたのである。一八三一年から三二年にかけて〔首相〕グレイ〔第二代グレイ伯爵チャールズ・グレイ〕（Charles Grey, 2nd Earl Grey）[*39]と〔外相〕パーマストンが発見したように、イギリスの大型軍艦のほとんどが、オランダ沿岸の海上封鎖にあたっているか、あるいは、〔スペインへの牽制として、イベリア半島の〕タホ川に錨を降ろしていると、地中海海域で必要な戦力が得られなくなるのであった。エジプトやロシアの脅威からトルコのスルターンを守るための戦力が得られなくなるのである。

　イギリス海軍の戦闘力の低下という結果が、初めてはっきりと見られるようになったのは、一八四四年から四六年にかけてと、一八五二年から五三年にかけて、なのであった。フランスの海軍力増強によって起こった、一九世紀の一連の侵略の恐怖の最初の二つである[*40]。この頃までには、また、蒸気機関の軍艦への導入が効果を上げるようになっていた。蒸気船を多く建造するというフランスの決定によって、イギリス海軍の大部分が旧式化するようにも見えた。そして、蒸気船がやがてはイギリス海峡をつなぐことになる、というウェリントンの見解に、多くの人々がうなずいたのであった。人々の警戒心にうながされるよ

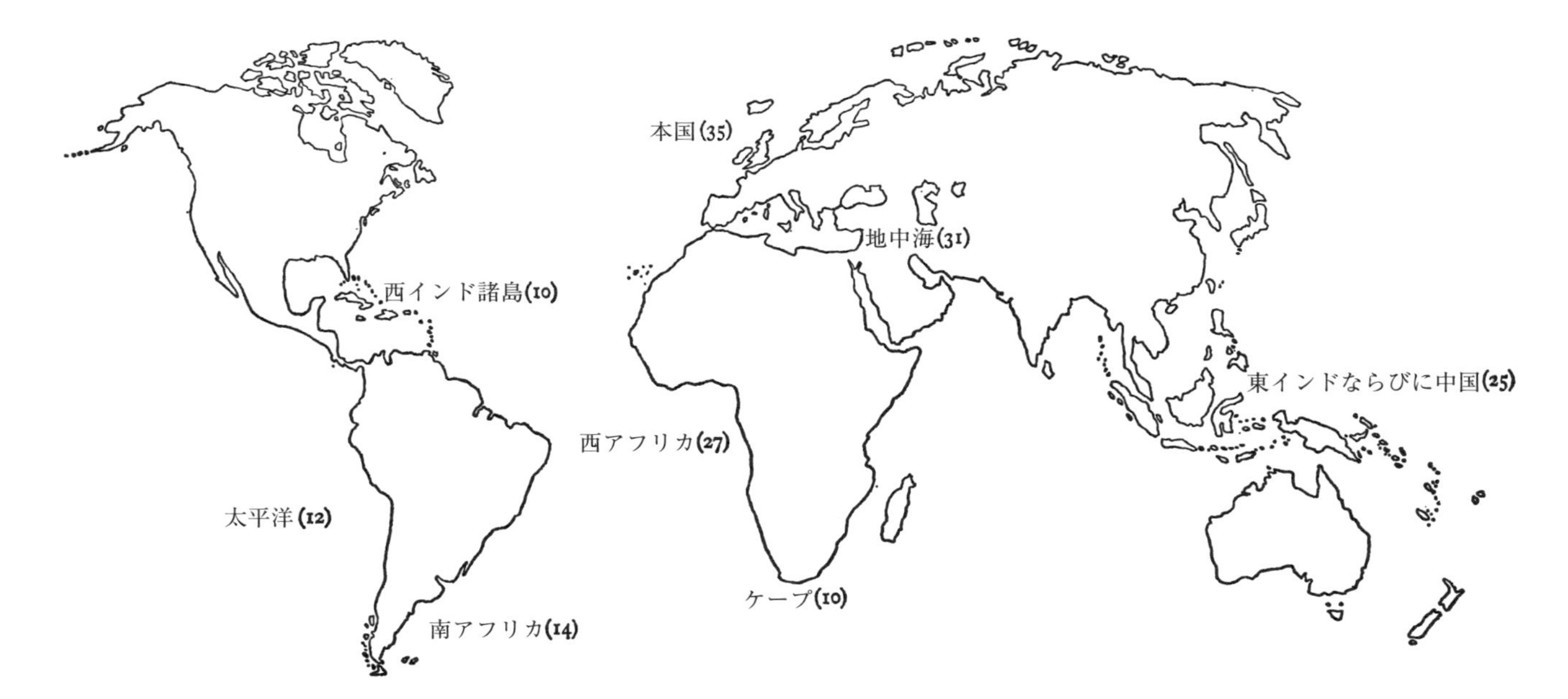

地図６　1848年の時点におけるイギリス軍艦の配備状況
（拠点名とそれぞれの拠点における軍艦の数）

うにして、イギリス政府は、沿岸の要塞化や市民軍といった地域の防衛計画に予算を注ぎこんだのであった。財政削減をもっとも声高に訴えていた人々も、この波に抗することはできず、その一方で、新聞は、これを煽るばかりであった。世論を追うことによって、さらには、内閣の大臣たちの個別の推測を追うことによって、この時期のイギリス海軍はまったく無敵ではなかった、という健全な考え方が見えてくるのである。

そうはいうものの、この一九世紀なかばの恐怖を過剰にとらえることも、同じように、間違いであろう。政府の反応は、多少語調が強められたものであったかもしれないが、それまでのより小さな警告に対してのものと、それほど変わらないものであった。非常に大きなアメリカの一等艦〔最大級の戦列艦〕は、明らかな脅威であったが、これに対して海軍本部は、一八二六年、一〇隻の戦列艦を建造もしくは改装するという決定を行うことで応えたのであった。また、ロシアは、ニコライ一世〔在位一八二五—一八五五年〕の下で勢力を拡大していたが、これに対して政府は、庶民院から、一八三六年に、水兵を五〇〇〇人増員させる許可をとりつけたのであった。同様にして、一八四七年度の海軍の総予算は、一八一六年以降初めて、八〇〇万ポンドの壁を突破し、海軍の人員は、四万五〇〇〇人を数えた。一八一七年から二〇年にかけての人員と比較すると、倍近い人数である。さらには、蒸気船の時代が到来すると、イギリスの工業力が、イギリス海軍に、当座のリードを回復する力を与えたのであった。一方でフランスは、個々の船の設計においては、リードしていたかもしれない。イギリスの海上覇権は、どこよりも高速の船をだれよりもたくさん造る能力、〔国内で産出した〕蒸気船に向いた最上級の石炭の実質的な独占、イギリスの莫大な金融資源などの、非常に強固な基盤の上にしっかりと乗っかることで、一九世紀の残りの期間を生き抜いたのであった。また、ここに、訓練が不十分な他国の海軍に比べ、船員たちの豊富な経験やプロフェッショナリズムが加わったのであった。イギリスは、フランスからの挑戦を受けることで、それまでの自己満足から抜け出し、海軍における優越を取り戻し、ふたたび、他国の海軍を引き離したのであった。このように、ナポレオン三世〔フランス皇帝としての在位は一八五二―一八七〇年〕の政策による脅威は、イギリス海軍にとって、良い刺激となったのであった。この時期の海軍史の権威は、こう結論している。「一八五三年から五四年にかけて、イギリスの艦隊は、〔一八三七年の〕ヴィクトリア女王の戴冠以降では、フランス、ロシア、アメリカの各艦隊に対して、おそらく、もっとも優越した立場にあった。[*41]」

同じことは、一八五九年のフランスの大きな脅威の効果についてもいえるであろう。とはいうものの、ここでいいたいこととは、この当時の広範な緊張感がまったく論拠のないものであった、ということではない。この当時のほとんどのイギリス人たちの考えによれば、ナポレオン三世の和平の申し出は、額面通り受け入れることのできないものであったのである。実際の状況が、彼の言葉とは反対の方向性を示していたのである。フランスのイタリアにおける政策は、大きな疑いを向けられていた。〔イギリス海峡に面したフランスの〕シェルブールの要塞化は、さらなる警戒を呼び起こすものであった。地中海から紅海を通り太平洋へといたる、また、インドシナからラテン・アメリカへと至るフランスの植民地政策は、イギリスの影響力に対して挑戦を行うという統一された意図を持ったものであるように思われた。さらに悪いことに、クリミア戦争〔一八五三―一八五六年〕以降、イギリス海軍がその戦闘力を低下させていた一方で、フランスの艦隊は、急拡大していたのである。「一八五九年、イギリス艦隊の戦列艦の総数は、フランスの五一隻に対して九五隻であり、フランスのフリゲート九七隻に対して、イギリスのフリゲートは九六隻であった。しかしながら、イギリスの主力艦の多くは、旧式艦であった。[*42]」さらには、フランスは、初の、外洋航行可能な装甲艦「ラ・グロワール（La Gloire）」を一八五八年に起工し、造船技術において、決定的なリードをもぎ取ったかに見えた。これに加わったのは、蒸気船、鉄道、電信などに関して、技術的に先を越されたかもしれないという、先に見たような、広範な不安感である。その全般的な結論は、守りに入るのではなく、攻めるべきだ、ということであった。「情報が欠乏していたことが、シーパワーにおける優勢は侵略を防ぐには十分である、という見方に疑問を生じさせ、陸上と海上における戦争環境の明らかな変化は、イギリスは外国からの侵略に対して不可侵である、という見方に、憶測や疑念を差しはさむことになったのであった。[43]」

　この不安感は、海軍本部にさえ、影響を与えるものであった。もっとも、海軍本部には、この不安感を自分たちの利益につなげようとした意図があったことも、見逃すべきではない。一八五九年、海軍大臣が、貴族院において、イギリス海軍は、「わが国沿岸の防衛を担うにあたって、適切で十分な状況」にはない、ということを認めたのであった。[44]しかしながら、これと、他の悲観的な見方に対する議会と大衆の反応は、海軍主義の立場からは、まったく満足できるものではなかったのである。政府は、制海権という伝統的な教義を無視して、沿岸部に一連の要塞網を築くことに巨額を投じることで、主要な湾港を防御しようとしたのであった――なんと、陸側にも、防御が設置されたのだ。そして、都市の住民たちや田園の居住者たちが、大きく拡大していた市民軍に、こぞって登録したのであった。これらの施策の、実際の軍事的価値がどれほどのものであったのかは、評価しがたいものがあるが、倹約精神にあふれたヴィクトリア期中期の人々に、要塞にだけでも、一一〇〇万ポンドを投じさせるだけの説得力はあったようである。この「レンガとモルタル」による防御という傾向は、なかなか消えないものであった。〔歴史家のA・J・P・〕テイラーが書いているように、「イギリスは、一九世紀の終わりごろまで、海軍よりも、陸軍に、より多くの予算を費やした」という珍妙な事実が存在するのである。[45]

　とはいうものの、パーマストンの行政が海軍を忘れていた、というわけではない。喫水線から上を鉄の鎧でまとった「ラ・グロワール」に対する答えは、鉄の船体と鉄の装甲を持った「ウォーリア（HMS Warrior）」であった。装甲艦建艦の大がかりな計画が開始され、〔財政規律派の〕グラッドストンには、大きなストレスであった。一八六四年以降は、多くの理由により、状況は改善された。イギリスの装甲艦は、数の上では、未だフランスに劣っていたが、はるかに高い戦闘力を持っていた。ナポレオン三世が、たとえ東側〔ドイツ方面〕からの脅威に集中するためだったとはいえ、建艦競争を行ってゆくことに興味を失ったのであった。技術が急速に発達していた時代において、豊富な石炭埋蔵量と世界大に広がっていた給炭拠点を伴ったイギリスの工業力に、フランスは、太刀打ちできないのであった。財政規律が頭にあった大蔵大臣たちは、海軍予算を確実に切り詰められるようになり、海軍は、ヨーロッパの挑戦者からの脅威よりも、熱帯地方での種々雑多な任務に追われていたのであった。*46

これらフランスの脅威が、海軍における優越というイギリスの自己満足を、一時的に揺るがすものであったとして、クリミア戦争も、また、同様の働きをしたのである。黒海やバルト海に強力なイギリスとフランスの艦隊があったならば、ロシア人は、当然ながら、艦隊決戦に打って出よう、などとはしない。だが、地域的な作戦によって、イギリスの軍艦の設計、武装、兵站、士官や水兵の募兵や訓練、艦隊の全般的な運用に、多くの欠点があることが明らかになり、その結果、これらは、すべて、改善されることになるのだ。長い平和がつづいた後に、このような欠点が生じてくることは、予想できることである。だが、ナイルの海戦やトラファルガーの海戦の栄光に浸っていたイギリスの大衆にとって、クリミア戦争の最中に明らかになったことは、最高の失望であり屈辱であったのだ。〔雑誌〕『パンチ（Punch）』は、辛辣なぞかけによって、このような雰囲気をとらえていた。「バルト海の艦隊と、黒海の艦隊には、どのような違いがあるのだろうか？」「バルト海の艦隊には多くが期待されていたにもかかわらず、この艦隊は、何もできなかった。黒海の艦隊には何も期待されておらず、その期待通り、何もしなかった。」現在の視点においては、この言葉は、海軍の能力についての適正な評価、というよりも、当時流布しており、そしてその後も流布していた、シーパワーに対する過大な見積もりを表現したもの、とみなすべきである。イギリスの海上における優勢は、多くの理由により、この戦争において、成功を生み出すことはできなかったのである。ロシアの艦隊が常に湾内にいる状況において、大きな海戦は不可能であった。英仏艦隊が戦うことができた相手は、要塞だけであった。だが、この点において、イギリス国内においては、考えの甘い楽観主義が圧倒的だったのである。その元となっていたのは、アルジェとアッコの砲撃という判断を誤らせる先例であった。クロンシュタットとセヴァストポリは、比較にならないくらい強固な要塞であったのだ。三番目は、海上封鎖という伝統的な政策であった。海上封鎖について、クラレンドン卿や他の者たちは、「二、三年かかるかもしれないが、最後にはうまく行くだろう」と考えていた。[*47] ロシアを相手にしては、この考え方は、実現するみこみのない理想であった。ロシアは、あまるほど食糧を生産でき、原料もあるのだ。おそらく、ロシアは、他のどの国よりも、海軍力によるプレッシャーに強かったのである。つまり、ロシアに対する戦争において効果のあるダメージを与えるためには、陸上から攻める以外の方法はなかったのである。だが、そんなことをすれば、戦争の主導権はフランスに行き、ヴィクトリア期中期の〔イギリス〕陸軍が、まったく準備していなかったような試練にさらされることになり、海軍の役割は、黒海への補給路を護衛するだけという、従属的なものに低下するのであった。

平和条約締結に際して、イギリスの海上覇権は、強い打撃を受けた。少なくとも、理屈の上では、そう見えた。イギリスは、一八五六年のパリ条約によって、戦時において中立国の船舶が禁制品を運ぶのを阻止してよいとする、自らの伝統的な権利を放棄したのである。世界最強のシーパワーが、商船の属する国が当該商船の護衛を行うこととする、という大陸国の見解に譲歩したのであるから、これは、驚くべき行為であった。海上封鎖の武器が、一撃で、無力化されたのである。もちろん、これを認めたのには、それなりの諸理由もあった。その理由は、どれも、六〇年後となっては、説得力のあるものには見えず、その内のいくつかは、その直後であっても、疑問を呈されるものであった。イギリス政府は、争点となっている問題で、国際社会の世論を否定するのは賢明ではないと感じており、どちらにせよ、プライヴェティーアの禁止を認めさせるという十分な代償を獲得できる、と踏んでいた。それにもまして、イギリスがこれら象徴的な条項を受け入れたことは、マンチェスター学派の影響力と力が最高潮に達していたことを示すものであった。「海洋の自由」という考え方が最高潮に達していたのである。世界貿易への障害が取り除かれた際には、イギリスが、他の国以上にそこから恩恵を受ける、と思われていたのである。また、交戦国が、中立国の船舶を捉えることができるならば、イギリスの商船がもっとも影響を受けることになる、と思われていたのである。そして、たとえすべての国がそうではなくとも、イギリスは、恒久的な平和の時代に入ろうとしていたので、政府としても、条約のこの部分に関して、それほど不安はないはずだ、と信じられていたのであった。「レッセフェール〔なるがままにまかせよ、つまり、自由放任主義〕」への確信が復活する中において、全面的な海上封鎖という武器の重要性が無視されたのであった。優勢な海軍国による、経済的なプレッシャーを受けやすいライバル国への海上封鎖の重要性が、無視されたのである――もしかしたら、ロシアに対して、この戦略が失敗した影響もあったのかもしれない。自信や国際親善が失われた場合にのみ、かつての伝統が、ふたたび現れてくるのだ。

著　者

ポール・ケネディ　Paul M. Kennedy

イェール大学歴史学部教授。1945年イングランド北部ウォールゼンド生まれ。ニューカッスル大学卒業後、1970年にオックスフォード大学で博士号を取得、1970年から1983年までイースト・アングリア大学歴史学部に所属し、1983年から現職。また、イェール大学国際安全保障研究所所長、イギリス王立歴史協会フェローなど数々の要職も務める。国際政治経済、軍事史に関する著作や論評で世界的に知られる。著書The Rise and Fall of the Great Powers: Economic Change and Military Conflict from 1500 to 2000,1987（『大国の興亡――1500年から2000年までの経済の変遷と軍事闘争（上・下）』1988年／決定版, 1993年）は、世界的なベストセラーとなった。ほかの著作としてPreparing for the Twenty-first Century, 1993（『21世紀の難問に備えて（上・下）』1993年）、Engineers of Victory: the Problem Solvers Who Turned the Tide in the Second World War,2013（『第二次世界大戦影の主役――勝利を実現した革新者たち』2013年）など、エッセイ集として『世界の運命』（中公新書2011)がある。

訳　者

山本文史（やまもと・ふみひと）

近現代史研究家。1971年フランス・パリ生まれ。獨協大学英語学科卒業、獨協大学大学院外国語学研究科修士課程修了、シンガポール国立大学（NUS）人文社会学部大学院博士課程修了。Ph.D.（歴史学）。著書・翻訳書にアザー・ガット『文明と戦争　上下』中央公論新社、2012年（共監訳）、『検証　太平洋戦争とその戦略（全３巻）』中央公論新社、2013年（共編著）、Japan and Southeast Asia: Continuity and Change in Modern Times (Ateneo de Manila University Press, 2014)（分担執筆）、キショール・マブバニ『大収斂――膨張する中産階級が世界を変える』中央公論新社、2015年（単訳）、『日英開戦への道――イギリスのシンガポール戦略と日本の南進策の真実』中公叢書、2016年（単著）、ニーアル・ファーガソン『大英帝国の歴史　上下』中央公論新社、2018年（単訳）などがある。

装　幀　中央公論新社デザイン室

イギリス海上覇権の盛衰　上
──シーパワーの形成と発展

2020年8月10日　初版発行

著　者　ポール・ケネディ
訳　者　山本文史
発行者　松田陽三
発行所　中央公論新社
〒100-8152　東京都千代田区大手町1-7-1
電話　販売 03-5299-1730　編集 03-5299-1740
URL http://www.chuko.co.jp/

DTP　嵐下英治
印　刷　大日本印刷
製　本　小泉製本

Published by CHUOKORON-SHINSHA, INC.
Printed in Japan　ISBN978-4-12-005323-8 C0022
定価はカバーに表示してあります。落丁本・乱丁本はお手数ですが小社販売部宛お送り下さい。送料小社負担にてお取り替えいたします。